VORSICHT, FAHRSCHÜLER!

Für meine Familie

ANDREAS HOEGLAUER

VORSICHT, FAHRSCHÜLER!

UNGLAUBLICHES AUS DER FAHRSCHULE

MIT ILLUSTRATIONEN VON JANA MOSKITO

SCHWARZKOPF & SCHWARZKOPF

»Nicht weil es schwer ist, wagen wir es nicht,
sondern weil wir es nicht wagen, ist es schwer.«

Lucius Annaeus Seneca
Briefe an Lucilius

INHALT

BITTE DIE HANDBREMSE LÖSEN!

VORWORT

Here we go, äh, drive again, liebe Leser! Dass ich Sie wieder auf eine Reise in die Welt der Fahrlehrer mitnehmen darf, freut mich ungemein, genauso wie das Echo, welches mein erstes Buch, *Schattenparker, Bordsteinrammer und andere Fahrschüler*, hervorgerufen hat. Und ebendiese, verzeihen Sie die Wortwahl, geile Resonanz war für mich der Ansporn, weitere Storys aus meinem Alltag niederzuschreiben. Und Stoff für ein zweites Buch gibt mein Job als Fahrlehrer ja mehr als genug her.

Vorab sei eines gesagt: Diejenigen unter Ihnen, die mein erstes Buch nicht gelesen haben, sollten sich zwar was schämen, werden dieses Werk aber trotzdem ohne Vorkenntnisse lesen können. Natürlich tauchen in diesem Band wieder altbekannte Protagonisten auf wie meine Klassenkameraden aus der Fahrlehrerausbildung, die Prüfer Schuberth und Brahms, auch der ein oder andere Fahrschüler gibt sein Comeback – ich habe mir aber stets Mühe gegeben, deren Charaktere wieder in Erinnerung zu rufen respektive so zu beschreiben, dass man sich ein Bild vor seinem geistigen Auge machen kann. Das gilt natürlich auch für alle Personen, die in diesem Buch neu dazugekommen sind. Sie werden meinen neuen Boss und meine Kollegen kennenlernen, auch der fiese Prüfer Herr Niedereder und der ein Auge zudrückende Prüfer Jörg geben ihren Einstand, und natürlich sind auch eine ganze Menge von neuen Fahrschülern am Start, um die sich diese Storys ja hauptsächlich drehen.

Einiges ist jedoch in diesem Buch genauso geblieben wie schon zuvor. Zum einen die Tatsache, dass zwar alle Storys wahr sind, deren Protagonisten und Handlungsorte jedoch so stark verfremdet wurden, dass jede Ähnlichkeit mit reellen Personen rein zufälliger

Natur wäre. Auch habe ich mich wieder erfolgreich gegen den Gender-Wahn gestemmt, der ja mittlerweile nicht mal mehr vor der altehrwürdigen Straßenverkehrsordnung haltmacht (ja, richtig gelesen: Bye-bye »Fußgänger«, welcome »zu Fuß Gehende«!). Alle Leserinnen mögen es mir deshalb bitte nachsehen, wenn ich der Einfachheit halber oftmals die männliche Sprachform gewählt habe.

Gleich geblieben ist zum anderen meine unerschütterliche Liebe zu diesem Beruf. Das mag an der ein oder anderen Stelle in diesem Buch zwar etwas anders klingen oder rüberkommen, ist aber definitiv nicht so gemeint. Der zwischen den Zeilen vernehmbare ironische Unterton, Sarkasmus oder gar Zynismus ist schlichtweg mein Ventil für die etwas unschöneren Erlebnisse im Alltag eines Fahrlehrers. Nichtsdestotrotz überwiegen die sonnigen Seiten dieses Berufs bei Weitem die Schattenseiten, und auch wenn ich bei vielen Fahrschülern (und auch Fahrlehrern – der Titel dieses Buches ist durchaus doppeldeutig zu verstehen) Tendenzen entdecke, die mir nicht so sehr gefallen, so sehr beruhigt es mich, dass mir die Mehrheit der Schülerschaft täglich genügend Gründe liefert, mich bei meinem Schöpfer dafür zu bedanken, dass ich den tollsten Job der Welt ausüben darf!

Jetzt wünsche ich Ihnen viel Spaß beim Lesen dieses Buches, in dem sehr viele Storys und Situationen vorkommen, bei denen man seinem Schöpfer nicht dankt, sondern ihn fragen möchte, womit man das verdient hat.

Stellen Sie sich jetzt bitte Sitz und Spiegel ein und schnallen Sie sich an – let's go, äh, drive!

Andreas Hoeglauer

STOP

1. KAPITEL

HERR WERINHER

UND WENN ER NICHT GESTORBEN IST, DANN FÄHRT ER NOCH HEUTE …

Herzlich willkommen in meiner neuen Fahrschule! Ja, ich sehe Ihr Stirnrunzeln vor meinem geistigen Auge, liebe Leser meines ersten Buches: Wie, was, wo – hat der sich am Ende jetzt selbstständig gemacht? Oder hat er schon wieder die Fahrschule gewechselt?

Bevor Sie jetzt zu Botox greifen müssen, um die Falten in Ihrem Gesicht zu eliminieren, will ich das Rätsel flugs auflösen: Ich bin zwar ein wenig durchgeknallt, aber nicht so doll, dass ich mich in diesem Haifischbecken mit einer eigenen Fahrschule selbstständig machen würde. Okay, sag niemals nie, aber nach heutigem Stand und gegenwärtiger Gefühlslage sage ich jetzt mal: Never ever! Der ganze Papierkram mit Ausbildungsbescheinigungen und Tagesnachweisen, dem ganzen Geld hinterherlaufen, das einem die Schüler noch schulden, ständig irgendwas am Auto kaputt, was keine Versicherung bezahlt oder von irgendeiner Garantie abgedeckt wird, Miete für den Laden, Nebenkosten, sündhaft teure Updates für das Lehrmaterial, unbarmherziger Konkurrenz- und Preisdruck … nein, nur wirklich hartgesottene Masochisten machen sich heutzutage in diesem Berufszweig noch selbstständig. Und bei einem Menschen dieser Sorte bin ich nun gelandet (womit das Rätsel gelöst wäre – ich war, bin und bleibe ein Lohnsklave). Bevor ich Ihnen Hans, meinen neuen Chef, und die übrigen Protagonisten in meiner neuen Fahrschule vorstelle, möchte ich Ihnen die Beweggründe für diesen Wechsel meines Arbeitsplatzes erläutern. Aber eigentlich kann von einem Wechsel gar nicht die Rede sein, der Begriff »Flucht« trifft es schon eher. Und zwar Flucht vor der Arbeit! Nein, ich bin kein neues Mitglied im Club des arbeitsscheuen Gesindels, sondern habe schlichtweg das Motto der Franzosen für mich entdeckt: Arbeiten, um zu leben – und nicht leben, um zu arbeiten. Nachdem meine Kinder eines Tages meine Frau gefragt hatten, wer denn dieser Onkel sei, der jeden Sonntag übermüdet und ausgepowert mit ihnen am Frühstückstisch sitzt (wem es entgangen sein sollte – damit bin ich gemeint!), meine Frau im Kindergarten für eine alleinerziehende Mami gehalten wurde und meine Kumpels mich gar nicht mehr fragten, ob ich Lust auf eine Spritztour mit den Motorrädern hätte, weil sie die Antwort (»hab keine Zeit, muss schulen«) schon kannten, war es für mich an der Zeit, meine Zelte in der alten Fahrschule abzubrechen.

Ich tauschte also meinen nicht übel dekorierten Job mit üblen Arbeitszeiten (es gab Phasen, wo Fahrschüler für eine Fahrstunde mit mir vier Wochen Wartezeit in Kauf nehmen mussten) gegen einen vom Stundenlohn höheren, aber von der Arbeitszeit weniger intensiven Posten bei einem Start-up-Unternehmen. Also bei so einem Geisteskranken, der wirklich die Eier in der Hose hatte, in einem recht hart umkämpften Stadtviertel eine neue Fahrschule zu eröffnen. Der Erfolg gab Hans, wie dieser Masochist heißt, jedoch recht. Kurze Zeit, nachdem er seine Fahrschule eröffnet hatte, schwitzte er ähnlich viele Stunden am Tag auf dem Beifahrersitz wie ich, was dazu führte, dass er seinen Vater namens Schorsch aus dessen wohlverdientem Ruhestand, den dieser nach über 40-jähriger Tätigkeit als festangestellter Fahrlehrer (ja, ja, der Apfel fällt nicht weit vom Stamm) genoss, herausreißen musste. Schorsch kam der Bitte seines Sohnes nach und unterstützte ihn nach Leibeskräften, doch diese sollten auch nicht lange ausreichen, um der immer größer werdenden Schar von Fahranfängern Herr zu werden. Verstärkung war also gewünscht, und so fragte mein

Boss bei der nächsten praktischen Prüfung Herrn Schuberth, seines Zeichens amtlich anerkannter Sachverständiger bei der Prüforganisation, ob er denn nicht einen fähigen und wechselwilligen Fahrlehrer kenne. Schwups, schon hatte Hans meine Telefonnummer, rief mich an, lud mich nach Dienstschluss auf ein Bierchen ein – et voilà, sechs Wochen später hatte er einen neuen Fahrlehrer an seiner Seite.

So, jetzt kennen Sie fast das ganze Ensemble der Fahrschule, als da wären:

- Hans, Fahrlehrer, Fahrschulinhaber und Shootingstar des Stadtviertels,
- sein Vater Schorsch, ebenfalls Fahrlehrer, eigentlich außer Dienst, auf Drängen seines Sohnes und seiner Frau (»geh dem Jungen ein wenig zur Hand, dann störst du mich auch nicht mehr so im Haushalt«) aber wieder seinen Hintern auf dem Beifahrersitz im Fahrschulauto platt sitzend,
- Noemi, eine Freundin von Hans aus alten Sandkastentagen, mit ihm im selben Mietshaus, aber auf unterschiedlichen Etagen wohnend, und von Montag bis Freitag in der Zeit von 16 bis 19 Uhr die rechte Hand von Hans im Büro (und, nach meiner persönlichen Meinung, unsterblich in ihn verschossen),
- und zu guter Letzt meine Wenigkeit, der Betriebszugehörigkeit nach quasi das Bambi in der Fahrschule, welches aber gleich an seinem ersten Arbeitstag zu einem kapitalen Hirsch heranwuchs. Und das kam so:

»Du«, begann Hans seinen Anruf bei mir, »wir haben es uns mittlerweile zur Tradition gemacht, jeden Montagmorgen gemeinsam zu frühstücken. Wir bequatschen da so alles, was in der letzten Woche passiert ist, Anmeldezahlen, Unfälle und so weiter, und wir besprechen die für diese Woche anstehenden Themen, wer wie viele Prüflinge hat, wessen Karre in die Werkstatt muss et cetera … wäre toll, wenn du da Zeit hättest und 'ne Kleinigkeit zum Frühstück beisteuern würdest!«

Gesagt, getan. Ich ging also am Montag um kurz vor halb neun in die benachbarte Bäckerei, orderte vier frische Brezen und marschierte damit in die Fahrschule – wo ich aufgrund des Bildes, welches sich mir dort bot, am liebsten gleich wieder kehrtgemacht hätte, um im nächsten Feinkostladen mal schlappe 500 Euro zu lassen, damit ich mit diesem Buffet, das in der Fahrschule aufgebaut war, mithalten könne. Mit meiner »Kleinigkeit« à la vier Brezen konnte ich dort wirklich keinen Eindruck schinden. Hans hatte wohl eine Konditorei überfallen, so viele Törtchen, Rosinenschnecken und Apfeltaschen lagen dort, während Schorsch wohl sämtliche tierischen Lebewesen eines mittelständischen Bauernhofs niedergemetzelt haben musste – anders ließ sich der Vorrat an Hackepeter, Salami, Schinken und Hähnchenflügeln nicht erklären. Noemi hatte für frischen Fruchtsalat und noch frischeren Kaffee gesorgt – und ich Hirsch stand mit meinen vier Brezen in der Tür!

»Oh, super, Brezen haben noch gefehlt – gib mal her!«, begrüßte mich Schorsch, während Noemi mich an meinen neuen Stammplatz geleitete.

»Sind all unsere Schüler auch zum Frühstück eingeladen?«, fragte ich ob der schieren Lebensmittelmassen in die Runde.

»Nee, das muss nur für den Rest der Woche an Nahrungsaufnahme reichen, so viel wie wir zu tun haben«, lachte Hans, und schon waren wir in die Planungen für die Woche vertieft …

Wir schreiben genau 18 Frühstücke später. Ich hatte mich in meiner neuen Fahrschulfamilie bestens eingelebt, die ersten Prüfungen waren ein glatter Durchmarsch gewesen, meine Kinder sagten mittlerweile wieder »Papa« statt »Onkel« zu mir, letzten Samstag hatte ich mit meinen Kumpels einen österreichischen Bergpass mit dem Motorrad unsicher gemacht – das Leben war einfach schön! Zufrieden grinsend saß ich also am Montagmorgen in der Fahrschule, ließ mir mein Brot mit Hackepeter schmecken und lauschte den Schoten meiner Kollegen: »Boah, ich hab jetzt grad eine Schülerin, der merkst du voll an, ob sie mit ihrem Freund grade Stress hat oder nicht; wenn Frieden herrscht, dann massiert sie den Schaltknüppel geradezu, wenn Stress ist, dann prügelt die den in die Schaltgassen, dass es nur so schnalzt!«, amüsierte sich Hans.

»Ich hab einen, der schwitzt vor lauter Aufregung in der Fahrstunde dermaßen, dass er nach einer halben Stunde vom Lenkrad abrutscht, weil es so feucht ist!«, brach es schallend aus Schorsch heraus.

»Und bei mir hat eine ihre Periode …«

Weiter kam ich nicht in meiner Erzählung über Susanne, die mir mit ihrer während der Fahrstunde einsetzenden monatlichen Blutung eine Extraschicht bei der obligatorischen Fahrzeugreinigung beschert hatte – denn auf einmal öffnete sich die Tür zu unserer Fahrschule und ein Herr mit dünnem Haar und einem Outfit, das er sich wohl in der Dunkelkammer zusammengestellt hatte, betrat den Raum und forderte uns auf: »Vervollständigen Sie für mich bitte folgenden Satz: Freude schöner Götterfunken …«

»… sie wollen uns wohl verunken«, meinte Schorsch ganz ernst.

»… gestern Abend bin ich in der Bar versunken – oder, besser: Hier sitzen nur Halunken!«, gab sich Hans Mühe.

»… Tochter aus Elysium, wir betreten feuertrunken, Himmlische, dein Heiligtum«, antwortete ich stinksauer, weil ich meine Story nicht fertig erzählen konnte.

»Bingo! Bravo, bravo, endlich mal kein Kulturbanause!«, jubilierte dieser Zahnstocher in kariertem Jackett und gestreifter Hose. »Hier bin ich wohl richtig – ich möchte mich für den Führerschein anmelden! Und Sie werden mein Fahrlehrer sein, Sie Feingeist«, deutete er auf mich. Warum Noemi, die sogleich den Ausbildungsvertrag mit Herrn Werinher, wie diese Kreatur hieß, unter Dach und Fach brachte, Schorsch und Hans schmunzeln mussten, erschloss sich mir bei näherer Betrachtung von Herrn Werinher sofort. Seine komische Kleidung, seine konfuse und fahrige Art, seine überbordenden Nachfragen zu jedem noch so kleinen Punkt im Ausbildungsvertrag – mich beschlich sofort das unheimliche Gefühl, dass meine Kinder bald wieder »Onkel« zu mir sagen, meine Frau gefragt werden würde, ob wir denn in Scheidung lebten, und mein Motorrad lange Zeit kein Tageslicht mehr erblicken würde …

Jep, und so kam es auch. Folgendes Fazit zog ich für mich am Ende von Herrn Werinhers zweiter Fahrstunde (ja, erst nach der zweiten Fahrstunde – in der ersten Fahrstunde musste ich Herrn Werinher erst mal ausführlich die Bedienelemente des Autos erklären; normalerweise ein Vorgang, der circa 20 Minuten in Anspruch nimmt, aber Werinher wollte alles ganz genau wissen und verstehen, und ruckzuck waren 90 Minuten vorbei, ohne dass wir den Hof der Fahrschule verlassen hatten): Wenn du der Meinung bist, schon alles gesehen und erlebt zu haben, dann schickt dir der liebe Gott ein neues Viech aus seinem unermesslich großen Tierpark. Apropos: Sie wollen wahrscheinlich wissen, wie sich Herr Werinher in seiner ersten Fahrstunde (nach der Erklärstunde) angestellt hat – bleiben wir also in der Tierwelt und kommen zu einer Aufforderung an Sie, werte Leser. Und zwar einer Aufforderung zur Straftat. Ja, Sie haben richtig gelesen, ich fordere Sie hiermit zu einem Einbruch in Ihren regionalen Zoo und der Entführung eines Schimpansen auf. Bitte bringen Sie mir diesen Schimpansen in der Fahrschule vorbei, geben Sie mir 90 Minuten Zeit, und ich schwöre Ihnen, dass dieser Affe nach eineinhalb Stunden besser mit dem Auto umgehen kann als Herr Werinher! (Danach dürfen Sie das arme Tier wieder zurückbringen – insofern war das jetzt eben eigentlich nur eine Aufforderung zum unerlaubten Ausleihen, liebe Staatsanwaltschaft – ich bitte um ein geringes Strafmaß, ich hätte den Affen auch wirklich gut behandelt!)

Sie glauben das nicht? Sie sind der Meinung, dass ich maßlos übertreibe? Gut, hier kommt der Gegenbeweis: Es gibt im Fußraum drei Pedale – links ist die Kupplung, in der Mitte die Bremse, rechts das Gas. Okay? Gut, noch mal zur Wiederholung von links nach rechts: Kupplung, Bremse, Gas.

»Jetzt noch einmal, Sie müssen die Kupplung kommen lassen und etwas Gas dazugeben, Herr Werinher, sonst kommen wir hier nie vom Fleck!«, flehte ich ihn mit Tränen der Verzweiflung in den Augen an.

»Mach ich doch schon!«

»Das ist nicht das Gas, sondern die Bremse, auf der Sie stehen, wie schon bei den millionenfachen Versuchen zuvor«, knirschte ich mit den Zähnen. »Das, was Sie mit dem Auto machen, ist genauso, wie wenn ich zu Ihnen sage, Sie sollen weglaufen – und Sie aber dann festhalte!«

»Ach herrje, Sie haben recht – ich steh ja wirklich noch auf der Bremse«, schmunzelte er. Großer Gott, der Mann hatte die Ruhe weg. Wenn ich 57-mal hintereinander denselben Fehler gemacht hätte, würde ich mir vor lauter Schmach einen Strick kaufen und mich da erschießen, wo das Wasser am tiefsten ist! Und der Kerl lächelte noch dabei!

»Herr Werinher, ich bewundere ja grundsätzlich die Fähigkeit, über sich selbst lachen zu können, aber bei aller Geduld, die mir mein Beruf abverlangt – jetzt wollen wir uns doch bitte mal konzentrieren und zumindest ein paar Meter vorwärtskommen, okay?«

»Sind aber auch wirklich viele Pedale, die man da bedienen muss«, reagierte er ein wenig beleidigt und wiederholte laut: »Kupplung kommen lassen, etwas Gas dazu …«

»GAS, NICHT BREMSEEEEEEEE!«

»Ups, schon wieder – ich bin aber auch ein Dussel«, lachte er lauthals und kriegte sich gar nicht mehr ein.

»Sagen Sie mal, Herr Werinher: Was für einen Beruf üben Sie eigentlich aus?«, unterbrach ich sein Gelächter. Schlagartig hatte er sich wieder unter Kontrolle und fragte mit ernster Miene: »Was tut denn das zur Sache? Das ist ja schon sehr privat!«

Stimmt, genauso wie die Frage, welche Hobbys meine Schüler in ihrer knapp bemessenen Freizeit denn so ausüben. Auch diese

Frage stelle ich gelegentlich. Eigentlich geht es mich wirklich nichts an, und ehrlich gesagt ist es mir auch wurscht – aber besondere Situationen erfordern besondere Vorgehensweisen, wie ich es in der Fahrlehrerausbildung lernte.

»Welches Werkzeug brauche ich?«, fragte unser Ausbilder damals in die Runde.

»Na ja, kommt drauf an wofür«, antwortete einer meiner Klassenkameraden.

»Stimmt genau! Für jeden Schüler braucht man ein spezielles Werkzeug, um ihn zu formen, zu justieren oder an ihm zu feilen – bei dem einen braucht's 'nen Schraubenzieher, bei einem anderen eine Säge, bei wieder anderen braucht es einen Hammer … fragen Sie Ihren Schüler einfach aus, was er in seiner Freizeit so macht oder welchen Job er hat oder haben will, ziehen Sie dann Parallelen zum Autofahren – und schon haben Sie das richtige Werkzeug, um ihn besser zu machen!«

Ich hielt das erst mal für Mumpitz, was unser Dozent da verzapfte. Nachdem ich dann einige Wochen nach meiner Ausbildung aber schon den ersten, sagen wir mal mit weniger Talent gesegneten, Fahrschüler neben mir sitzen hatte, wandte ich diese Strategie erstmalig an. Der Junge hatte das Problem, dass er beim Abbiegen stets zu schnell war und eine ordentliche Verkehrsbeobachtung somit unmöglich machte. Nachdem ich in Erfahrung gebracht hatte, dass er ein leidenschaftlicher Fußballspieler beim hiesigen Bezirksligisten war, fragte ich ihn, ob er denn jedes Mal, wenn das runde Leder in seinen Besitz komme, einfach drauflosballere.

»Selten! Ich muss ja erst mal schauen, wo meine Mitspieler sind! Ich stoppe den Ball erst mal, leg ihn mir dann vor und flanke oder passe dann!«

»Und warum machst du das dann nicht genauso beim Autofahren?«, entgegnete ich ihm. Und was soll ich sagen: Treffer, im wahrsten Sinne des Wortes! Der Bub bog von da an ab, dass es eine wahre Wonne war!

Und jetzt verstehen Sie wahrscheinlich, warum ich so darauf erpicht war zu erfahren, was Herr Werinher den lieben langen Tag so alles trieb.

»Privat gibt's nicht in der Fahrschule – also: Was machen Sie denn beruflich?«, begann ich mein Verhör.

»Sie dürfen dreimal raten«, entgegnete er mit einem geheimnisvollen Lächeln um die Lippen.

Boah, wie ich so was hasse, aber gut: »Wenn ich so an unsere erste Begegnung denke – Musiker!«

»Nö.«

»Hm, aber wohl irgendwas Künstlerisches … Maler?«

»Meinen Sie den Anstreicher oder den Virtuosen an der Leinwand?«

»Das Zweite!«

»Nö.«

»Dann wohl das Erste?«

»Nöhöhöhö …«, lachte er, mit einem leicht arroganten Unterton.

»Also, was dann?«

»Sie hatten Ihre Chance, Moment, Ihre Chancen!«, wollte er das Thema beenden.

»Was treiben Sie denn so in Ihrer Freizeit? Haben Sie irgendwelche Hobbys?«

»Ja natürlich!«, frohlockte er.

»Und welche wären das?«, bohrte ich nach.

»Geht Sie nichts an!«, beschied er mir kurz und knapp, aber umso resoluter.

»Herr Werinher, ich will Ihnen doch nur helfen, indem ich …«

»… sagen Sie mir einfach, was ich zu tun habe, damit helfen Sie mir am meisten!«, unterbrach er mich höflich, aber dennoch sehr bestimmt. Gut, dachte ich mir, dann geht das hier halt nicht auf die einfache Tour mit lebensnahen Beispielen, sondern nur mit Vorbeten.

»Kupplung kommen lassen, etwas Gas dazugeben … Herrgott, gehen Sie endlich von der Bremse runter!«

»Befahl ich ihm, nach links abzubiegen, blinkte er nach rechts; ordnete ich an, nach rechts abzubiegen, schaltete er den Scheibenwischer ein.«

So ging das noch eine ganze Zeit lang. Herr Werinher war seit mittlerweile 16 (in Worten: sechzehn!) Fahrstunden Stammgast auf dem Übungsgelände, und ich stand kurz vor dem Suizid. Der Werkzeugkasten blieb zu, und ein Pinsel wurde das richtige Instrument für seine Ausbildung. Ich kam mir vor wie die Anstreicher der Golden Gate Bridge in San Francisco, die dieses Bauwerk mit Rostschutz bepinseln: Die fangen an einem Ende an, und wenn sie sich bis zum anderen Ende durchgearbeitet haben, fangen sie wieder von vorne an. Und so lief es auch mit Herrn Werinher. Hatte ich ihn so weit, dass der Umgang mit den Pedalen und dem Lenkrad funktionierte, wagte ich es, mit ihm das Übungsgelände zu verlassen und in das angrenzende Wohngebiet zu fahren. Einem Wohngebiet, wo sich Fuchs und Hase verkehrstechnisch Gute Nacht sagten. Fahrzeuge bekam man nur morgens und abends zu Gesicht, wenn sich die Bewohner auf den Weg zur Arbeit machten oder wieder von der Arbeit nach Hause fuhren. Für Herrn Werinher und mich war dieser Ort geradezu prädestiniert, da unsere Fahrstunden immer um die Nachmittagszeit stattfanden und ich somit nicht befürchten musste, dass Leib und Leben anderer Verkehrsteilnehmer in Gefahr waren.

Dort angekommen, funktionierte zwar das Spiel mit den Pedalen und der Lenkung, dafür kam dieser schusselige Kerl nicht mehr mit dem Blinker zurecht. Befahl ich ihm, nach links abzubiegen, blinkte er nach rechts; ordnete ich an, nach rechts abzubiegen, schaltete er den Scheibenwischer ein. Hatten wir uns am Fahrbahnrand wieder mit den Fahrtrichtungsanzeigern vertraut gemacht, so funktionierte das Anfahren nicht mehr, oder Herr Werinher verwechselte den ersten mit dem dritten Gang. Also wieder zurück aufs Übungsgelände, da langsam, aber sicher der Feierabendverkehr einsetzte.

»Warum fahren wir denn wieder auf das Übungsgelände?«, fragte Herr Werinher verblüfft.

»Weil wir noch mal das Anfahren üben müssen«, seufzte ich.

»Nur weil ich ein paar Mal den Motor abgewürgt habe?«

»Ja. Und hier herrscht gleich wieder Verkehr, deswegen fahren wir jetzt hier wieder weg und zurück in den geschützten Bereich, um die anderen Verkehrsteilnehmer nicht über Gebühr zu behindern.«

»Ach, da fällt mir noch ein: Könnten Sie mich heute am Ende der Fahrstunde bei der Philharmonie rauslassen?«, erkundigte sich Herr Werinher. Jetzt war ich noch mehr baff, als ich es in den Fahrstunden ohnehin schon war.

»Herr Werinher, das soll wohl ein Witz sein, oder? Sie schaffen es seit mittlerweile 16 Fahrstunden keine zehn Meter fehlerfrei auf dem Übungsgelände oder in einem verkehrsarmen Wohngebiet zu fahren, und da soll ich Sie einmal quer durch den Verkehrsdschungel ans andere Ende der Stadt fahren lassen? Ich lach mich tot!«, antwortete ich ihm nonchalant.

»Ist ja schon gut. Fragen kostet ja nix, hab ich mir gedacht. Aber wissen Sie was? Ich finde die Start-Stopp-Automatik bei diesem Fahrzeug ganz wundervoll. Herrlich, wie ruhig und gesittet man sich da an so einer roten Ampel unterhalten kann, ohne dass der Motor dröhnt, nicht wahr?«, schwärmte er.

»Herr Werinher, das ist nicht die Start-Stopp-Automatik – Sie haben den Motor abgewürgt, WEIL SIE WIEDER NICHT DIE KUPPLUNG GETRETEN HABEN«, verlor ich die Fassung, »UND SO WAS WILL KREUZ UND QUER DURCH DEN STADTVERKEHR ZUR PHILHARMONIE FAHREN!«

Es tut mir leid, liebe Leser, aber ich muss jetzt leider an dieser Stelle einen Cut machen, denn es warten noch andere Protagonisten darauf, in diesem Buch verewigt zu werden. Und für diese Herrschaften brauche ich auch noch einige Seiten, obwohl ich mit Herrn Werinher problemlos das ganze Buch füllen könnte. Der gute Mann fährt nämlich heute noch. Ja, Sie haben richtig gelesen, Herr Werinher ist jetzt seit knapp zwei Jahren und mittlerweile 143 Fahrstunden Stammgast in unserer Fahrschule. Und ja, wir befinden uns noch immer im verkehrsarmen Raum. Deswegen kann ich Ihnen leider nicht mit dem einen Höhepunkt schlechthin, wie beispielsweise einem fatalen Crash (was bei Herrn Werinher gar nicht so abwegig wäre) oder einer misslungenen praktischen Prüfung (was ebenfalls nicht so unwahrscheinlich wäre), dienen.

Um jetzt nicht mit allen Gesetzmäßigkeiten des Schriftstellertums zu brechen, will ich diese Geschichte mit (m)einem Highlight beenden. Und ich denke, dass dieses Highlight einerseits am besten die Qualen beschreibt, die ich mit Herrn Werinher erleben musste und immer noch muss, andererseits ist es wohl die perfekte Einstimmung für das, was in diesem Buch noch folgt und Ihnen, liebe Leser, einen Einblick in den alltäglichen Wahnsinn im Leben eines Fahrlehrers gewähren soll. Genießen Sie also dieses Highlight, welches ein Satz war, den mir Herr Werinher als Antwort auf meine Frage gab, ob er mir denn eigentlich zuhöre, wenn ich ihm was sagen würde (nachdem ich ihn innerhalb kürzester Zeit mehrfach auf seinen mangelnden Seitenabstand zu geparkten Fahrzeugen hingewiesen hatte).

Und jetzt kommt's: »Nein, ich kann Ihnen nicht zuhören, wenn Sie mir was erklären – ich muss mich ja aufs Autofahren konzentrieren!«

2. KAPITEL

VOLLHORST UND HONK

FAHRLEHRER – DEUTSCH

Gerade bei Schülern wie Herrn Werinher beneide ich manchmal meine Kollegen für ihre kreative Eloquenz. Nicht, dass ich ein Mönch mit Schweigegelübde wäre – im Gegenteil, mein Umfeld hat schon Wetten abgeschlossen, dass ich der erste Mensch auf diesem Planeten sein werde, dem es gelingt, einem anderen Menschen das Ohr abzuquatschen. Allerdings fehlt mir die Gabe, verbal aus Scheiße Schokolade zu machen. Das brachte mir im Laufe meiner Karriere den Ruf ein, ein recht strenger, in Bezug auf die Erfolgsquote seiner Schüler dafür umso erfolgreicherer Fahrlehrer zu sein. Und damit kann ich gut leben. Ich persönlich fühle mich einfach wohler, bei entsprechend schlechter Fahrweise des Fahrschülers eine deutliche Ansage zu machen respektive Dampf abzulassen, wenn es nötig ist, aber dafür von Herzen loben zu können, wenn es angebracht ist, weil der Schüler entsprechend gut fährt (und bin damit meilenweit von dem Verhalten eines mir bekannten Lehrers entfernt, der den einzigen Fehler in einer ansonsten fehlerfreien Deutscharbeit eines Kindes mit dem Kommentar »Bist du ein Kind, das deutsch spricht?« versah – geile Motivation, oder?).

Doch mit dieser Art bin ich so etwas wie ein Dinosaurier, denn die moderne Verkehrspädagogik kennt zwar schon noch den Rüffel beziehungsweise Tadel, allerdings suggeriert sie der Fahrlehrerschaft auch, dass man den Fahrschüler mit Lob geradezu überschütten soll, um seine Motivation aufrechtzuhalten. Zu seinem Schüler kurz vor der praktischen Prüfung zu sagen »Toll, wie du angefahren bist«, wäre ein Beispiel dafür, wie eine Selbstverständlichkeit, quasi eine Banalität, zu einem Wunder hochstilisiert wird. So was kann man gerne in der ersten, zweiten oder von mir aus sogar noch in der dritten Doppelstunde sagen – danach wird es aus meiner Sicht albern. Man sagt einem Schulkind ja auch nicht mehr, wie super es denn schon laufen kann, oder?

Jetzt gibt es aber auch die Arten von Lob, Bestätigung oder Small Talk, die man als Fahrlehrer absondert, welche dem Schüler suggerieren, dass alles in Butter sei, faktisch jedoch dafür stehen, dass gerade gar nichts »roger in Kambodscha« oder »cool in Kabul« ist. Und für diejenigen, die den feinen zynischen Unterton in der Stimme ihres Fahrlehrers nicht vernehmen können, sollen die nachfolgenden Beispiele eine Art Nachhilfe in der Fahrlehrersprache sein. Und los geht's:

Fahrlehrer: »Schön, dass du geblinkt hast!«

Deutsch: Wenigstens eine Sache, die du Vollhorst richtig machst. Ich würde dich ja gerne dafür loben, dass du so sanft bremst, dass mein Kopf nicht jedes Mal auf das Armaturenbrett knallt, oder dass du beim Abbiegen immer brav den Schulterblick machst, um nicht schon wieder einen Radfahrer zu einer Vollbremsung zu zwingen – geht aber nicht, weil du das ja nicht machst. Also lob ich dich einfach mal fürs korrekte Blinken, obwohl das auch ein Einzeller könnte!

Fahrlehrer: »Super, wie das mit dem Spurhalten funktioniert!«

Deutsch: Ist dir aufgefallen, wie vorhin im Display die Anzeige »Pausenempfehlung« aufgeleuchtet hat? Dieses System registriert ab 65 km/h jede Veränderung im Lenkverhalten und geht bei so einer schwammigen Fahrweise wie deiner davon aus, dass du übermüdet bist und gleich in den Sekundenschlaf fällst. Aber nachdem es gerade mal Nachmittag ist, hatte das Piepsen vorhin wohl wenig mit Müdigkeit zu tun, sondern eher mit Versagen! Aber schön, dass du jetzt seit 15 Sekunden geradeaus fahren kannst, du Honk! Hoffentlich bleibt das so, denn ansonsten bist du entweder blind oder zu blöd, um die Karre auf einer kerzengeraden Strecke geradeaus fahren zu lassen – aber vielleicht fährst du auch deswegen Schlangenlinien, weil du gestern Abend mal wieder irgendeinen banalen Grund (so wie letztes Mal die Abgabe deiner Seminararbeit) gefunden hast, dich so zu betrinken, dass die Cops mit deiner Blutprobe eine Betriebsfeier abhalten können?

Fahrlehrer: »Du, das klappt jetzt alles so toll, da hast du dir jetzt mal 'ne Pause verdient!«

Deutsch: Du hast dir eigentlich gar nichts verdient – außer ein paar Peitschenhieben oder alternativ 1.000 Tafelanschriebe à la »Wenn der Gang eingelegt ist, darf ich nicht mehr auf der Kupplung stehen«, »Wenn ich Gas gebe, macht es keinen Sinn, weiter auf der Bremse zu stehen« oder »Der Bordstein weicht nicht aus – ergo muss ich ihm ausweichen, weil er härter als mein Reifen ist«. Und nachdem der Gestank von der Bremse und der Kupplung hier im Auto mittlerweile unerträglich ist, haben sowohl das Auto als auch ich eine Pause verdient, in der ich Kette rauchen und mit wuchtigen Fußtritten gegen eine Mülltonne treten werde, um mich abzureagieren.

Fahrlehrer: »So, jetzt lassen wir mal ein bisschen von der herrlichen Frühlings-/Sommer-/Herbst-/Winterluft in unser Auto rein – dich stört es doch nicht, wenn ich mein Fenster einen kleinen Spalt öffne? Sag ruhig, wenn es dir zieht, okay?«

Deutsch: Oh my goodness, kannst du deiner Mutter endlich mal sagen, dass ein Essen auch ohne Tonnen von Knoblauch und Zwiebeln schmecken kann? Dein Atem reicht aus, um einer ganzen Armee den Garaus zu machen. Putz dir zumindest danach die Zähne und schmeiß dir ein halbes Dutzend Pfefferminzdrops ein – kapiert, du Stinktier?! Und übrigens: Ohne die verdammten Zwiebeln in deinem Fressen müsstest du auch nicht die ganze Zeit wie ein Nilpferd furzen! Deine Ausrede, dass das wohl Kühe waren, lass ich mir bei der Überlandfahrt eingehen – aber nicht in einer Hochhaussiedlung!

Fahrlehrer: »Hab ich dir eigentlich schon mal gesagt, was dieses Auto so alles draufhat?«

Deutsch: Vierzylinder-Turbodiesel, 320 Newtonmeter, 150 PS, Beschleunigung von 0 auf 100 in 9,2 Sekunden, Höchstgeschwindigkeit 216 km/h – und jeder beinamputierte Tausendfüßler gewinnt gegen uns den Sprint auf die Autobahn – jetzt gib halt endlich mal Stoff, die Karre gibt's doch her!!!! Streicheln kannst du deinen Freund, aber nicht das Gaspedal! Und solltest du dieses Pedal jetzt nicht sofort bis zum Bodenblech durchtreten, werde ich morgen beim Chef den Antrag für ein neues Fahrschulauto stellen, irgendeinen Kleinwagen mit 75 PS, kapiert, du doofe Nuss? Mehr brauchst du ja offensichtlich nicht zum Fahren, ach, was sag ich, Schleichen, Kriechen, Zuckeln ... mal im Ernst: Mit deinem Speed musst du im Winter losfahren, um im Sommer Italien zu erreichen!

Fahrlehrer: »Hast du eigentlich eine Freundin/einen Freund?«

Deutsch: Wenn ja, dann nicht mehr lange. Du fährst so einen Scheißdreck zusammen, dass du deine gesamte Freizeit in den nächsten drei Jahren nicht mit ihr/ihm, sondern mit mir verbringen wirst. Solltest du Single sein, wird das auch so bleiben. Wenn du nämlich deinen Lappen in der Tasche hast, wirst du so viele Falten und Tränensäcke in deinem Gesicht haben, dass dich niemand mehr nimmt!

Fahrlehrer: »Warum ist es hier im Auto auf einmal so laut?«

Deutsch: Man mag es kaum glauben, aber dieses Auto hat tatsächlich mehr als zwei Gänge, und nachdem unser Tacho bereits 60 Stundenkilometer anzeigt – SCHALT ENDLICH IN DEN DRITTEN!!!

Fahrlehrer: »Nicht ganz so viel Gas beim Anfahren geben.«

Deutsch: Ja, ja, das hab ich gern: Der Umwelt zuliebe nur Bioprodukte kaufen, von einer Hütte in den Bergen träumen, um dort Salat anzubauen, Käse zu fabrizieren und das Zeug mit einem Hybridfahrzeug an die Kunden auszuliefern, aber dann beim Anfahren so viel Gas geben, dass die Aktienkurse der Ölkonzerne in die Höhe schnellen und den Anwohnern der Straße das Trommelfell platzt –

man braucht zum Anfahren keine 4.500 Umdrehungen, du feinmotorischer Krüppel!

Fahrlehrer: »Hast du etwa 'ne Bank überfallen?«

Deutsch: Wenn dem so ist, gib mir was von deiner Beute ab – entgegen anders lautenden Gerüchten verdienen wir Fahrlehrer nämlich wirklich nicht viel. Wenn dem nicht so ist – HÖR AUF, MIT 70 DURCH DIE ORTSCHAFT ZU BRETTERN, ALS MÜSSTEST DU VOR DEN COPS FLIEHEN!!!«

Fahrlehrer: »Denk dran – der linke Fuß ist nur zum Kuppeln da.«

Deutsch: Wenn du noch einmal mit dem linken Fuß bremst und ich mir deswegen noch mal den Kaffee über meine neue 95-Euro-Jeans kippe, dann reiße ich dir den Kopf ab und schütte dir den Kaffeesatz in den Hals!

Fahrlehrer: »Bei der Gefahrenbremsung musst du dir wirklich vorstellen, dass dich eine unvorhersehbare Situation zum starken Bremsen zwingt.«

Deutsch: Bis wieder jemand weint, weil er einen Unfall fabriziert hat … ich weiß wirklich nicht, wie du deinen auf die Straße laufenden kleinen Bruder vor dem sicheren Tod bewahren möchtest, wenn du so abbremst, wie du es gerade gemacht hast. Wenn ich einen Bremsschirm gezündet hätte, wären wir wesentlich früher zum Stehen gekommen als mit deiner Mickey-Mouse-Bremsung …

Fahrlehrer: »Boah, das Lied im Radio ist cool – darf ich etwas lauter drehen?«

Deutsch: Der Song *Guardian* von Alanis Morissette passt ja gerade voll ins Bild – einen Schutzengel brauch ich jetzt auch! Passen würde aber auch Jimi Jamisons *Survivor* oder *Rescue Me* von Bell, Book & Candle– jawohl, rettet mich, AUS DIESER 90-GRAD-KURVE, WO MEINE SCHÜLERIN GERADE MIT 90 SACHEN AUF DER LANDSTRASSE DURCHHEIZEN WILL! GEHT'S NOCH? DU WURDEST DOCH BEI DEINER GEBURT VON DER HEBAMME DREIMAL IN DIE HÖHE GEWORFEN UND NUR ZWEIMAL WIEDER AUFGEFANGEN!

Fahrlehrer: »Achte ein bisschen mehr auf die Verkehrszeichen …«

Deutsch: Okay, ich zieh mal ein Resümee für die heutige Fahrstunde: Wir sind in jede 30er-Zone mit mindestens 40 Stundenkilometer reingeheizt. Wir haben fast einen Radfahrer umgenietet, der zwar aus einer Einbahnstraße herauskam, was er aber laut dem Zusatzschild mit der Nummer 1000-32 durfte. Wir sind laut Zeichen 330.1 auf die Autobahn aufgefahren, was dich aber nicht dazu veranlasst hat, das Gaspedal bis zum Bodenblech durchzudrücken. Der mit 80 Sachen heranrasende Lkw hat uns sicherlich in sein Nachtgebet mit eingeschlossen. Wir sind dann volle Sahne in ein Verkehrsverbot hineingeholzt – nein, du warst kein Anlieger. Danach sind wir mit 30 Stundenkilometern auf einer Straße entlanggefahren, auf der die 30 km/h zulässige Höchstgeschwindigkeit in einer Zeitspanne von 22 bis 6 Uhr gelten – allerdings befuhren wir diese Straße um 14.22 Uhr. Auf der Landstraße zuckelten wir mit 80 Stundenkilometern herum, was gemäß Zeichen 1052-36 erst bei Nässe notwendig gewesen wäre. Dort, wo wir tatsächlich fette 50 Sachen fahren durften, sind wir dann mit 30 herumgeschlichen, weil du meintest, dass es kein »rechts vor links« bei Tempo 50 geben könne. Diese konsequente Missachtung beziehungsweise Fehlinterpretation der Verkehrszeichen lässt für mich nur einen Schluss zu: Als der liebe Gott das Gehirn verteilt hat, standest du in der Warteschlange ganz weit hinten.

Fahrlehrer: »Ich wünsche dir ein schönes Wochenende!«

Deutsch: Eigentlich wünsche ich dir, dass du am Wochenende als Beifahrer in einem Auto sitzt, wo der Fahrer genauso ruckartig lenkt, bremst und beschleunigt wie du in dieser Fahrstunde und dein Magen danach genauso rebelliert wie meiner in diesem Moment. Ich werde jetzt erst mal zur Beruhigung meines Magens hemmungslos einen Magenbitter nach dem anderen kippen und dabei angestrengt über meine Berufswahl nachdenken. Aber vielleicht schaffe ich es ja, mir so einen ordentlichen Rausch anzusaufen, dass meine Festplatte gelöscht wird und ich am Montag wieder frohen Mutes zur Arbeit schreiten und mit dir deine 57. Fahrstunde nehmen kann.

Ganz schön fies, diese Geheimsprache, oder? Sehen Sie, und das ist der Grund dafür, dass ich weiterhin meine Schüler frage, ob sie heute Nacht auf einem Superman-Heftchen geschlafen, zum Frühstück eine mutige Semmel verspeist haben oder schlichtweg bescheuert sind, wenn sie mit einem Seitenabstand von 1,5 Zentimetern statt 1,5 Metern einen Radfahrer überholen wollen. Klingt vielleicht nicht ganz so schön, sorgt aber nicht für Verständnisschwierigkeiten, ist ehrlicher – und sorgt dafür, dass ich kein Magengeschwür bekomme …

3. KAPITEL

MEHMETS COUSIN

VERSTÄNDNISSCHWIERIGKEITEN

Bleiben wir noch ein wenig bei dem Thema »Verständnisschwierigkeiten«, welche in der Fahrschule nicht nur auftreten können, wenn Fahrlehrer ihren Ärger oder Frust rhetorisch geschickt verpacken. Ein Quell für Verständnisprobleme und Verwirrung ist mit Sicherheit der Theorieunterricht, wenn zum Beispiel die Anhängerregelung vom Fahrlehrer erklärt wird. Zu verstehen, für welche Zugkombination jetzt der Führerschein der Klasse B oder BE notwendig ist und wann die Eintragung der Schlüsselzahl 96 zu präferieren ist, setzt in der Regel ein Studium voraus. Ähnlich, jedoch ohne Studium zu meistern, verhält es sich mit der Frage, wie alt ein Kind ist, wenn es sein achtes respektive zehntes Lebensjahr vollendet hat (spielt eine Rolle bei der Straßenbenutzung). Eigentlich erntet man als Fahrlehrer dann immer den Zuruf »neun und elf Jahre«, was natürlich grundverkehrt ist – wenn ich mein erstes Lebensjahr vollendet habe, dann puste ich genau eine Kerze aus, beim achten eben acht und beim zehnten folglich zehn.

Es gibt aber natürlich auch Sachen, die so klar wie Kloßbrühe sind. Wenn man einen Schüler beispielsweise fragt, wie schnell man bei einem Tempolimit fahren darf, sollte der Drops eigentlich gelutscht sein. Oder wenn man nach langer und ausführlicher Erklärung der Grundregel »rechts vor links« fragt, wer denn an einer unbeschilderten Kreuzung oder Einmündung Vorfahrt hat, sollte auch hier die Messe gelesen sein. Mag man denken. Manchmal sollte man das Denken aber auch den Pferden überlassen – die haben nämlich den größeren Kopf. Und so war ich recht baff, als ich eines Tages im Theorieunterricht einen Schüler, welcher zum ersten Mal da war, fragte, wie schnell man denn bei nachfolgendem Verkehrszeichen fahren darf:

Ich erhielt als Antwort lediglich ein Schulterzucken.

»Na ja, so schwer ist das ja jetzt nicht, das weiß doch jedes Kleinkind«, sah ich ihn ungläubig an. Wieder zuckte er unwissend mit den Schultern. Ich wollte den Kerl nicht brüskieren und gab die Frage an den Rest der Klasse weiter, welcher unisono und korrekterweise »60« antwortete.

Beim übernächsten Unterricht waren die Vorfahrtregeln das Thema. Nachdem ich lang und breit die Regelung »rechts vor links« erläutert hatte, warf ich im Rahmen der Lernzielkontrolle ein paar Bilder mittels Beamer an die Wand, in denen unterschiedliche Verkehrssituationen dargestellt waren, die nach der Grundregel »rechts vor links« aufgelöst werden mussten. Ich begann mit einem sehr, sehr einfachen Beispiel, bei dem wir uns fiktiv auf einer Straße befanden, wo von rechts ein Motorradfahrer kam. Um ihm keine allzu schwere Frage aufzubürden, aber trotzdem sicherzugehen, dass er die Regel verstanden hat, nahm ich gleich den Schüler vom vorletzten Mal dran, welcher nicht wusste, wie schnell man bei einem 60er-Schild fahren darf.

»Und – wer hat denn hier Vorfahrt?«, fragte ich ihn. Ich erntete von ihm erneut ein ahnungsloses Schulterzucken.

»Also bitte! Ich rede mir hier seit einer Viertelstunde den Mund fusselig, und du kannst mir bei diesem Pipifax-Beispiel nicht sagen, wer Vorfahrt hat? Rede ich in einer anderen Sprache, oder was?«

»Wenn man einen Schüler beispielsweise fragt, wie schnell man bei einem Tempolimit fahren darf, sollte der Drops eigentlich gelutscht sein.«

»Ja, tust du«, antwortete mein ebenfalls anwesender Schüler Mehmet. »Mein Cousin spricht nämlich kein Wort Deutsch.«

Und jetzt habe ich ein Verständnisproblem: Warum schreibt der Gesetzgeber für den theoretischen Unterricht eigentlich nur eine Anwesenheitspflicht vor, aber keine »Verständnispflicht«? Gibt es etwas Gefährlicheres, als mit einem Fahrschüler in der freien Wildbahn herumzufahren und zu wissen, dass er von den Vorschriften und Regeln im Straßenverkehr keinen blassen Schimmer hat, weil er sich im Theorieunterricht zwar den Arsch platt gesessen hat, aber nicht ein Sterbenswörtchen verstanden hat?

Es gäbe wahrlich genügend Fahrlehrer mit Migrationshintergrund oder Fremdsprachenkenntnissen, welche Fahrschülern, die noch nicht der deutschen Sprache mächtig sind, die entsprechenden Verkehrsregeln in einem gesonderten Unterricht in deren Landessprache erklären könnten. Liebe Volksvertreter in Berlin, bitte nehmt euch dieser Sache mal an! Und wenn ihr schon dabei seid, kümmert euch doch gleich mal um eine weitere Sache, die bei vielen Fahrlehrern aus den diesen Umstand noch tolerierenden Bundesländern auf Unverständnis stößt und uns wahnsinnig fuchst: Warum gibt es noch immer diese Gesetzeslücke, die es Fahrschülern erlaubt, in den zwölf Grundstoff-Lektionen mehrfach bei ein und demselben Thema anwesend zu sein und die anderen Themenblöcke auslassen zu können? Was ergibt es für einen Sinn, dass sich ein Fahrschüler theoretisch fünfmal in Lektion eins anhören darf, dass er alle seine Sinne beisammen haben, sich nicht unter Alkohol- und Drogeneinfluss hinters Steuer setzen und seine Emotionen unter Kontrolle haben sollte, aber kein einziges Mal dazu verpflichtet ist, sich beispielsweise etwas über Verkehrszeichen oder Verhalten bei Fahrmanövern anhören zu müssen? Uns Fahrlehrern fehlt dafür jegliches Verständnis …

4. KAPITEL

POLIZEIOBERWACHTMEISTER REITER

DIE TÜCKEN DER STRASSENVERKEHRSORDNUNG

Wenn ich meine Fahrschüler im Theorieunterricht das erste Mal mit der Straßenverkehrsordnung konfrontiere, beginne ich diese Thematik stets mit folgender Fangfrage: »Was glaubt ihr – wie viele Paragrafen hat die StVO?«

Meistens blicke ich dann für einige Sekunden in eine Schar rätselnder Gesichter, welche für mich jedoch kein Rätsel sind. Relativ schnell erkennt man nämlich, dass sich in den Köpfen der Schüler folgende Gleichungen entwickeln: Straßenverkehrsordnung = deutsches Gesetz. Deutsche Gesetze = kompliziert, weil mannigfach und alles regeln wollend. Nach diesen Denksekunden prasseln die Antworten auf mich nur so nieder:

»Hundert!«

»Fünfhundert!«

»Tausend!«

Grinsend sammle ich dann die Zurufe und mache mir einen Spaß daraus, die Schüler mit folgender Zahl zu verblüffen: 53 (inklusive eines Platzhalters). Nicht mehr, aber auch nicht weniger Paragrafen hat die deutsche Straßenverkehrsordnung. Was sich im Vergleich zu anderen Gesetzen oder Verordnungen in der Bundesrepublik wie zum Beispiel den Steuergesetzen oder Strafgesetzen gering ausnimmt, hat es jedoch faustdick hinter den Ohren. Dieses kleine Pamphlet, das nur wenige Paragrafen und Seiten umfasst, regelt trotz seiner Kompaktheit jede noch so kleine Eventualität für zig Millionen Verkehrsteilnehmer in diesem Land. Und für diesen Umstand, ich kann es nicht anders sagen, liebe ich es einfach, dieses kleine, rote Büchlein, welches nebst einiger Familienbilder und Urkunden auf meinem Nachttisch liegt (der werte Leser darf mich diesbezüglich ungestraft einen Fetischisten nennen).

Aber nicht nur wegen seiner kompakten Genialität, sondern auch wegen seiner wenigen und kleinen Macken ist es einfach liebenswert. Ja, ja, ich weiß, dass ich dieses Büchlein gerade in den Himmel gelobt habe – und jetzt berichte ich von kleinen Macken. Aber sehen Sie es mal so – selbst jede Traumfrau hat ein Muttermal an einer unpassenden Stelle oder vielleicht einen leichten Anflug von Cellulitis an ihren Oberschenkeln. Und so geht es der Straßenverkehrsordnung auch an der einen oder anderen Stelle. Beispiel gefällig?

Da wäre zum Beispiel der Paragraf 23, der eigentlich hauptsächlich dadurch Berühmtheit erlangte, dass er in Absatz 1a das Telefonieren mit der Hand und dem Ohr am Handy während der Fahrt verbietet. Ohne jetzt den Unsinn kommentieren zu wollen, dass es zwar untersagt ist, das Handy während der Fahrt zum Telefonieren in der Hand oder am Ohr zu halten, das Eingeben einer ellenlangen Adresse ins Navigationssystem während der Fahrt jedoch zu erlauben (die Hände gehören immer ans Steuer und sonst nirgendwohin, gilt auch fürs Essen, Trinken, Rauchen – Mist, jetzt hab ich es doch kommentiert), möchte ich lieber unser Augenmerk auf den dritten Absatz dieses Paragrafen richten. Dort heißt es so schön:

»Wer ein Fahrrad oder ein Kraftrad fährt, darf sich nicht an Fahrzeuge anhängen [ergibt so weit Sinn]. Es darf nicht freihändig gefahren werden [ergibt auch Sinn]. Die Füße dürfen nur dann von den Pedalen oder den Fußrasten genommen werden, wenn der Straßenzustand das erfordert.«

Haben Sie es mitgekriegt? Rad- und Motorradfahrern wird also nur erlaubt, die Füße von den Pedalen und Rasten zu nehmen, wenn der Zustand der Straße erbärmlich ist, nicht jedoch, wenn sie beispielsweise an einer roten Ampel oder einem Stopp-Schild halten müssen. Entweder haben Sie also eine ausgefeilte Technik, Ihr Rad oder Ihre Maschine während einer Rotphase perfekt auszubalancieren, oder Sie begehen einen Verstoß gegen die StVO.

Ansonsten haben ihre Macher auch viele Sachen bereits geregelt, deren sich mancher Politiker, Rechtsanwalt und auch Motorrad- oder Automobilklub überhaupt nicht bewusst sind. Man kann hier die StVO mit einem Computer vergleichen: Das eigentliche Problem sitzt selten im Rechner, sondern davor. Und so ist es eben auch bei der StVO und seinen Lesern beziehungsweise Interpreten. Ich bekomme regelmäßig Krämpfe im Zwerchfell, wenn ich Nachrichten gucke oder Automobil- oder Motorradzeitschriften lese. Da wird zum Beispiel von geplanten Überholverboten für Lkw berichtet, um sogenannte »Elefantenrennen« zu verbieten. Jedem Kenner der Materie stellt sich bei so einer medialen Diskussion dann die Frage: War da nicht was?

Und er wird sich Paragraf 5 Absatz 2 der StVO in Erinnerung rufen, in dem es unter anderem heißt: »… Überholen darf ferner nur, wer mit wesentlich höherer Geschwindigkeit als der zu Überholende fährt.« Und nachdem die meisten Trucker eine ausreichende Geschwindigkeitsdifferenz in den seltensten Fällen hinkriegen: Ein Tusch auf das bereits bestehende Überholverbot für Lkw!

Sie sehen also, werter Leser, unsere liebe StVO bietet reichlich Interpretationsspielraum und auch Fallstricke, wenn man sich denn nicht ausreichend mit ihr beschäftigt hat. Und über so einen Fallstrick ließ ich auch den armen Polizeioberwachtmeister Reiter im Rahmen einer Verkehrskontrolle stolpern …

Entgegen meiner Veranlagung, grundsätzlich immer 15 Minuten vor Beginn der ersten Fahrstunde in der Fahrschule zu sein, hatte ich mich an diesem sonnigen Morgen entschieden, einen Espresso mehr als üblich auf unserer Terrasse zu trinken. Dementsprechend spät war ich dran, als ich mich mit meiner Maschine auf den Weg zur Arbeit machte. Natürlich herrschte wie immer zwischen sieben und zehn Uhr auf der Stadtautobahn ein Mega-Stau. Praktisch, dass ich aufgrund des schönen Wetters auf einem einspurigen Vehikel unterwegs war und mich zwischen den ganzen Dosen (umgangssprachliche Bezeichnung für Autos, vorzugsweise von Motorradfahrern gebraucht) hindurchschlängeln konnte.

Am Ende der Autobahn verengten sich zwei Fahrstreifen auf einen, und während ich damit beschäftigt war, mich nicht von einem Porsche- und einem Audi-Fahrer in die Mangel nehmen zu lassen, konnte ich im Augenwinkel erkennen, wie ein Polizeibeamter am rechten Fahrbahnrand hinter einem Strauch stehend ganz eifrig irgendetwas über sein Funkgerät an seine Kollegen weitergab. Nachdem er mich einige Sekunden lang mit seinen Augen fixierte, ging ich davon aus, dass der neue und sehr laute Auspuff an meinem Motorrad das Objekt der Begierde für eine anstehende Fahrzeugkontrolle war. Prompt wurde ich 150 Meter weiter sehr freundlich, aber bestimmt mit der Kelle herausgewunken (und das auch noch auf eine Sperrfläche, deren Nutzung für Fahrzeuge eigentlich strikt untersagt ist – aber Schwamm drüber, wir wollen nicht päpstlicher sein als der Papst, außerdem waren die Jungs ja im Einsatz), und es entwickelte sich folgender Originaldialog: »Guten Tag, allgemeine Verkehrskontrolle, Reiter mein Name. Führerschein und Zulassungsbescheinigung bitte!«

Hätte da nicht ein halbes Dutzend Streifenwagen mitsamt der dazugehörigen Besatzung gestanden, hätte ich beim Anblick des jungen Mannes an einen wandelnden Fake geglaubt. Sie wissen schon, junge Kerle, die sich eine Uniform vom Kostümverleih holen, ein Blaulicht auf ihren Privatwagen fixieren und dann äußerst leichtgläubigen Menschen wegen angeblich begangener Verstöße ein »Bußgeld« aus der Tasche ziehen. Der Junge strahlte auf mich die Autorität eines Erstklässlers aus, und de facto sah er wirklich so aus, als würde ihm seine Mama vor Schichtbeginn noch ein Marmeladenbrot, einen Apfel und ein Stückchen Traubenzucker in die Brotzeitbox packen. Eigentlich hätte ich dieses hagere Bürschchen mit dem flaumigen Bartansatz erst mal nach seinem Personalausweis fragen sollen, um sicherzugehen, dass er bereits volljährig war, aber wie sage ich immer so schön zu meinen Schülern im Theorieunterricht: »Bleibt bei einer Verkehrskontrolle ruhig und sachlich, dann geht es auch bald wieder weiter.«

Ich nahm also meinen Helm ab (kleiner Tipp an alle Motorradfahrerinnen und -fahrer: Der Polizeibeamte oder die Polizeibeamtin kann euch so sofort zweifelsfrei identifizieren und checken, ob ihr Alkohol getrunken oder etwas anderes als Filterzigaretten geraucht habt) und händigte Herrn Reiter meine Papiere aus.

»Können Sie sich vorstellen, warum wir Sie angehalten haben?«

Natürlich konnte ich, mein Auspuff beschallte ja immerhin ganz Oberbayern.

»Ja, wohl wegen meines Auspuffs. Hier haben Sie die ABE [Allgemeine Betriebserlaubnis, Anmerkung des Autors]!«

»Nee, der interessiert mich nicht – vorerst!«, beschied mir der Herr Polizeioberwachtmeister.

Jetzt war ich etwas ratlos. Die Reifen waren neu, die Maschine hatte die Hauptuntersuchung mit voller Punktzahl bestanden, sauber war das Ding auch – ja, was denn jetzt?

»Sie haben sich zwischen den Fahrzeugkolonnen durchgeschlängelt!«, warf er mir höchst empört vor.

»Richtig!«, antwortete ich.

»Aha, Sie geben den Verstoß also zu!«

»Welchen Verstoß?«

»Ja, dass Sie sich da durchgeschlängelt haben!«

»Durchgeschlängelt habe ich mich, aber seit wann ist das ein Verstoß?«

»Wollen Sie mich jetzt verarschen?«, entgegnete er mir entrüstet.

»Junger Mann, bitte ein anderer Ton, ich bin kein Assi, Sie können ganz normal mit mir reden!«

»Ich bin kein junger Mann, ich bin Herr Polizeioberwachtmeister, bald Polizeimeister Reiter!« Seine Gesichtsfarbe wechselte langsam von Rosig auf Purpurrot.

»Entschuldigung, Herr Polizeioberwachtmeister, ich wollte Sie nicht diskreditieren, aber können Sie mir jetzt bitte sagen, was Sie mir konkret vorwerfen?«

»Dass Sie sich in der Mitte durchgeschlängelt haben!« Seine Stimme glich schon fast dem Kreischen einer Kreissäge.

»Schön, hab ich aber schon zugegeben. Ist aber leider nicht strafbar!«, erwiderte ich, langsam, aber sicher auch etwas unter Zeitdruck und deswegen ein wenig genervt.

»Doch, ist es!«, schrie er hysterisch.

»Wo steht das?«, schrie ich zurück.

»In der Straßenverkehrsordnung!«

»Tut's nicht!«

»Doch!«

Wir drehten uns im Kreis. Herr Polizeioberwachtmeister Reiter wollte mir unter allen Umständen einen Verstoß ans Knie nageln, und ich wollte als Oberklugscheißer natürlich auch nicht nachgeben. Die umherstehenden Kollegen von Herrn Polizeioberwachtmeister Reiter waren schon etwas verwundert, wie viel Zeit sich ihr Kollege für eine handelsübliche Verkehrskontrolle nahm. Ich wollte die Situation nun signifikant verkürzen und bat Herrn Polizeioberwachtmeister Reiter, aus seinem Einsatzfahrzeug die Straßenverkehrsordnung zu holen. Witzigerweise folgte er meiner Aufforderung umgehend und schritt zu seinem weiß-grünen (zum silbergrünen hatte es wohl noch nicht gereicht) Dienstfahrzeug und kam mit dem Gesetzestext wieder. Ich bat ihn, mir den Paragraf 7 Absatz 2a der Straßenverkehrsordnung vorzulesen, was er sodann auch tat: »Wenn auf der Fahrbahn für eine Richtung eine Fahrzeugschlange auf dem jeweils linken Fahrzeugstreifen steht oder langsam fährt, dürfen Fahrzeuge diese mit geringfügig höherer Geschwindigkeit und mit äußerster Vorsicht rechts überholen … und

»Wenn auf der Fahrbahn für eine Richtung eine Fahrzeugschlange auf dem jeweils linken Fahrzeugstreifen steht oder langsam fährt, dürfen Fahrzeuge diese mit geringfügig höherer Geschwindigkeit und mit äußerster Vorsicht rechts überholen …«

was hat das jetzt mit unserer Situation hier zu tun?«, zitierte und wunderte sich der Herr Ordnungshüter.

»Sie haben es doch gerade selbst vorgelesen. Da steht, dass ich mich durchschlängeln darf!«, antwortete ich, mittlerweile etwas ungehalten.

»Aber … Sie haben doch … Sie sind doch nicht … hä?«, druckste er herum.

Und dann platzte mir der Kragen: »Jetzt hören Sie mir mal genau zu, junger Mann, äh, Herr Polizeioberwachtmeister Reiter, Punkt eins: Ich bin zwischen zwei Fahrzeugschlangen durchgefahren und habe somit die Fahrzeuge auf der linken Seite überholt. Und Punkt zwei: Meine Geschwindigkeit lag in etwa auf dem Niveau einer gehbehinderten Schnecke, und mein seitlicher Sicherheitsabstand war größer als der zwischen Ost- und Westdeutschland zu Zeiten der Mauer. Fragen Sie mal Ihren Kollegen da unten hinterm Gebüsch!«

Prompt griff er an sein Funkgerät und kontaktierte seinen Kollegen.

»Schnell war er nicht, Abstand hat er auch eingehalten!«, krächzte es im tiefsten Niederbairisch aus dem Gerät.

Herr Polizeioberwachtmeister Reiter war jetzt desillusioniert. Geradezu hilf- und ratlos stand er da, und irgendwie hatte ich Mitleid mit ihm.

»Tja, 1:0 für Sie«, sagte er bedröppelt. »Darf ich Sie fragen, was Sie beruflich machen? Fachanwalt für Verkehrsrecht, nehme ich an?«

»Viel schlimmer – ich bin Fahrlehrer!«, antwortete ich, erleichtert, dass dieses skurrile Szenario endlich ein Ende hatte.

Ganz wollte er sich dann doch nicht geschlagen geben und nahm noch meinen Auspuff in Augenschein. Nachdem leider auch hier alles passte, blieb ihm nichts anderes übrig, als mich von dannen ziehen zu lassen. Ich packte meine Papiere also wieder in meine Brieftasche, stülpte mir den Helm über und ließ zum Abschied meine Endtöpfe noch etwas aufbrüllen. Im Rückspiegel konnte ich noch erkennen, wie sich Herrn Polizeioberwachtmeister Reiter ein anderer, wahrscheinlich höherrangigerer Beamter (ein niedrigerer Rang ging ja fast gar nicht mehr) kopfschüttelnd näherte.

Aufgrund meiner Absenz ist diese Geschichte jetzt eigentlich vorbei. Toll, der Fahrlehrer hat einem blutigen Anfänger gezeigt, wo der Hammer respektive der Paragraf hängt, schön, eine Runde Applaus ... Damit diese Geschichte aber noch ein bisschen Würze bekommt, spinne ich mal die jetzt beginnende Debatte (oder sollte man besser Anschiss sagen?) zwischen dem Frischling von der Polizeischule und seinem Capo weiter ...

»Herr Oberwachtmeister, warum haben Sie denn den Biker jetzt einfach ohne Ticket ziehen lassen?«

»Lieber Herr Vorgesetzter, dieser Verkehrsteilnehmer hat nach der Straßenverkehrsordnung keinen Verstoß begangen, und auch gegen die Straßenverkehrs-Zulassungs-Ordnung hat er nicht verstoßen!«

»Kein Verstoß, ich glaub, es hakt! Seit wann dürfen sich diese Proleten auf zwei Rädern zwischen der Blechlawine durchmogeln?«

Herr Polizeioberwachtmeister Reiter fischte noch mal das kleine rote Büchlein aus seiner Gesäßtasche hervor und zitierte seinem Vorgesetzten den Paragrafen 7 Absatz 2a.

Ungläubig starrte ihn sein Vorgesetzter an, bevor er den armen, unerfahrenen Kollegen mit einem infernalischen Gebrüll nach allen Regeln der Kunst zusammenstauchte: »SIE HAT MAN WOHL MIT DEM KLAMMERBEUTEL GEPUDERT, SIE FLACHPFEIFE! MEIN LIEBER HERR GESANGSVEREIN, WAS MACHT IHR EIGENTLICH DEN GANZEN TAG AUF DER POLIZEISCHULE? DEN ANWÄRTERINNEN BEIM DUSCHEN ZUSEHEN, ODER? IHRE BEFÖRDERUNG ZUM POLIZEIMEISTER KÖNNEN SIE SICH SONST WOHIN STECKEN, SIE NASENBOHRER!«

Ich weiß, ich weiß, liebe Leser, als Fahrlehrer habe ich eigentlich die Aufgabe, die Straßenverkehrsordnung zu befolgen, und sie mir nicht zurechtzubiegen – aber manchmal macht es einfach kolossal

Spaß, wenn man jemanden Unerfahrenen ein wenig foppen kann und sich dadurch auch noch ein Bußgeld erspart …

PS: Herr Polizeioberwachtmeister Reiter, wenn Sie diese Zeilen lesen sollten: Bitte verzeihen Sie mir diese kleine List, und lassen Sie sich dieses Erlebnis eine Lehre sein – die StVO hat halt ihre kleinen Macken und lässt durchaus Spielraum für Interpretationen zu.

Ich hoffe, dass das mit der Beförderung eines Tages trotzdem noch was wird!

5. KAPITEL

RUDI

WARUM FAHRLEHRER NUR HALBGÖTTER SIND

»Waaaaaas? Du bist Fahrlehrer? Ich hab da mal 'ne Frage … hey, bringt mir bitte jemand eine grooooße Serviette und einen Stift, ich muss mal 'ne Kreuzung aufzeichnen!«

So oder so ähnlich klingen gefühlte 99,99 Prozent aller Erstanbahnungen von Bekanntschaften eines Fahrlehrers. Während man auf einer Party unter Einsatz hochprozentiger Alkoholika versucht, die letzte Fahrstunde und den Beinahe-Unfall mit einer Straßenbahn aus dem Kopf zu kriegen, bekommt man es meistens mit einem dieser Ich-fahre-seit-24-Jahren-unfallfrei-weiß-aber-trotzdem-nicht-wer-hier-zuerst-fahren-darf-Typen zu tun. Woran das liegt? Als Erstes wohl daran, dass wir Fahrlehrer wesentlich billiger sind als Rechtsanwälte – uns kann man allerhand Wissen über die Straßenverkehrsordnung entlocken, ohne gleich eine zweite Hypothek aufs Haus aufnehmen zu müssen – in der Regel reichen ein paar Bier und Cocktailwürstchen. Zweitens gibt es wirklich noch einen klitzekleinen Teil in unserer Gesellschaft, der vor uns Fahrlehrern einen Heidenrespekt hat. In der Vorstellung dieser Menschen ist der Fahrlehrer der allwissende Verkehrsgott, der sich und seine Schüler sicher, verantwortungs- und umweltbewusst durch die Gegend kutschiert und sich auch privat dermaßen regelkonform im Straßenverkehr bewegt, dass selbst unsere gesetzestreuen Regelwächter vor Neid erblassen. So weit die Fiktion.

In der Realität verhält es sich so, dass jeder Fahrlehrer, der von sich behauptet, immer alles richtig zu machen, permanent im Rahmen der gesetzlichen Vorschriften zu fahren oder der Buddha des Asphalts zu sein, von den Kollegen mit einem Ja-ja-ist-schon-recht-Schmunzeln bedacht wird. Denn entweder hat man es hier mit einem Frischling oder chronisch unausgelasteten Kollegen der Berufszunft zu tun – oder mit einem Scheinheiligen.

Jagen Sie mal innerhalb von 15 Minuten von der einen Schule im Westen der Stadt zur anderen Schule im Zentrum, um mit den Schülern in deren Freistunden respektive Mittagspausen das mehrspurige Abbiegen zu üben, weil die Herrschaften nur zu diesen Zeiten Fahrstunden nehmen wollen. Ohne eine klitzekleine Überschreitung der zulässigen Höchstgeschwindigkeit kaum machbar.

Oder machen Sie mal eine Vollbremsung unter dem hysterischen Angstgeschrei einer pubertierenden Schülerin, weil Ihnen ein Linienbus die Vorfahrt genommen hat und der Fahrer des Busses dann auch noch den Stinkefinger zeigt, weil Sie sich erdreistet haben, ihn mittels akustischen Warnsignals zu maßregeln und darauf hinzuweisen, dass seine Aktion lebensgefährlich war. Wenn man nicht ernsthafte Probleme mit seiner Galle bekommen möchte, dann muss man dem Absender dieser nonverbalen Beleidigung unbedingt in vier verschiedenen Sprachen (aber natürlich bei geschlossenem Fenster) bescheiden, dass sein Gesicht jenem Körperteil gleicht, welches sonst nur der Toilettensitz zu sehen bekommt.

Oder halten Sie doch mal Sicht- und Funkkontakt mit Ihrem vorausfahrenden Motorrad-Fahrschüler bei dessen erster Autobahnfahrt, wenn sich ein Lkw südosteuropäischer Herkunft zwischen Sie und Ihren Schüler drängt und Sie Blut und Wasser schwitzen, weil Sie nicht wissen, was der Junge da vor dem Lkw treibt. Wenn Ihnen so etwas einmal passiert ist, passiert es Ihnen kein zweites Mal, weil Sie nämlich keine 50, sondern nur noch 15 Meter Abstand zu ihm halten (was witzigerweise sogar erlaubt ist, da der Fahrlehrer sowohl der verantwortliche Fahrzeugführer des Motorrades als auch des Fahrzeuges ist, von dem aus er den Schüler anleitet – und zu sich selbst kann man ja schlecht einen Abstand einhalten, oder?).

Sie sehen: Fahrlehrer sind selten Götter, sondern eher Halbgötter des Straßenverkehrs. Das kann jeder bestätigen, der sich mal in Fahrlehrerveranstaltungen umgesehen und dem ein oder anderen von sich selbst maßlos überzeugten »Genie«, das alle Kollegen zu Deppen degradiert und jedem, der ihm widerspricht, körperliche Gewalt androht oder beschimpft, zugehört oder mir mal beim Einparken zugesehen hat – die Schramme an der Stoßstange und der Cut in der Felge stammen nicht von meiner Frau, so viel kann ich verraten.

Zumindest kann man einige Fahrlehrer als Halbgötter bezeichnen. Denn wenn ich gerade noch von klitzekleinen Verfehlungen der Fahrlehrerschaft geschrieben habe, komme ich jetzt zu den Abgründen der Zunft, quasi zu den Teufeln, um in der Diktion zu bleiben. Und davon gibt es mehr, als Sie glauben. Ich spreche nicht von den kleinen Teufelchen, die sich privat mal für 'ne Minute ins absolute Halteverbot stellen, um sich eine Leberkässemmel zu holen, oder bei Rot über die Fußgängerampel huschen. Und ich spreche auch nicht von Kollegen, denen kurz vor der Prüfung einfällt, dass sie mit ihren Schülern noch nie das Linkseinparken geübt haben oder ihnen nicht gezeigt haben, wo das Scheibenwasser nachgefüllt wird, oder von denen, die mal fünf Minuten zu spät zur Fahrstunde gekommen sind und die Verspätung nicht wieder reingefahren haben. Nein, ich spreche von den wirklichen Teufeln, die nach meiner Meinung nichts in diesem Beruf verloren haben, weil er für sie keine Berufung darstellt, sondern nur Mittel zum Zweck. Und dieser Zweck kann natürlich unterschiedlichste Facetten haben.

Manche dieser Kollegen (der Autor haderte an dieser Stelle mit sich selbst, ob er diese Personen wirklich »Kollegen« nennen soll) machen diesen Job, um möglichst viel Geld zu verdienen. Per se nichts Unmoralisches, wenn man dieses Ziel nicht dadurch erreichen möchte, dass man seine Fahrschüler ausnimmt wie eine Weihnachtsgans, indem man möglichst viele (überflüssige) Stunden schindet oder gewisse Sachen nicht in der Häufigkeit übt, dass es zum Bestehen einer Fahrprüfung reicht – und der Schüler dann noch mal eine Prüfungsgebühr berappen muss (in der Regel die teuerste Gebühr in der Fahrschule), an der der Fahrlehrer dann auch noch ordentlich verdient.

Andere Kollegen (habe mich jetzt doch dazu durchgerungen, sie so zu nennen) betreiben diesen Job, um sich das Geld für den Puff zu sparen oder weil sie einfach keine Lust haben, bei Eiseskälte mit einem Fernglas oder einer Videokamera vor einem Wohnhaus zu stehen, um jungen Mädchen heimlich beim Duschen oder Umziehen zuzusehen. Da sitzt man doch lieber als Fahrlehrer im mollig warmen Auto und kann den Mädels heimlich ins Dekolleté glotzen oder im Rahmen eines Eingreifens auf Tuchfühlung gehen.

Wiederum andere meinen, dass sie diesen Beruf wählen sollen, um einmal in ihrem Leben Macht zu haben, Kommandos geben zu können, sich wie die Axt im Walde aufführen zu können, also sich selbst zu erhöhen, indem man jemand anderen erniedrigt (sind meistens solche Leute, die in der Schule gehänselt wurden und bei denen jetzt zu Hause ein Drachen mit 'nem Nudelholz in der Hand hinter der Tür wartet, wenn Sie verstehen, was ich meine).

Einige der Kollegen vergessen auch gerne, dass auf ihrem Dachschild »FAHRSCHULE« prangt und nicht »TAXI«. Da wird der Fahrschüler gerne zum Chauffeur und das Fahrschulauto zum Einkaufswagen erklärt – und die fürs Shopping benötigte Zeit wird von der Fahrzeit des Schülers abgeknapst.

Dann gibt es noch Konsorten, die von Tuten und Blasen keine Ahnung haben, und bei denen man sich wirklich fragt, wie sie die Prüfungen zum Fahrlehrer bestanden haben. Glauben Sie mir, ich kam schon mit Kollegen ins Gespräch, die allen Ernstes behaupteten, dass Anhänger nur zwei Tage ohne Zugfahrzeug geparkt werden dürfen (richtig sind zwei Wochen!) oder es ohne Stottern nicht schafften zu sagen, wann die Vorfahrtsregel »rechts vor links« nicht zählt (nämlich an Feld- und Waldwegen, abgesenkten Bordsteinen, Grundstücksausfahrten, bei Ausfahrt aus einem verkehrsberuhigten Bereich oder einer Fußgängerzone und wenn man vom Fahrbahnrand anfährt – und natürlich, wenn die Vorfahrt durch Verkehrszeichen geregelt ist).

Aber bevor jetzt kein Mensch mehr den Führerschein macht, weil die Angst groß ist, an so einen Teufel zu geraten – keine Panik, es gibt sie noch, die wirklich gründlich, seriös und freundlich arbeitenden Kollegen. Aber eben auch die oben beschriebenen Teufel, und davon gibt es leider so viele, dass ich mir bei der Verfremdung des nachfolgend beschriebenen Kollegen gar nicht so viel Mühe geben musste, weil es nämlich mehrere Personen gibt, die sich angesprochen fühlen können, weil sie zu dieser Gattung gehören …

Und einer davon war eben Rudi. Und halten Sie mich ruhig für bescheuert oder pervers, aber ich konnte Rudi echt gut leiden. Das lag wohl daran, dass ich grundsätzlich ein Herz für Außenseiter habe (und Rudi wurde aufgrund seiner Art von vielen gemieden) und daran, dass er optisch in der Zeit stehen geblieben war, in der ich gerade herumpubertierte und diesen Lebensabschnitt als einen der geilsten in meinem Leben in Erinnerung habe – nämlich die 80er- und 90er-Jahre. Für diejenigen, die nicht in diesen Dekaden groß geworden sind oder bereits vergessen haben, wie das damals aussah, eine kurze Zusammenfassung: Es war die Zeit von Vokuhila-Frisuren, Hawaii-Hemden und Goldkettchen. Im Fernsehen liefen *Knight Rider*, *Baywatch*, das *A-Team* und *Magnum*. Musikalisch gab es zwei große Lager, die Rapper und die Rocker. Bei den Rappern kam es immer wieder zu Streitereien über die Frage, ob jetzt MC Hammer oder Vanilla Ice der Herrscher des Dancefloors war, während die Rocker sich gegenseitig ankeiften, welches die härtere Band war: Guns N' Roses oder Metallica. Party machte man in Clubs, wo die Mädels genügend Platz zum Tanzen und die

Jungs, egal wie viel oder wenig sie in der Lohntüte hatten, immer genügend Kohle für einen anständigen Vollrausch hatten.

Nehmen Sie jetzt mal diese ganzen unterschiedlichen Eindrücke, schmeißen sie diese in einen Mixer, gießen das Ergebnis in menschliche Form und heraus kommt: Rudi.

Ich hatte das Vergnügen, Rudi auf einem Parkplatz kennenzulernen, auf dem sämtliche Fahrschulen der Gegend ihre Schüler die für den Erwerb des Motorradführerscheines erforderlichen Grundfahraufgaben üben ließen. Eines Tages stand er neben mir und schnorrte einen Kaugummi von mir. Während wir unseren Fahrschülern Kommandos via Funk zuraunten, kamen wir ein bisschen ins Gespräch, und mit jedem Talk, den wir fortan hielten, wenn wir uns auf dem Gelände trafen, wurde er mir sympathischer – zumindest privat. Er gehörte zu der Sorte Mensch, mit dem man von Freitagabend bis Sonntagmittag Party machen konnte, ohne dass einem langweilig wurde, weil immer etwas passierte. Und die Tatsache, dass wir beide am selben Tag Geburtstag hatten (er allerdings 16 Jahre früher geworfen wurde als ich) und wir immer einen blöden Spruch auf den Lippen hatten, war unserer Kumpanei nicht gerade abträglich. Damit waren die Gemeinsamkeiten jedoch schon erschöpft.

Denn während ich den Job des Fahrlehrers mit dem Anspruch antrat, etwas für die Sicherheit auf den Straßen zu tun, tat ihn Rudi, um von der Straße wegzukommen. Denn mit dem immer näher rückenden Ende seiner Bundeswehrzeit hatte sich für Rudi die Frage gestellt, was er denn mit dem Rest seines Lebens anfangen wollte. Und nachdem er auf diese Frage mangels irgendwelcher Interessen oder Leidenschaften keine Antwort fand, ging er zu dem Feldwebel seines Vertrauens, in der Hoffnung, dass dieser ihm den Ratschlag aller Ratschläge geben könne. Und dem war auch so.

»Machen Sie halt bei uns in den letzten Monaten ihrer Dienstzeit den Fahrlehrerschein«, schlug ihm der Feldwebel vor.

»Brauch ich dafür spezielle Qualifikationen?«, hakte Rudi gelangweilt nach.

»'Nen fetten Arsch, damit das stundenlange Herumsitzen nicht allzu wehtut, intakte Stimmbänder, um die Schüler anbrüllen zu können, und die Fähigkeit, saublöd daherzureden – erfüllen Sie ja schon alles, die Führerscheinklassen 1, 2 und 3 haben Sie auch …«

»Na gut, werde ich halt Fahrlehrer«, zuckte Rudi mit den Schultern und trottete vom Kasernenhof zu der zuständigen Dienststelle für die Fahrlehrerausbildung.

Einige Monate später hatte er die Fahrlehrerscheine für Pkw, Lkw und Krafträder gemacht. Seine Dienstzeit bei der Bundeswehr endete, und er tauschte seine Uniform gegen drei Hawaiihemden, zwei Jeans und ein Paar Cowboystiefel sowie eine Lederjacke. Dieses sehr übersichtliche Ensemble ist bis heute, nebst ein paar Feinripp-Unterhosen und abgewetzten Socken (mit genauso vielen Löchern und einem Aroma wie bei einem Schweizer Käse), der einzige Inhalt von Rudis Kleiderschrank. »Mehr braucht es auch nicht«, pflegte er immer zu sagen, wenn er in der Anfangsphase von seinen neuen Kollegen, die nunmehr keine Uniform, sondern hippe Klamotten trugen, aufgezogen wurde.

Gleich die erste Fahrschule, bei der sich Rudi bewarb, hatte ihn vom Fleck weg engagiert. Und zwar nicht, weil Rudi dem Chef der Fahrschule besonders sympathisch gewesen wäre oder er ein phänomenales Abschlusszeugnis seiner Fahrlehrerausbildung vorweisen konnte, sondern Fahrlehrer zu dieser Zeit schlichtweg Mangelware waren. Und nachdem sich an diesem Umstand bis zum heutigen Tage auch nichts geändert hat, war Rudi trotz seiner plan- und lustlosen Art bis zu einem bestimmten Tag, zu dem wir noch kommen werden, bei dieser Fahrschule angestellt und mehr oder minder unkündbar. Eine Besonderheit, die es nach meinem Wissen nur in unserer Branche gibt – man liefert vollkommen unmotivierte und erbärmliche Arbeit ab und wird trotzdem nicht gekündigt, weil Inhaber von Fahrschulen lieber einen schlechten als gar keinen Fahrlehrer haben, um die Kundschaft mit Fahrstunden versorgen zu können.

Oh, ich bitte um Verzeihung! Ich schreibe mich hier die ganze Zeit über in Rage über den unmotivierten Rudi mit seiner an Arbeitsverweigerung grenzenden Leistung, als wären Sie über seine Gräueltaten schon längst im Bilde – sorry, das holen wir jetzt nach. Also, begleiten Sie mich auf eine Reise in die Vergangenheit, in einen Sommer, den ich größtenteils nicht an einem Badesee mit meiner Familie oder im Biergarten mit meinen Kumpels, sondern auf einem riesigen Parkplatz mit meinen Motorradschülern verbracht habe – und mit Rudi …

»Moin, junger Stier«, begrüßte er mich in Anspielung auf unser gemeinsames Sternzeichen, »darf ich bei dir mitfahren?«

»Logo, alter Ochse«, erwiderte ich seinen Gruß und gab ihm gleichzeitig das Okay, die von mir für die Grundfahraufgaben bereits aufgestellten Leitkegel (wir wollen sie fortan, wie in der Realität üblich, »Hütchen« nennen) mit zu benutzen. Tolle Sache, spart man sich doch als Fahrlehrer das elendige Laufen und Abzählen der korrekten Abstände zwischen den Hütchen, und deswegen huschte für einen kurzen Moment ein Lächeln über Rudis sonst miesepetrige Visage.

»Was ist dir denn schon wieder für eine Laus über die Leber gelaufen?«, begann ich einen kleinen Tratsch, während meine Augen kritisch meinem Schüler hinterherwanderten, als er die Grundfahraufgabe Stop and Go (mehrmaliges An und Anhalten mit unterschiedlicher Abfolge beim Absetzen der Füße) durchführte.

»Ach, ich hab gestern so ein hübsches Mädchen kennengelernt …«, begann er seine Erzählung, die er gleich wieder beenden musste, weil ich meinem Schüler via Funk einen Anpfiff verpassen musste, bei dem keine andere Stimme die meine kreuzen sollte.

»Uli, du bist ein erwachsener Mann, ich darf wohl erwarten, dass du bis zwei zählen kannst! Zweimal linken Fuß absetzen, zweimal rechten Fuß absetzen – nicht einmal links und dreimal rechts!«, herrschte ich meinen Schützling an und wandte mich dann wieder Rudi zu.

»Coole Sache, das mit dem Mädchen, dann musst du dir künftig keine Pornos mehr aufs Handy laden!«, quittierte ich seine Erzählung mit einem sarkastischen Unterton in der Stimme und streute somit ein wenig Salz in Rudis frische Wunde (nebst der Sache mit dem Sternzeichen eine weitere Gemeinsamkeit von uns beiden: jeden Satz mit Frotzeleien versehen). Letzte Woche hatte er sich nämlich von seinem Chef einen ordentlichen Rüffel eingefangen, nachdem sich mehrere Fahrschüler beschwert hatten, dass Rudi sich während der Fahrstunden ungeniert und bei voller Lautstärke Pornos auf seinem Handy ansah. Der dritte Rüffel innerhalb von zwei Wochen. Den ersten hatte er sich dafür eingefangen, dass er einen seiner Tagesnachweise nachträglich gefälscht und aus einer Übungsstunde eine Überlandfahrt gemacht hatte, weil er vergessen hatte, diese mit dem Schüler durchzuführen. Sein Chef fand das nicht ganz so unproblematisch wie Rudi, da dies einerseits Betrug am Schüler und ein klarer Verstoß gegen die Fahrschüler-Ausbildungsordnung war und andererseits bei der bald anstehenden Kontrolle durch die Fahrschulüberwachung böse ins Auge gehen könnte.

Den zweiten Rüffel hatte er dafür kassiert, dass er während einer Fahrstunde, die 45 Minuten dauern sollte, volle 30 (in Worten: dreißig!) Minuten zum Einkaufen ging, während seine Schülerin im Auto vor dem Supermarkt wartete – und die Fahrstunde voll bezahlen musste! Nachgefahren wurde die verplemperte Zeit von Rudi auch nicht, und somit erhielt Rudis Chef einen sehr unangenehmen Besuch vom Vater der betroffenen Schülerin, der mit einem Wechsel der Fahrschule endete. Aber, wie schon gesagt, die Devise des Bosses war ja, lieber einen schlechten als gar keinen Fahrlehrer zu haben, und deswegen ließ er es sowohl bei der Sache mit dem Tagesnachweis, dem Supermarkt als auch bei der Pornogeschichte mit einer Ermahnung gut sein.

»Die Pornos muss ich mir wohl weiter angucken«, fuhr Rudi in seiner Erzählung fort. »Kurz bevor ich mit dem Girl zu ihr nach

Hause gehen wollte, verschwindet die aufs Klo – und zwar aufs Männerklo!«

»Wieso denn das? Schlange bei den Mädels?«, hakte ich nach.

»Nö. Hab gedacht, die hat sich verirrt. Gehe also auch in die Toilette rein, und was sehe ich? Das Mädel steht am Pissoir und macht Pipi aus ihrem Penis!«

»Leck mich doch – 'ne Transe?« Ich konnte mich vor lauter Lachen fast gar nicht mehr auf den Beinen halten.

»Du brauchst mich nicht auszulachen, okay? Ist gar nicht so einfach, dieses Stop and Go!«, blaffte mich mein Schüler Uli an, als er an mir vorbei tuckerte.

»Ich lach nicht über dich, sondern über den Aufreißer neben mir«, blaffte ich zurück, atmete tief durch, lachte noch mal kurz über Rudi, der pikiert auf den Boden schaute, atmete noch mal tief durch und herrschte Uli über den Funk an: »Links, links, rechts, rechts, du Pfeife!«

Unter einer Schatten spendenden Eiche stehend beobachteten Rudi und ich unsere Fahrschüler bei der mehr schlechten als rechten Ausführung der Grundfahraufgaben. Während mein Schüler damit beschäftigt war, einen Slalom nicht mit Licht-, sondern mit Schrittgeschwindigkeit auszuführen, versuchte Rudis Schützling, die Gefahrenbremsung so hinzubekommen, dass diese ihren Namen auch verdiente. Denn so, wie der Knabe abbremste, wollte ich nicht der Fußgänger sein, der zwischen einer Reihe von geparkten Fahrzeugen unvorsichtig auf die Straße trat …

»LEANDER, DAS IST KEINE GEFAHRENBREMSUNG, SONDERN EIN AUSROLLEN! DA MAG MAN JA GAR NICHT HINSEHEN! JETZT HAU MAL ORDENTLICH IN DIE EISEN!«, brüllte Rudi in sein Funkgerät und beging damit, obwohl er es aufgrund seiner langjährigen Erfahrung eigentlich besser wissen müsste, einen folgenschweren Fehler.

Denn was wird der Schüler nach dieser Ansage wohl gemacht haben? Richtig, der liebe Leander tat wie ihm befohlen und schmiss den Anker. Schön und gut bei einer Maschine mit ABS, aber nachdem Rudis Chef in den letzten Jahren konsequent darauf verzichtet hatte, seinen zweirädrigen Fuhrpark zu erneuern (»Da kann ich ja gleich das Geld zum Fenster rauswerfen! Die Dinger werden von den Schülern sowieso immer hingeschmissen – das können die auch mit alten Maschinen machen!«), war dieses Motorrad eben nicht mit einem System ausgestattet, welches ein Blockieren der Räder verhindert hätte – was jetzt bei Leanders Vollbremsung geschah. Das Hinterrad blockierte und rutschte dem armen Kerl unter seinem Hintern weg.

Während die Maschine Funken sprühend noch einige Meter weiter schlitterte, blieb Leander an der Stelle des Sturzes liegen. Ich rannte zu ihm hin, öffnete sein Visier und erkundigte mich nach seinem Befinden. »Tut mir leid, Rudi«, wollte er sich entschuldigen und zeigte mir damit, dass er entweder unter Schock stand oder ernsthaft verletzt war – denn auch wenn Rudi und mich dasselbe Sternzeichen und die Vorliebe für Frotzeleien einte, so trennten uns Welten voneinander – und zwar nicht nur äußerlich.

Denn während ich bei Leander am Boden kniete, der unentwegt »Aua, meine Schulter« wimmerte, kniete Rudi beim Motorrad. »Fuck, den Blinker hat's erwischt, verdammt, der Tank ist zerschrammt, den Lenker hat's erwischt, so 'ne Scheiße …«, fluchte er vor sich hin, bis mir und meinem Schüler Uli, der sich mittlerweile auch zu uns gesellt hatte und Leander den Kopf hielt, der Kragen platzte.

»RUDI, VERDAMMT NOCH MAL, SCHWING DEINEN FETTEN ARSCH HIERHER UND HILF DEINEM SCHÜLER!«, plärrte ich ihn wutentbrannt an.

»WAS SIND SIE DENN FÜR EIN FAHRLEHRER! DER ZUSTAND DER MASCHINE IST JETZT ABSOLUT NEBENSÄCHLICH! RUFEN SIE GEFÄLLIGST EINEN KRANKENWAGEN!«, brüllte Uli hinterher.

Missmutig schlenderte Rudi zu seiner Motorradkluft, in der sich sein Handy befand, und rief – beim Pannendienst an!

»Tach auch, ich bräuchte hier mal jemanden, der unser Fahrschulmotorrad abholt, welches durch die inkompetente Bremsung meines Fahrschülers total zerstört ist!«

Die Halsschlagader meines Fahrschülers schwoll auf Gartenschlauchgröße an, und ich könnte schwören, dass er Rudi eine Sekunde später einen Kopf kürzer gemacht hätte, wenn dieser Übungsplatz nicht von Kameras überwacht gewesen wäre.

»Uli, geh zu meiner Lederjacke, hol mein Handy aus der linken Innentasche und funk die 112 an«, versah ich ihn mit einer Aufgabe, der er sogleich nachging. Einige Minuten später traf der Rettungswagen ein und Leander wurde mit Verdacht auf eine Gehirnerschütterung und einen Schlüsselbeinbruch in das nächste Krankenhaus verfrachtet.

Ich ließ Uli seine Grundfahraufgaben weiterfahren, und als Rudi seine Tränen wegen des demolierten Kraftrades getrocknet hatte, trottete er zu mir rüber, um auf den Abschlepper zu warten – und von mir getröstet zu werden!

»Scheibenkleister, jetzt kann ich die restlichen Fahrstunden des Tages canceln, so ein Mist …«, jammerte er.

»Rudi, ich kann dich eigentlich ganz gut leiden, aber die Nummer, die du gerade abgezogen hast, war das Allerletzte«, rüffelte ich ihn ordentlich, das von ihm eben Gesagte überhörend.

»Papperlapapp, das hat sich der Junge selbst zuzuschreiben! Wie oft hab ich ihm erklärt, wie er zu bremsen hat – selbst schuld, jetzt sieht er mal, was er davon hat, wenn er nicht auf mich hört. Hoffentlich ist es ihm eine Lehre! Wenn der mir die Maschine noch einmal hinlegt, dann …«

»Wird er nicht. Der wird nämlich schön den Fahrlehrer, wenn nicht sogar die Fahrschule wechseln, wenn du mich fragst. Mann, scheiß auf die Maschine – dein Schüler hat sich verletzt, du Esel! Alter, wie bist du denn drauf? Die Maschine kann man reparieren, das Vertrauen zu seinem Fahrschüler nicht! Für den bist du jetzt nicht mehr der Schutzengel, der du eigentlich sein sollst. Und selbst wenn du ihm schon tausendmal erklärt hast, wie man bremst: Du hast ihm gesagt, er soll in die Eisen hauen – und du solltest eigentlich wissen, dass ein Schüler dann genau das macht, was ihm der Fahrlehrer sagt. Hättest du ihm gesagt, dass er nur ein bisschen fester zugreifen respektive zutreten soll, dann wäre das nicht passiert!«, maßregelte ich ihn und kam mir dabei komisch vor. Denn wie heißt es so schön? Neue Besen kehren gut, aber die alten wissen, wo der Dreck liegt. Und nachdem Rudi wesentlich mehr Dienstjahre auf dem Buckel hatte als ich, hätte es diesen Monolog meinerseits eigentlich gar nicht brauchen dürfen.

Aber Rudi ficht das nicht an, denn just in dem Moment, wo ich meine Rede beendet hatte, kam der Abschleppwagen angebraust. Rudi und der Abschlepper hievten das ramponierte Zweirad auf die Ladefläche des Schleppers und verzurrten es ordnungsgemäß. Rudi nahm im Abschleppwagen Platz. »Bis morgen, Stierchen«, winkte er mir zum Abschied zu, als wäre nichts gewesen.

Am nächsten Tag stand er wieder auf dem Übungsplatz, und zwar mit einer nigelnagelneuen Maschine – mit ABS! Sein Chef hatte am letzten Tag vor seinem vierwöchigen Trip in die Staaten den Geldbeutel geöffnet und in Windeseile ein schniekes Teil organisiert. »Wenn die Fahrschüler und die Fahrlehrer zu doof sind, richtig zu lernen und zu lehren, dann muss es halt die Technik richten – und ich in billigeren Motels pennen«, hatte er geseufzt, wie Rudi mir berichtete und damit bei mir wiederum für Kopfschütteln gesorgt: Glauben Sie mir, ich bin wirklich ein glühender Verfechter von ABS bei Motorrädern, aber nach der Denke von Rudis Chef müssten ja alle Zweiräder zusätzliche Stützräder haben, wenn niemand mehr lernt und lehrt, wie man Kurven fährt – zynisch, ich weiß …

»Hattest übrigens recht – der Vater des gestern verunglückten Schülers hat den Ausbildungsvertrag seines Sohnes gekündigt!«, berichtete mir Rudi.

»Hab ich es dir nicht gesagt? Und, hat der Boss Stress gemacht?«

»Nö. Zumindest nicht mehr als sonst. Hat mir dafür aber seinen Köter aufs Auge gedrückt. Soll den lieben Hasso so lange hüten, wie er in Amerika ist. Ich hätte ja jetzt Zeit, nachdem ich einen Schüler weniger habe …«, seufzte er – und ich musste mal wieder den Kopf schütteln. Sagt man eigentlich nicht, dass der Hund der beste Freund des Menschen ist? Im Falle von Rudis Boss und seinem Hasso war dem wohl nicht so, denn wenn man Rudi zum Dogsitter machte, war die Töle wohl nicht der beste Freund, sondern der schlimmste Feind!

»Und wo ist der Kläffer?«, fragte ich Rudi.

»Hinten in meiner Karre«, deutete Rudi auf sein Fahrschulauto, mit dem er gleich seinen heutigen Fahrschüler auf die Straße geleiten wollte.

»Lass den doch mal aus der stickigen Karre raus und geh ein bisschen mit ihm Gassi«, schlug ich ihm als ehemaliger Hundebesitzer vor. (Bazi, du fehlst mir!)

»Wenn du meinst«, stöhnte er und trottete zu seinem Wagen, um Sekunden später einen infernalischen Schrei auszustoßen: »SO ’NE SCHEISSE, DIESE PISS-TÖLE!!!«, womit auch gleich beschrieben ist, auf welche Art und Weise sich Hasso in Rudis Auto verewigt hatte.

Gassi gehen hatte sich erübrigt, und Hasso lag gemütlich im Schatten einer Eiche, als Rudi beschloss, seinen Fahrschüler nicht mehr auf dem Übungsplatz, sondern in den 30er-Zonen der Stadt zu quälen. Er setzte sich, im wahrsten Sinne des Wortes, angepisst in seine beschissene Karre und fuhr seinem Schüler hinterher – und wurde seinerseits von Hasso verfolgt!

»Rudi, du hast deinen Hund vergessen!«, brüllte ich ihm hinterher, woraufhin er mit quietschenden Reifen zum Stehen kam.

»Scheiße, die Töle macht mich jetzt schon wahnsinnig«, fluchte er so laut, dass alle Augen auf ihn gerichtet waren und somit Zeugen von Rudis nächstem Fauxpas wurden. Er stieg aus, ließ Hasso auf die vollgepisste und -gekotete Rückbank springen, stieg wieder ein, schaute noch mal nach hinten auf Hassos Malheur und gab

Gas, um seinen vorausfahrenden Schüler wieder einzuholen. Was, beziehungsweise wen, er allerdings übersah, weil er nach hinten zu Hasso blickte, war sein Schüler, der entgegen Rudis Annahme nämlich nicht schon losgefahren, sondern brav stehen geblieben war und auf ihn wartete. Was dann geschah, nennt man in Fahrlehrerkreisen »Friendly Fire«, also den ungewollten Kontakt zwischen Fahrschulmotorrad und Begleitfahrzeug. Rudi rumste also mit ordentlich Schmackes gegen das Motorrad, welches sodann den Fahrschüler unter sich begrub. Sie sehen also, selbst das beste ABS schützt einen nicht davor, auf die Nase zu fallen, wenn man so einen Fahrlehrer wie Rudi hat.

»VERDAMMT NOCH EINS, WARUM BLEIBST DU AUCH DIREKT VOR MEINER NASE STEHEN, DU TROTTEL«, brüllte er seinen verdutzten Schüler an, als er die Maschine wieder aufrichtete und, natürlich, erst mal kontrollierte, ob es IHR gut ging – scheiß auf den Schüler, selber schuld, was steht der auch so blöd in der Gegend rum und wartet auf seinen dusseligen Fahrlehrer …

Zwei andere Kollegen und meine Wenigkeit rannten zu dem Schüler, um uns seiner Unversehrtheit zu versichern, was glücklicherweise auch der Fall war. Rudi bemerkte unsere abschätzigen Blicke und erbarmte sich dann doch noch, auf die ihm eigene Art, nach dem Befinden seines Schülers zu fragen: »Bist du ’n Mann oder ’ne Memme? Geht schon wieder, oder?«

Der Schaden am Motorrad hielt sich in Grenzen. Der leicht lädierte Blinker und der Rückspiegel wurden mittels Panzertape notdürftig fixiert, und die Fahrt konnte weitergehen. Kopfschüttelnd sah ich Rudi und seinem Schützling hinterher, und als die beiden in der untergehenden Abendsonne verschwunden waren, sammelte ich meinen Fahrschüler, den ich während des ganzen Heckmecks fast vergessen hatte, und Rudis Hütchen, die er vergessen hatte, ein.

Zwei Tage lang bekam ich Rudi auf dem Übungsplatz nicht mehr zu Gesicht. Irgendwie machte ich mir Sorgen. Was könnte alles passiert sein? War Rudi auf einer Lache von Hassos Exkrementen

»Ein schönes Paket hatte sich Rudi da geschnürt, und nachdem jetzt jeder Widerstand sinn- und zwecklos war, pustete er ins Röhrchen.«

ausgerutscht und lag nun hilflos in seiner vermüllten Bude? Hatten sich die beiden gestürzten Schüler zusammengetan und Rudi unter ein Motorrad gelegt, um dann um ihn herum zu tanzen, wie damals die Indianer um den Marterpfahl, und dabei zu singen »Mann oder Memme?«. Fragen über Fragen, die aber so lange unbeantwortet blieben, bis er sich auf dem Platz wieder blicken ließ – was einen Tag später im Rahmen einer Prüfungsfahrt geschah. Rudi kam mit Prüfer Brahms und seinem Motorradprüfling vorweg um die Ecke gebogen, und alle auf dem Platz befindlichen Fahrlehrer gingen sicherheitshalber in Deckung – man wusste ja nicht, was Rudi heute so alles anstellen würde. Während Rudi seine Hütchen für die Grundfahraufgaben positionierte, gab Brahms dem Prüfling die Order, schon mal die Aufgabe Stop and Go zu bewältigen, danach umzukehren und die Gefahrenbremsung durchzuführen, um sich anschließend flotten Schrittes in meine Richtung zu bewegen.

»Guten Morgen! Mensch, wir haben uns ja auch lange nicht mehr gesehen!«, begrüßte er mich überschwänglich.

»Stimmt! Haben Sie mich schon vermisst, oder was?«, grüßte ich ebenso freundlich zurück.

»Gerade heute hab ich Sie schon sehr vermisst, da haben Sie wohl recht«, seufzte er, was mich natürlich zu der Frage verleitete, warum er mich gerade heute so vermisst habe.

»Ach, wissen Sie, Sie und Ihre Kollegen putzen, saugen und tanken Ihre Fahrzeuge immer so schön vor der Prüfung – bei diesem Chaoten sitze ich heute in einem von Urin und Kot triefenden und stinkenden Wagen, und vorhin ist ihm beziehungsweise seinem Schüler das Benzin ausgegangen!«, klagte Herr Brahms sein Leid.

»Rudi ist der Sprit ausgegangen? Während der Prüfung?« Ich war baff.

»Hab ich einen Sprachfehler, oder was? Sag ich doch – der Tank des Motorrades war leer. Wir mussten also während der Prüfungsfahrt zur Tankstelle fahren, einen Kanister kaufen, den der feine Herr auch nicht dabeihatte, Benzin reinfüllen und dann wieder schnurstracks zum Motorrad zurück, um die Prüfung fortzusetzen. Wir hinken dem Zeitplan jetzt schon über 20 Minuten hinterher und – Herrgott, das darf doch nicht wahr sein«, unterbrach er seine Berichterstattung und herrschte Rudi an: »Könnten Sie vielleicht die Hütchen gemäß der Prüfungsrichtlinie aufstellen und nicht nach eigenem Gusto? Beim Slalom beträgt der Abstand zwischen den Hütchen sieben Meter und nicht 70!!! Und nehmen Sie bei der Ausweichübung die Markierung für den Bremsbeginn weg, sonst setzt es was, kapiert?«

Mann, Brahms hatte die Schnauze gestrichen voll von Rudi, und irgendwie kann ich das auch nachvollziehen. Nein, ich meine jetzt nicht die Zustände in Rudis Auto und auch nicht den leeren Tank des Fahrschulmotorrades (was an Peinlichkeit wirklich nicht zu überbieten ist), sondern seine Show, die er hier abzuziehen versuchte. Ich will es Ihnen erklären: Der liebe Rudi spielte ein wenig mit gezinkten Karten und wollte damit den Prüfer bescheißen und seinem Schüler einen Vorteil verschaffen (ob er damit seine laxe Ausbildung kaschieren wollte oder seinen Schüler einfach mochte, sei dahingestellt), indem er den vorgeschriebenen Abstand zwischen den Hütchen etwas größer dimensionierte (also beim Abschreiten größere Schritte machte), damit dieser es etwas einfacher beim Durchfahren haben würde. Und bei der Aufgabe »Ausweichen nach Abbremsen«, wo der Schüler auf 50 km/h beschleunigen, kurz abbremsen und nach Lösen der Bremse vor einer markierten Stelle nach links ausweichen und, ohne zu bremsen, auf die ursprüngliche Fahrlinie zurückkehren soll (die Königsdisziplin der Grundfahraufgaben!), hatte Rudi den Punkt für den Bremsbeginn mit seinem abgesetzten Käppi markiert – was unzulässig ist, weil dieser von dem Schüler respektive Prüfling selbst eingeschätzt werden soll. Viele Fahrlehrer machen es trotzdem, sei es mit einem zusätzlichen Hütchen, mit einer Farbmarkierung oder indem sie sich selbst an diesen Punkt stellen – da lob ich mir doch eine ordentliche Ausbildung, die ohne solche Fisimatenten auskommt.

»Ups, hab ich mich da mit den Abständen vertan? Und wie kommt mein Käppi denn da hin? Sachen gibt's ...«, gab Rudi das Unschuldslamm, hob die Manipulationen auf und wollte seinem Schüler mittels Funkgerät das Kommando zum Start der beiden Aufgaben geben. Doch der rührte sich nicht vom Fleck. »LOS!«, sprach, schrie und brüllte er in sein Funkgerät, aber der Schüler rührte sich nicht vom Fleck. »Scheiße, die Akkus sind leer!«, stellte er nach einem Blick aufs Display fest, und Prüfer Brahms verlor jetzt endgültig die Beherrschung.

»ICH HAB DIE FAXEN JETZT DICKE, SIE NULPE«, herrschte er Rudi an. »ENTWEDER SIE SORGEN JETZT FÜR EINEN REIBUNGSLOSEN PRÜFUNGSABLAUF, ODER ICH MACHE HIER UND JETZT SCHLUSS MIT DIESER TRAUERVERANSTALTUNG!!!«

Ein Kollege, der den Tumult mitbekommen hatte, erbarmte sich und lieh Rudi seine Reserveakkus. Die Prüfung konnte weitergehen, und nachdem Rudis Schüler die Aufgaben wirklich passabel bewältigt hatte, zogen Rudi und Prüfer Brahms, dem ich zum Abschied noch gute Nerven und einen stabilen Magen wünschte, von dannen. Ich schaute zu meinen anwesenden Kollegen, bei denen Rudi allgemeines Kopfschütteln ausgelöst hatte. »Der Rudi halt«, seufzte ich in meinen Dreitagebart und ließ meinen Schüler, der für Rudis Prüfling den Platz geräumt hatte, wieder auf die Hütchen los.

Ich hoffe, dass Sie, werte Leser, mittlerweile keine Genickstarre vor lauter Kopfschütteln bekommen haben – denn jetzt kommen wir zum dicken Ende, welches zum nochmaligen, intensiven Kopfschütteln animiert.

An einem Freitagabend kam Rudi mit quietschenden Reifen vor der Fahrschule zum Stehen. Er hatte mal wieder beim Einkaufen die Zeit vergessen (und natürlich auch seinen im Wagen wartenden Fahrschüler) und kam somit zehn Minuten zu spät zum Theorieunterricht, den er abhalten sollte. Er stürmte in die Fahrschule, schmiss den Computer an und faselte ein paar Minuten lang einen undefinierbaren und nicht mal auf das Wesentliche reduzierten

Stuss über Vorfahrtsregelungen. Dann ließ er die versammelte und etwas verdutzte Schülerschaft nur noch Prüfungsfragen zu dieser Thematik beantworten, tadelte sie ordentlich, wenn sie mit ihren Antworten falsch lagen (»In euren Köpfen ist doch kein Hirn, sondern nur ein Faden, damit die Ohren nicht auseinanderfallen!«), und beendete den Unterricht sage und schreibe 30 Minuten zu früh mit der Begründung, dass er zu der Geburtstagsparty seines arroganten Bruders müsse. Während die Fahrschüler den Theorieunterricht geradezu beseelt verließen, weil sie sich diese Schmierenkomödie nicht mehr antun mussten und früher zu Hause sein konnten, kam ein etwas älterer und somit nicht ganz zum Rest des Ensembles passender Herr auf Rudis Lehrerpult zu und hielt vor ihm inne.

»Was ist? Ich hab's eilig! Was willst du?«, keifte Rudi den älteren Herrn an, noch bevor sich dieser als Mitarbeiter der Fahrschulüberwachung zu erkennen geben konnte.

»Dieser Theorieunterricht wird Konsequenzen für Sie haben – wirklich ernsthafte Konsequenzen. Später angefangen, früher aufgehört, keine Vermittlung von Inhalten, nur Prüfungsfragen gepaukt – so mögen wir das …«, hielt der Überwacher Rudi eine Standpauke, um ihm dann zu bescheiden, dass er schon mal anfangen möge, für die Begleichung des saftigen Bußgeldes zu sparen.

Entsprechend angepisst verließ Rudi die Fahrschule, um sich auf den Weg zur Party seines Bruders in dessen feudalen Loft zu machen. Wie Rudi hatte der ebenfalls bei der Bundeswehr gedient, mit seinem anschließenden Medizinstudium und einer gut gehenden Praxis für Schönheitschirurgie (in der er auch seine aktuelle Flamme im Rahmen einer Brustvergrößerung kennengelernt hatte) im Gegensatz zu Rudi allerdings etwas aus seinem Leben gemacht. Doch trotz einer Penisverlängerung namens Porsche vor der Tür und seines 280 Quadratmeter großen Lofts in bester Lage Münchens war nicht er, sondern Rudi der Star der Party.

»Hey Rudi, gut, dass du da bist – ich hab da mal 'ne Frage: Man hat mich vor zwei Wochen in der 30er-Zone geblitzt …«

»Rudi, sag mal, in der Seestraße gilt doch ›rechts vor links‹, oder?«

»Rudi, altes Haus, kannst du meiner Alten mal das Einparken beibringen? Die Versicherung stuft sie mittlerweile schon wieder wie eine Fahranfängerin ein …«

Die Fragen der Gästeschar prasselten nur so auf Rudi ein, aber nach dem Desaster mit der Fahrschulüberwachung und dem zu erwartenden Bußgeld genoss er die Aufmerksamkeit der Gesellschaft und den zugegeben sehr, sehr leckeren französischen Rotwein.

Der schmeckte auch seinem gastgebenden Bruder. Was diesem jedoch weniger schmeckte, war der Umstand, dass alle Gäste Rudi mit Fragen über den Straßenverkehr löcherten und keine Sau etwas über Brustvergrößerungen, Fettabsaugen oder Botox-Behandlungen von ihm wissen wollte. Der gleichermaßen eitle wie gekränkte Hahn wandte sich von dem Rudel ab, welches sich um Rudi geschart hatte, und ging auf die Terrasse, um sich zur Feier des Tages eine Zigarre anzuzünden. Als er da mutterseelenallein auf seiner Terrasse stand, schweifte sein Blick die Straße hinab – und er musste laut lachen. Durch die geöffnete Terrassentür konnten die anwesenden Gäste seinen vernichtenden Kommentar laut und deutlich vernehmen.

»Ja, ja, mein Bruder, der Fahrlehrer … hier große Reden schwingen, aber selbst auf dem Behindertenparkplatz stehen, dieser Held im Erdbeerfeld«, ätzte er und zeigte dabei auf Rudis Fahrschulauto.

Alle Partygäste stürmten zu ihm und erblickten tatsächlich Rudis Fahrschulfahrzeug, welches unverblümt auf einem Behindertenparkplatz stand. Während ein ungläubiges Raunen durch das Loft ging und einige Gäste Rudi pikiert den Rücken zuwandten, enttäuscht darüber, dass Fahrlehrer wohl nur Halbgötter sind, kicherte sich Rudis Bruder fast zu Tode.

Rudi selbst war der Sturz vom Thron aller Aufmerksamkeit selbstredend höchst zuwider – und er beging, mal wieder, einen folgenschweren Fehler …

»Ups, da habisch wohl nisch aufgäbasst«, lallte er, vom Rotwein schon ziemlich gezeichnet, griff sich die Frau, welcher er auf Geheiß des Ehemannes das Einparken beibringen sollte, wankte mit ihr die Treppe hinab, um sie dann auf den Beifahrersitz seines Fahrschulwagens zu kommandieren.

»Jätzt siehsde mal, wies Einbargen gähen tut«, skandierte er noch, bevor er den Zündschlüssel umdrehte, vom Behindertenparkplatz wegfuhr und etwa 50 Meter weiter bei einer anderen, aber eben regelkonformen Lücke geradezu weltmeisterlich einparkte – und das trotz seines Alkoholpegels.

»Siehsde, Alte, so gäht des!«, triumphierte er, nachdem er wieder ausgestiegen war.

»Nein, das glaube ich nicht, dass das so geht«, hörte er eine Stimme hinter seinem Rücken, drehte sich um und erblickte zwei Herrschaften der Staatsgewalt. Offenbar war nicht nur Rudis Bruder, sondern auch einem anderen Anwohner aufgefallen, dass sich ein Fahrzeug ohne Behindertenausweis auf einem Parkplatz nur für Menschen mit einem solchen niedergelassen hatte. Diese Person hatte sogleich eifrig die 110 gewählt, und die Ordnungshüter waren prompt an Ort und Stelle.

»Schuldigung, Härr Wachmeisder, isch hab nur gurz mein Audo umgäbargt!«, lallte Rudi einen der Cops an, der jetzt nicht nur hören, sondern auch riechen konnte, dass er hier einen Volltreffer gelandet hatte.

»Sie haben doch sicherlich nichts dagegen, mal kurz in unseren Alkomaten zu pusten, oder?«, fragte der Staatsdiener der Höflichkeit halber nach, obwohl ihm die Antwort egal sein konnte, denn die Fahne, die ihm entgegenschlug, rechtfertigte auch eine erzwungene Blutprobe.

Rudi war klar, dass er mit dem Rücken zur Wand stand. Und was bleibt einem dann nur noch übrig? Richtig – die Flucht nach vorne! Und diese trat Rudi an, indem er sich um Kopf und Kragen redete: »Hör mal su, du Kaschperl, du bist wie Schniddlauch: Außen grühn un innen hohl! Isch bin ’n Fahrlährer, isch weiß schon, was isch verdrag! Isch hab nur sweimal am Glas jenippt un isch fahr besoffen besser Audo als du nüchdern, alläs glar? Un die baar Meder machen des Graud auch nich fedd, oda?«

Nach diesem beispiellosen Monolog hatte Rudi eine silberne Acht um seine Handgelenke und fand sich zuerst auf der Rückbank des Streifenwagens und nach einer kurzen Spritztour auf der Polizeiwache wieder, wo man ihm mehrere Mitteilungen zu machen hatte: Erstens könne er jetzt freiwillig eine Atemalkoholkontrolle abgeben, oder man würde ihm an Ort und Stelle zwangsweise Blut abzapfen, um zu überprüfen, ob er wirklich nur an einem Glas Wein genippt habe. Wenn dem nicht so sein sollte, wovon die Beamten berechtigterweise ausgingen, dann wären nicht nur die von ihm gefahrenen 50 Meter, sondern schon 50 Millimeter ausreichend, um eine Anzeige wegen Fahrens unter Alkoholeinfluss zu fertigen, die man dann gleich an die Anzeige wegen Beleidigung (Stichwort »Schnittlauch«) und den Strafzettel für das Parken auf einem Behindertenparkplatz heften könne.

Ein schönes Paket hatte sich Rudi da geschnürt, und nachdem jetzt jeder Widerstand sinn- und zwecklos war, pustete er ins Röhrchen.

»Mann, das muss ja ein edles Tröpfchen gewesen sein, von dem man nach nur zweimal Nippen 2,09 Promille intus hat«, spottete einer der anwesenden Uniformierten, und so endete Rudis wenig glorreicher Tag nicht nur mit einem Bußgeld von der Fahrschulaufsicht, sondern mit einem weiteren Verwarnungsgeld für das Falschparken und zwei fetten Anzeigen wegen Beleidigung und Trunkenheit im Verkehr – und dem vorläufigen Ende seiner Fahrlehrerkarriere. Denn natürlich stellten die Beamten noch vor Ort seinen Fahrlehrer- und Führerschein sicher. Und um diese beiden Lappen wiederzubekommen, brauchte Rudi einen ihm wohlgesinnten Richter, der vielleicht an demselben Rebensaft genippt hatte wie Rudi und im Vollrausch ein mildes Urteil fällen würde – bis heute hat Rudi allerdings in keiner Instanz solch einen Richter vorgefunden.

Rudi, du wandelnde Katastrophe, irgendwie wirst du mir fehlen. Lass trotz allem den Kopf nicht hängen und sieh es doch mal von der positiven Seite: Durch den Verlust des Fahrlehrerscheins bleibt dir der Besuch einer Fortbildungsveranstaltung erspart …

6. KAPITEL

DOROTHEA-FRIEDA KÖNIG

FORTBILDUNG

»Papa, weißt du eigentlich, welchen Beruf ich später mal machen will?« Diese Frage stellte mir mein großer Sohn mittlerweile jeden Morgen beim Frühstück.

Ich erinnerte mich an die letzten drei Tage und ging analytisch vor, um seine Frage gleich auf Anhieb richtig zu beantworten: Vor drei Tagen wollte er Polizist werden, vor zwei Tagen Sanitäter, gestern Lokomotivführer – also würde, nach Adam Riese, heute Feuerwehrmann anstehen, morgen Grundschullehrer, und übermorgen Fernseh- oder Radiomoderator.

»Hm, lass mich mal nachdenken – Feuerwehrmann?«, murmelte ich mit 60 Gramm Croissant im Mund.

»Nö. Ich werde Fahrlehrer, so wie du!«

40 Gramm Croissant nahmen den direkten Weg zu meiner Luftröhre, sprich: Ich verschluckte mich gehörig!

»Schatz, müssen wir 'nen Arzt holen?«, fragte meine Frau besorgt.

»Nee, lass mal, geht schon wieder«, presste ich mühsam hervor, bevor ich mich wieder meinem Sohnemann zuwendete. »Sag mal – spinnst du jetzt völlig?«

»Wieso? Lass ihn doch! Ist doch süß, wenn der Sohn in die Fußstapfen seines Vaters treten möchte!«

»Aber doch nicht in dem Job! Erst gestern beschwert er sich noch, dass ich nie Zeit für ihn habe und nur unterwegs bin, und dann will er eines Tages dasselbe seiner eigenen Familie antun!«

»Na ja, aber immerhin tust du etwas, was dir Spaß macht und in dem du gut bist – wie ein Fußballer in der Bundesliga«, warf mein kleiner Sohn in beeindruckender Manie ein. »Also, ich werde auch Fahrlehrer!«

»Sagt mal – spinnt ihr jetzt komplett?«

»Warum, ist doch ein cooler Job!«

»Cooler Job, cooler Job – wenn ich das schon höre! Jungs, der Papa fährt nicht nur den ganzen Tag im Auto spazieren! Gestern habe ich zum Beispiel mit einer Schülerin eine halbe Stunde in einer Parklücke gestanden, weil sie ihre Mitte nicht gefunden hat!«

»Ihre Mitte?«

»Die Mitte vom Lenkrad, also wenn die Räder wieder gerade stehen! Ich hab sie von links nach rechts drehen lassen und sie mitzählen lassen, wie oft sie drehen kann. Das hat die 'ne halbe Stunde nicht gecheckt, 'NE HALBE STUNDE! Dann hat sie auch noch dreimal aus Versehen auf die Hupe gedrückt und ist viermal an den Scheibenwischerhebel gekommen! Dann gibt es unbezahlte Fahrstunden, zu spät kommende Schüler im Theorieunterricht, die dann sauer sind, wenn du sie wieder wegschickst, Nachtfahrten bis um Mitternacht, Fortbildungen ... Apropos Fortbildung, ich muss jetzt los, sonst bin ich so ein Zuspätkommer wie meine Schüler ...«, beendete ich die Jobdiskussion, schwang mich auf meine Maschine und machte mich auf den Weg zur Fortbildung.

Auf dem Weg dorthin fiel mir auf, dass ich den Berufswunsch meiner Jungs recht rabiat abgewürgt hatte und sie jetzt wahrscheinlich ordentlich desillusioniert in der Schule sitzen würden, weil ihnen ihr Papa seinen eigenen Job ziemlich madig gemacht hatte. Zu meiner Entschuldigung muss ich anführen, dass mich die beiden Kerle einfach auf dem falschen Fuß erwischt hatten. Und zwar in einer Phase, in der ich kurz davor war, meinen Job als Fahrlehrer an den Nagel zu hängen. In den letzten Tagen endete mein Arbeitstag immer erst gegen Mitternacht, an eine geregelte Nahrungsaufnahme war wegen des vollgestopften Terminkalenders nicht zu denken, ein

Schüler hatte das Fahrschulmotorrad geschrottet, mein Boss Hans schlug sich mit annähernd 30.000 Euro Außenständen seitens der Fahrschüler herum, was seine Laune nicht gerade hob, ebenso wie die Tatsache, dass sein Vater Schorsch krankheitsbedingt pausieren musste und er dessen Fahrschüler zu übernehmen hatte. Zu allem Überfluss hatte Noemi scheinbar ihre Tage, denn anders war ihr Gekeife im Büro mir und Hans gegenüber nicht zu erklären. Und jetzt musste ich noch zu der für Fahrlehrer alle vier Jahre gesetzlich vorgeschriebenen dreitägigen Fortbildung, die mir keine Sau zahlen und gleichzeitig Einbußen beim Lohn bescheren würde. Nachdem es meine erste Fortbildung als Fahrlehrer war, wusste ich auch nicht, was mich dort gleich erwarten würde – und so was hasse ich!

Obwohl – ein bisschen Vorahnung hatte ich schon. Erstens standen die Themen der Fortbildung ja auf der Einladung. Unter anderem sollten die anstehenden Änderungen bei den Führerscheinklassen, den Aufbauseminaren sowie der Fahrlehrerausbildung angesprochen werden, dann würden Vertreter eines Autoherstellers die neuesten Fahrerassistenzsysteme demonstrieren, und ein sogenannter »Erfolgscoach« würde über das Verhalten gegenüber Fahrschülern referieren, welches aus uns erfolgreiche Fahrlehrer machen sollte.

Zweitens würde ich nicht alleine unter Fremden sein, da ich mich mit meinen Klassenkameraden von der Fahrlehrerausbildung zusammengetan hatte, nachdem bei ihnen jetzt ja auch die Fortbildung anstand. Und so würde es zu einem Wiedersehen mit Simone, Oliver, Stefan, Jan, Michael und René kommen (Hannah und Daniel hatten ja die Brocken frühzeitig hingeschmissen). Der Erste, den meine müden Äugelein bei der Fortbildungsstätte erblickten, war mein Kumpel Oliver.

»Hey, schön, dich zu sehen, wie geht's dir?«, begrüßte er mich überschwänglich.

»Wie meinem Dienstwagen: Fahre den ganzen Tag herum, kriege ab und zu ein bisschen Sprit und werde in unregelmäßigen Abständen gewaschen – und dir?«

»Wie einem arbeitslosen Rechtsanwalt – kann nicht klagen!«

»Na dann ist ja alles gut – lass uns ins Klassenzimmer gehen«, forderte ich ihn auf, um endlich den Rest der Bagage begrüßen zu können. Das Wiedersehen verlief echt herzlich, aber bevor wir zu sehr in Erinnerungen an unsere eigene Ausbildungszeit schwelgen, die angehenden Fahrlehrer im nächsten Klassenzimmer bemitleiden und noch einige andere anwesenden Kollegen begrüßen konnten, ging die Fortbildung auch schon los.

Punkt eins der Tagesordnung waren die geplanten Änderungen bei den Führerscheinklassen, den Aufbauseminaren sowie der Fahrlehrerausbildung. Während die Änderungen bei den Motorradklassen AM, A1, A2 und A durchaus Sinn machten und von der gesamten Meute gutgeheißen wurden, erntete die unselige »B96«-Regelung allgemeines Kopfschütteln. Jetzt mal im Ernst: Die Regelungen für die Mitnahme eines Anhängers dürfen wirklich als unausgegorener schlechter Scherz bezeichnet werden. Und bevor ich mich zu sehr aufrege, lassen wir dieses Thema besser ruhen. Über die neuen Aufbauseminare konnte nur gemutmaßt werden, da bisher nur vage Eckpunkte bekannt waren – Thema schnell abgehakt. Richtigen Diskussionsstoff bot dann die Neugestaltung der Fahrlehrerausbildung, deren Inhalt ich, ohne großartig ins Detail gehen zu wollen, wie folgt kommentieren darf: Einer Branche, die ohnehin unter massiven Nachwuchssorgen zu leiden hat, eine noch längere (und vor allem selbst zu finanzierende und dann im Praktikum schlecht vergütete) Ausbildung mit fragwürdigen Zusatzinhalten (was wir damals in einem knappen Jahr gelernt haben, war vollkommen ausreichend, teilweise des Guten schon zu viel!) aufzubürden, ist so, wie wenn man einer Stadt mit knappen Wasserressourcen auch noch den letzten Brunnen stilllegt!

Nach ein paar Stunden der Aufregung und des Kopfschüttelns konnten wir unseren Puls wieder runterfahren, denn es stand die Demonstration der Fahrerassistenzsysteme an. Letztlich hatte dieser Tagesordnungspunkt zwar eher den Charakter einer Werbeveranstaltung mit dazugehöriger Selbstbeweihräucherung des Autoherstellers, war aber eine gute Gelegenheit, dem muffigen Klassenzimmer entfliehen zu können. Ich war einer der ersten Kursteilnehmer, der am Steuer eines nigelnagelneuen Kompaktwagens Platz nehmen und den Einparkassistenten ausprobieren durfte.

»So, dann aktivieren Sie jetzt bitte mal den Parkassistenten und fahren langsam an den geparkten Fahrzeugen vorbei – der Assistent wird Sie im Display auf eine ausreichend große Parklücke hinweisen«, instruierte mich der seriös wirken wollende Mitarbeiter des Autokonzerns. Ich gehorchte umgehend, schaltete das System ein und fuhr mit Schrittgeschwindigkeit an den parkenden Fahrzeugen vorbei. Als wir eine Lücke passierten, in die problemlos die Langversion einer Luxuslimousine Platz gefunden hätte, blickte ich irritiert zum Instrukteur.

»Äh, jetzt hat das System die Lücke wohl nicht erkannt, fahren Sie doch bitte zurück und probieren es noch mal«, stammelte er.

Nach einer doppelten Wende kamen wir wieder an dieselbe Lücke.

»Gaaanz langsam vorbeifahren, gaaaaaanz langsam«, instruierte er mich.

Ich fuhr mit circa 5 km/h an der Lücke vorbei – und wieder passierte nichts!,

»Was für eine Scheiße ist das denn?«, polterte ich.

»Äh, Sie sind wohl wieder zu schnell an der Lücke vorbei ...«, murmelte der Experte ratlos.

»ZU SCHNELL? Wenn es noch langsamer gehen soll, dann muss ich aussteigen und schieben!«, blaffte ich ihn an.

»Nein, äh, schieben müssen Sie nicht ... wenden Sie bitte noch mal und fahren noch mal an der Lücke vorbei, irgendwann klappt es schon!«

»In der Zeit, wo ich immer wieder wenden muss, hätte ich die Karre normalerweise schon zehnmal eingeparkt ... na schön, ein letzter Versuch, und wenn es dann nicht funktioniert, lache ich Sie den ganzen Tag über aus, verstanden?«, ätzte ich.

Ich wendete also erneut und fuhr wieder auf Höhe der Lücke. Dass bisher niemand die Polizei angerufen und uns wegen unnützem Hin-und-her-Fahren innerhalb geschlossener Ortschaften angezeigt hatte, grenzte an ein Wunder.

»Laaangsamer, viiiiiiel langsamer«, klang es vom Beifahrersitz.

Ich zuckelte mit einem Stundenkilometer an der Lücke vorbei und, hurra – es machte »Bing«! Im Display erschien ein geschwungener Pfeil, welcher darauf aufmerksam machen soll, dass das Auto endlich die Lücke erkannt hatte.

»Gott sei Dank«, seufzte der Instruktor. »Nehmen Sie jetzt die Hände vom Lenkrad und geben ein klein wenig Gas, den Rest übernimmt das System!«

Tatsächlich parkte das Auto wie von Geisterhand ein, aber meine Faszination hielt sich in Grenzen. Das lag daran, dass dieser »Assistent« (»Kontrahent« wäre nach diesem Fiasko wohl die passendere Wortwahl) damals einfach noch nicht ausgereift war. Und außerdem interessierten mich dieser und die noch vielen anderen vorgeführten elektronischen Helferlein auch nicht so wirklich. Aus Sicht des Privatmannes interessierten sie mich nicht, da ich selber einparken, Verkehrszeichen erkennen und den Abstand zum Vordermann einhalten kann und darüber hinaus der Meinung bin, dass Menschen, die dies ohne elektronische Helferlein nicht können, auch nichts hinter dem Steuer verloren haben. Und aus Sicht des Fahrlehrers interessieren mich diese Assistenzsysteme nicht, weil ich meine Schüler auf die altmodische Art ausbilde, auf dass sie alles selbst können. Keinem ist geholfen, wenn das Fahrschulauto beispielsweise mit Licht- und Regensensor ausgestattet ist, der Schüler sich von seinem hart ersparten Taschengeld aber dann nur eine alte Möhre zulegen kann, in der schon ein Radio der reinste Luxus ist und das Licht und der Scheibenwischer noch selbstständig bedient werden müssen.

Mir ist auch noch sehr gut der Fall einer Kollegin in Erinnerung, die sich das Leben besonders einfach machen wollte, indem sie ihren neuen Dienstwagen mit allen erdenklichen Features ausstattete und einen Fahrschüler mit Hilfe von Einparkassistenten, System für Verkehrsschilderkennung und Abstandsassistenten zur praktischen Prüfung vorstellte. Rechtlich ist das zwar zulässig, allerdings nicht im Sinne des Erfinders, wie ihr ein Prüfer mit erhobenem Zeigefinger mitteilte und den Prüfling für den Rest der Fahrstunde mit Sachen quälte, für die es entweder keine Assistenzsysteme gibt oder vor denen die vorhandenen Systeme kapitulieren (und davon gibt es, ohne ins Detail gehen zu wollen, eine ganze Menge). Von daher war dieser Tagesordnungspunkt der Fortbildung zwar eine informative Reise in eine andere Welt, welche mich so schnell aber auch nicht wiedersehen würde.

Was mich nach dem technischen Intermezzo jedoch wieder zu Gesicht bekam, war das muffige Klassenzimmer, wo sich bereits eine brünette Mittvierzigerin mit Laptop, Flipchart und Moderationsköfferchen breitmachte. »Der erfolgreiche Fahlehrer« stand in breiten Lettern auf dem Whiteboard und gab somit Auskunft über das in der nächsten Stunde anstehende Thema. Wir nahmen alle Platz und musterten unseren weiblichen Coach sorgfältig von oben bis unten. Wie sie da in ihrem Kostümchen stand, die Haare streng nach hinten gebunden, einen Laserpointer in ihrer linken und einen Filzstift in ihrer rechten Hand, ließ irgendwie erahnen, dass wir beim nächsten Tagesordnungspunkt von jemandem vollgequatscht werden würden, der nicht im Geringsten Ahnung von der Materie hatte – und so sollte es auch kommen.

»Guten Tag zusammen, mein Name ist Dorothea-Frieda König, ich bin selbstständiger Erfolgscoach und möchte Ihnen, meine sehr verehrten Fahrlehrerinnen und Fahrlehrer, heute einige Möglichkeiten aufzeigen, Ihren Job noch besser und erfolgreicher zu gestalten als bisher!«

»Na, das kann ja was werden«, flüsterte mir Oliver zu.

»Also – was macht Ihrer Meinung nach einen erfolgreichen Fahrlehrer aus?«, begann Frau König ihren Vortrag.

»Dass er seine Schüler zu sicheren, verantwortungsvollen und umweltbewussten Fahrzeugführern erzieht und diese ihre Prüfung bestehen«, zitierte Simone Paragraf 1 der Fahrschüler-Ausbildungsordnung.

»Falsch, vollkommen falsch«, fuhr ihr Frau König über den Mund. »Diese Hard Skills werden ja ohnehin von Ihnen erwartet – nein, es sind die Soft Skills, welche einen Fahrlehrer erfolgreich machen!«

»Hä?«, staunte Stefan, der Senior unserer Truppe, da er mit diesen englischen Ausdrücken nicht viel anfangen konnte.

»Weiche Faktoren«, raunte ihm Simone belehrend zu.

»Genau«, jubilierte Frau König zustimmend. »Den eigentlichen Erfolg machen ganz andere Sachen aus – passen Sie mal auf!« Sie griff nach einem Marker, machte eine schwungvolle 180-Grad-Drehung Richtung Whiteboard und begann zu schreiben.

»Entschuldigung, ich will Sie ja nicht stören, aber …«, unterbrach ich ihren Schreibfluss.

»Dann tun Sie es doch einfach nicht!«, blaffte sie mich an.

»Ich möchte Ihnen doch nur sagen, dass …«, holte ich erneut aus.

»Das ist ja wohl die Höhe! Lassen Sie mich gefälligst in Ruhe meine Punkte an die Tafel schreiben! Sie haben dann noch genügend Möglichkeiten, sich einzubringen!«

»Aber ich möchte Sie doch nur darauf aufmerksam machen, dass …«

»RUHE JETZT! Sie wollen doch auch nicht bei Ihren Ausführungen von Ihren Schülern gestört werden, oder?«, herrschte sie mich an.

»Wenn die mich auf einen schwerwiegenden Fehler aufmerksam machen wollen, dann schon!«

»Ha! Ich werde verrückt! Ich hab noch gar nicht alle Punkte aufgeschrieben, da halten Sie das Ganze schon für einen schwerwiegenden Fehler! UNVERSCHÄMTHEIT!«

»Ach, dann halt nicht. Entschuldigen Sie bitte die Störung und fahren Sie einfach fort«, winkte ich ab und ließ sie weiterschreiben. Und wie sie schrieb …

»FAHRZEUGE – RÄUMLICHKEITEN – BEGRÜSSUNG – OUTFIT«, prangte dick und fett als Tafelanschrieb am Whiteboard – und hinterließ ratlose Gesichter.

»Da staunen Sie, was? Diese vier Punkte werden sie alle zu noch besseren und erfolgreicheren Fahrlehrern machen!«

»Ob Sie wohl die Güte hätten, uns Minderbemittelten diese einzelnen Punkte etwas näher zu erklären?«, fand Jan als Erster seine Sprache wieder.

»Aber natüüüüüürlich«, flötete unser Coach entzückt und begann sodann mit einem ellenlangen, herablassenden und ignoranten Monolog: »Entscheidend für ein erfolgreiches Wirken als Fahrlehrer ist der absolute Fokus auf das Wohlbefinden und die Wertschätzung des Fahrschülers! Deshalb sollten sich in Ihrem Fuhrpark, quasi als rollende Visitenkarte, nur die trendigsten Fahrzeuge befinden, zum Beispiel ein Mini Cooper, ein VW Beetle, ein Fiat 500 oder bei den Motorrädern so was wie 'ne Harley Davidson, Ducati oder eine Vespa! Die Fahrzeuge sollten jeden Tag gewaschen und gesaugt werden, damit sich der Schüler nicht mit einem verdreckten und zugemüllten Fahrzeug herumschlagen muss! Genauso verhält es sich mit der Fahrschule selbst, also den Räumlichkeiten. Penibel sauber müssen sie sein, und dem Schüler sollten im Theorieunterricht Snacks und Getränke gereicht werden. Moment mal, ich notiere das schnell auf dem Whiteboard …«

»Darf ich mal kurz was einwerfen?«, meldete ich mich erneut zu Wort.

»Jetzt nicht, wir führen die Debatte später!«, schnitt sie mir das Wort ab und fuhr fort.

»Hand aufs Herz: Wer von Ihnen steigt zur Begrüßung des Fahrschülers aus dem Auto aus und reicht ihm dabei die Hand?«

Alle Hände reckten sich gen Raumdecke.

»Das glaube, wer will – ich kenne das anders«, zweifelte sie an unserer Ehrlichkeit und verscherzte es sich somit auch noch mit den letzten Anwesenden, die ihr und ihrem Vortrag bisher noch wohlgesinnt waren (auch wenn das nicht sehr viele waren, wie man unschwer an den Mienen feststellen konnte). »Darüber hinaus sollten Sie Ihren Schüler immer siezen, um ihm ihre Wertschätzung zu zeigen. Apropos Wertschätzung: Natürlich haben Telefonate während der Fahrstunde zu unterbleiben – der alleinige Fokus muss auf dem Schüler liegen, verstanden? Kommen wir nun zu Ihrem Outfit, welches Sie während des theoretischen und praktischen Unterrichts tragen sollen. Um Ihren professionellen Anspruch zu unterstreichen und gleichzeitig nicht zu förmlich rüberzukommen, empfehle ich Ihnen beispielsweise ein Cordsakko und/oder ein Hemd, wahlweise mit Krawatte, und eine coole Jeans. So weit die Eckpunkte. Und jetzt gehen wir in medias res, also ins Detail …«, wollte sie fortfahren, wurde aber von deutlich vernehmbarem Fingerschnippen, also Wortmeldungen, unterbrochen. Mich ignorierte sie geflissentlich und erteilte stattdessen einem gewissen Josef das Wort, einem alten Recken, der es in über 30 Jahren Berufstätigkeit zu vier eigenen Fahrschulen mit nicht weniger als 19 angestellten Fahrlehrern gebracht hatte.

»Bevor Sie ins Detail gehen – dürfte ich mich mal zum bisher Gesagten äußern?«, fragte er höflich.

»Eigentlich wollte ich noch ein paar Punkte … aber egal, wollen wir mal nicht päpstlicher als der Papst sein, ich bin auf Ihr Feedback gespannt!«

Das ließ sich Josef nicht zweimal sagen und legte los: »Zu meiner Zeit sagte man noch: ›Wer nichts ist und wer nichts kann, geht zur Post und Eisenbahn.‹ Nach Ihrem unsubstanziierten Vortrag muss dieser Spruch umgedichtet werden in: ›Wer nichts ist und wer nichts kann, wird Coach.‹ Ich unterstelle Ihnen jetzt einfach mal, dass Sie außer aus Ihrer eigenen Fahrschulzeit über keinerlei Hintergrundwissen über unseren Berufsstand verfügen und einfach eine Blaupause von einem anderen Vortrag über diesen hier gelegt haben. Was für einen Blödsinn müssen wir uns hier reinziehen! Ich greife jetzt mal ihren ›Masterplan‹ auf und führe Ihnen Punkt für Punkt vor Augen, was Sie hier für einen Käse von sich gegeben haben! Man möge sich trendige Fahrzeuge zulegen und diese immer schön sauber halten. Ihre Denke hat allerdings einen kleinen Schönheitsfehler: Ihre ach so schnuckeligen Schickimicki-Vehikel haben allesamt nur zwei Türen; ein Prüfungsfahrzeug muss aber alleine auf der rechten Seite mindestens zwei Türen haben! Und das macht die Wahl bei ihren feschen Flitzern doch eng – außer, Sie nehmen den viertürigen Abkömmling, der aber dann meistens so aussieht, als hätten die Designer den Zweitürer neben ein Atomkraftwerk gestellt und gewartet, was damit passiert! Und den Motorradfahrschülern wollen Sie allen Ernstes eine schwere oder hochgezüchtete Maschine zumuten, nur weil sie hip ist? An die hohen Anschaffungs-, Ersatzteil- und Unterhaltskosten wage ich gar nicht zu denken, ebenso nicht an den zeitlichen und finanziellen Aufwand für eine tägliche Fahrzeugreinigung! Täglich! Da können wir die Fahrstundenpreise gleich mal ordentlich erhöhen – und sind dann erfolglose Fahrlehrer, weil kein Kunde mehr kommt! Sie stellen uns hier hin, als wären wir die größten Schmutzfinken der Nation! Die Fahrzeuge sind unser Arbeitsplatz, den halten wir schon sauber genug, fahren aber sicherlich nicht wegen jedem Krümel zur Reinigung! Ich glaub, es hakt!

Genauso schwachsinnig ist die Idee, den Schülern Getränke und Snacks anzubieten. Essen und Trinken? Was erwarten Sie denn? In meiner Fahrschule haben wir den Schülern mal Lollis angeboten – wissen Sie, wie das Klassenzimmer danach ausgesehen hat? Überall Papierchen und Stiele, die am Boden festgeklebt waren, eklig! Und die ganzen Plastikbecher, die dann halb voll herumstehen oder verschüttet werden! Auch die Geräuschkulisse von schmatzenden und schlürfenden Mündern ist nicht gerade geil. Die sollen sich auf den Unterricht konzentrieren und keine Mahlzeiten einnehmen!

Und Ihre Bemerkung bezüglich der Begrüßung ist eine bodenlose Frechheit! Was glauben Sie eigentlich, was wir mit unseren Schülern machen? Ihnen zur Begrüßung ins Gesicht schlagen und spucken? Und zeigen Sie mir mal einen Jugendlichen, der von seinem Fahrlehrer gesiezt werden will – so was sorgt für ein unangenehmes Klima sondergleichen! Genauso, wie wenn der Fahrlehrer abgehoben Schlips und Sakko trägt. Außerdem müssen wir uns während unseres stundenlangen Herumsitzens in der Karre wohlfühlen, und keiner von uns tut das, wenn er 'ne Krawatte um den Hals hat! Und zwecks des Telefonierens während der Fahrstunden – glauben Sie, dass wir da Small Talk mit unseren Weibern halten? Wir managen die Fahrstunden und Prüfungen unserer Schützlinge, in deren Interesse! Soll ich meinen Schülern sagen, dass ich mit ihnen erst nach Mitternacht Fahrstunden vereinbaren kann, wenn ich von der Nachtfahrt wieder zu Hause bin? Das lässt sich doch keiner bieten! Genauso wenig wie ich mir bieten lasse, dass ich mir in einer von mir selbst finanzierten Fortbildung einen so unfundierten Schwachsinn anhören muss!« Josef war kurz vor einem Herzinfarkt.

Als sein Wutausbruch abgeebbt war, herrschte zuerst Totenstille. Dann brandete tosender Applaus auf, begleitet von lauten »Bravo, Josef«-Rufen, und unser Coach blickte wutentbrannt jeden einzelnen an, der Beifall spendete.

»UNBELEHRBARE KLUGSCHEISSER SEID IHR ALLE! ERKENNT IHR NICHT DIE GENIALITÄT IN DIESEM PLAN? MILLIONÄRE KÖNNTET IHR DAMIT ALLE WERDEN!«, wütete sie wie ein Berserker.

»Ja sicher – aber nur, wenn wir vorher Milliardäre waren«, prustete René. Von da an gab es kein Halten mehr, wir alle lachten uns ob dieses weltfremden und obskuren Vortrages von Coach Dorothea-Frieda König schlapp. Irgendwann ebbte das Gelächter ab und es kehrte wieder Ruhe ein. Das Einzige, was zu hören war, war das Quietschen des Filzstifts auf dem Whiteboard, wo unser Coach trotzig die restlichen Unterpunkte ihres Plans hinschrieb. Ich nutzte die Chance und meldete mich wegen meines Hinweises erneut zu Wort: »Ich hätte da auch noch eine Anmerkung …«

»Nee, ich hab für heute genug«, winkte Frau König ab.

»Aber …«

»Nein!«

»… jetzt hören Sie mir doch mal zu!«

»NEIN!«

»Bitte schön, ich wünsche viel Spaß beim Schrubben.«

»Wie meinen Sie das?«

»Ich will Sie seit einer halben Ewigkeit darauf aufmerksam machen, dass Sie die ganze Zeit mit einem Permanentmarker auf das Whiteboard schreiben – viel Spaß beim Einatmen von Lösungsmitteln!«

Unfreiwillig hatte ich damit den Schlusspunkt des Vortrages gesetzt. Frau König unternahm panisch den Versuch, ihr Malheur zu beseitigen, was ihr mehr schlecht als recht glückte und zu einem ordentlichen Einlauf seitens des Direktors führen würde. Für uns hatte sie keine Augen und Ohren mehr, und nachdem wir uns wegen der Anwesenheitspflicht nicht einfach aus dem Staub machen konnten, bildeten sich nach und nach kleine Kaffeekränzchen im Klassenzimmer, und ich fand mich in einem Gesprächsgrüppchen mit meinen alten Klassenkameraden wieder – und dieser Tratsch entwickelte sich zur einzig wahren Fortbildung!

»Coach König hält unseren Beruf auch für die reinste Grattlerwirtschaft, oder?«, begann Jan mit dem Talk.

»Na ja, bei so manchen Kollegen hat sie mit ihren Vorhaltungen ja nicht unrecht«, erwiderte ich und musste dabei an Rudi denken, »aber einen ganzen Berufsstand in Sippenhaft für einige verlorene Seelen zu nehmen, ist grotesk!«

»Diese Frau König sollte mal eine Woche bei uns hospitieren, damit sie sieht, wie der Hase hoppelt«, warf Michael ein.

»Das würde die nicht überleben, so viel ist sicher«, gab ich ihm recht, »aber ich wäre in der letzten Woche auch fast gestorben – vor Lachen!«

»Wieso?«

»War mit einer Schülerin auf der Landstraße unterwegs. Vor uns ein Traktor. Einseitige Fahrstreifenbegrenzung, wir dürfen überholen. Ich sag ihr, dass sie dies tun soll, was sie auch macht. Als wir am Traktor vorbei sind, bleibt sie aber auf der linken Seite! Ein Lkw kommt uns entgegen. Sie bleibt immer noch links und schreit urplötzlich: ›WIR WERDEN STERBEN!‹ Ich lange ins Lenkrad und zieh uns wieder auf die rechte Seite. Dann will ich von ihr wissen, warum sie links geblieben ist. Darauf antwortet sie, dass die gestrichelte Linie doch auf der rechten Seite und die durchgezogene Linie auf der linken Seite war, und nachdem sie nicht über eine durchgezogene Linie fahren dürfe, habe sie gedacht, dass wir beide zum Tode verurteilt waren!«

»Sachen gibt's ...«, schüttelte Oliver amüsiert den Kopf.

»Pass auf, das kann ich noch toppen«, stieg Simone grinsend in den Reigen der Erzählungen ein. »Ich war letztens mit einem Schüler auf der Autobahn unterwegs, als wir in einen Tunnel fahren. Nachdem er nicht das Licht einschaltet, weise ich ihn drauf hin, dass er dies bitte machen solle. Und was glaubst du, was der Typ macht? Schaltet die Innenraumbeleuchtung ein, diese Knalltüte!«

»So 'nen Technik-Deppen hatte ich letztens auch. Weil es regnet, versucht der Kerl zu Beginn der Fahrstunde verzweifelt, den Heckscheibenwischer einzuschalten«, erzählte Jan.

»Und?«

»Blöd, dass meine Karre gar keinen hat!«

»So was Ähnliches hatte ich neulich auch«, wusste Oliver lachend zu berichten. »Hab am Vortag im Theorieunterricht das Thema Automatikgetriebe behandelt. Setzt sich eine Schülerin in ihrer 50. Fahrstunde ins Auto und transportiert ihr neu erworbenes theoretisches Wissen in die Praxis, indem sie mich fragt, wo denn bei dieser Schaltkulisse das ›D‹ für ›DRIVE‹ wäre.«

»Und was hast du geantwortet?« bohrte ich nach.

»Hab ihr gesagt, dass ich mir sehr wohl bewusst bin, dass wir mit der heutigen 50. Fahrstunde quasi ein Jubiläum haben, ich als Geschenk aber keinen Getriebetausch vorgenommen habe und sie weiterhin selbst schalten müsse!«

»Coole Replik«, schmunzelte ich.

»Ich finde ja, dass die Prüfer auch immer 'nen lockeren Spruch auf den Lippen haben«, warf René ein. »Einer hat zu 'nem Motorradschüler von mir, der sich aufgrund seines Alters und seines Gewichts nicht gerade grazil präsentiert hat, gesagt: ›Bestanden haben Sie, aber schön war's nicht. Aber einen alten Gaul erzieht man halt nicht mehr zum Dressurpferd!‹ Krass, oder?«

»Ein Prüfer hat mal meinen Schüler gefragt, ob das Scheibenwasser bei uns in der Fahrschule extra kostet, weil er trotz verschmierter Scheibe nicht auf die Idee kam, sie mal zu reinigen«, berichtete Stefan.

»Bei mir hat der Prüfer einem Schüler am Ende der Fahrt den Tipp gegeben, er möge künftig zu Fuß gehen, wenn es pressiert; der Kerl ist die ganze Zeit wie in Zeitlupe herumgegurkt!«, setzte ich noch eins drauf.

»›Die Zeit, die Sie zum Abbiegen brauchen, brauche ich, um einer alten Frau zwei Kinder zu machen!‹, hat mal ein Prüfer zu meiner Schülerin gesagt«, toppte Simone meine Story.

Wir hielten uns alle die Bäuche und lachten Tränen, als unser Coach entnervt vom Schrubben (und etwas high von den Lösungsmitteln) den heutigen Fortbildungstag für beendet erklärte.

Ich packte meine Siebensachen und schwang mich auf meine Maschine, um die Heimreise anzutreten. Doch das ganze Brimborium in der Arbeit und die Erzählungen der Kollegen in der Fortbildung beschäftigten mich noch etwas, sodass ich noch einen Moment verharrte. Mein Daumen schwebte schon über dem Anlasser, als ich noch mal abstieg, ins Sekretariat der Fortbildungsstätte ging und mit zwei Anmeldeformularen für den Fahrlehrerkurs im Rucksack wieder rauskam. Diese würden meine Söhne morgen (aufgrund ihres Alters etwas sehr voreilig, ich weiß) am Frühstückstisch vorfinden. Denn mal ehrlich: Gibt es irgendwo auf der Welt einen kurioseren und damit auch geileren Job als meinen?

Ach so, noch was: Ich werde oft gefragt, wann ich denn bei meinem vollen Terminkalender überhaupt dazu käme, die ganzen Geschichten aufzuschreiben. Gerne lüfte ich das Geheimnis an dieser Stelle: entweder am Vormittag, wenn meine Fahrschüler in der Schule oder auf Arbeit sind, in Freistunden, wenn man mich wieder mal versetzt hat, weil es Wichtigeres als Fahrstunden gibt, oder eben (so wie es bei dieser Story der Fall war) in furchtbar langweiligen Fortbildungen. Gähn …

7. KAPITEL

KAI

TYP-FRAGE

Kommen wir jetzt aber von meinen alten Klassenkameraden und Kollegen zu meinem neuen Chef Hans. Und soll ich Ihnen was sagen? Manchmal hab ich ihn ganz doll lieb. Und zwar in den Momenten, in denen ich merke, dass dieser Sklaventreiber weiß, was er an mir hat. Diese Momente sind zwar selten, aber wenn sie da sind, dann sind sie umso schöner. Ein Beispiel dafür ist die alljährliche Weihnachtsfeier: Die Plätze zu seiner rechten und linken Seite werden von ihm, seinen tellergroßen Händen und einem knorrigen »Besetzt!« so lange frei gehalten, bis ich mit meiner Gattin erscheine. Sein Vater Schorsch, seine Mutter und Noemi, die ihn stets anschmachtende Bürokraft, müssen sich dann mit von ihm weiter entfernten Plätzen begnügen. Nach dem Genuss von mindestens zwei Halben weiht er mich dann in seine Pläne für das nächste Jahr ein und fragt mich nach meiner Meinung dazu. Und erst wenn ich ihm sage, dass ich die Eröffnung einer Fahrschule nur für Frauen für Blödsinn und darüber hinaus auch für sexistisch halte, die Anschaffung eines Cabrios für sommerliche Schulungsfahrten jedoch für eine zwar durch und durch egoistische, aber dennoch gute Idee, erst dann werden sein Vater und seine Angestellte von ihm unterrichtet, wie der Hase im nächsten Jahr hoppelt.

Ein ähnlicher Moment der Wertschätzung war neulich gekommen. Ich sollte ihn mal eben kurz zum Autohaus bringen, wo seine Karre zur Inspektion war. Als wir angekommen waren, wuselte eine Schar von Fahrzeugaufbereitern in und um sein Schulungsfahrzeug herum, um allerlei Kekskrümel und Taubendreck aus dem und vom Auto zu entfernen. Nachdem uns mitgeteilt wurde, dass die kostenlose Reinigung des Autos noch etwas Zeit in Anspruch nehmen würde (»Jetzt wissen wir, warum so viele Fahrlehrer einen Wanst haben – kommt wohl von den Keksen …«), verkrümelten wir uns (sorry, aber dieses Wortspiel musste jetzt einfach sein) in den Showroom des Autohauses. Während ich um einen Kombi herumschwänzelte (unser aktueller, schon in die Jahre gekommener Pampersbomber war mittlerweile häufiger zu Gast auf der Hebebühne als in unserer Garage – eine Neuanschaffung tat also not) und ihn kaufinteressiert beobachtete, stand mein Boss bei seinem Verkaufsberater. Mit einem lauten »Komm mal hierher, du Nuss!« kommandierte er mich quer durch den Showroom zu sich und Herrn Mayer, dem Autoverkäufer.

»Wat willste?«, fragte ich meinen Sklaventreiber gewohnt schnoddrig.

»Der Leasingvertrag von deiner Fahrschulkarre läuft doch jetzt aus, nicht wahr?«, fragte er mich.

»Jo, stimmt.«

»Pass auf, der Herr Mayer bietet uns dasselbe Auto, das du jetzt hast, mit 22 Prozent Nachlass an …«

»22 Prozent? Nicht schlecht, nehmen wir, da wissen wir, was wir haben, oder? Aber warum geben Sie denn so viel Rabatt?«, wandte ich mich an den Verkäufer.

»Na ja, das wäre quasi ein Lagerfahrzeug, weil ja jetzt schon der Nachfolger auf dem Markt ist …«

»… oder wir nehmen den hier, das wäre der Nachfolger!«, grinste mein Boss, drehte sich etwas zur Seite und gab den Blick auf eine s-e-n-s-a-t-i-o-n-e-l-l-e-n Schlitten frei – meine Fresse, was für ein Geschoss! Es war Liebe auf den ersten Blick –, und ich schwöre, dass das auf Gegenseitigkeit beruhte! Wie der Wagen da auf seinen Niederquerschnittsreifen stand, knapp über dem Parkett des Showrooms kauernd, und mich mit seinen Xenon-Augen gierig ansah, als wolle er sagen »Nimm mich und gib mir die Sporen, bis der Asphalt raucht« – das hatte etwas Magisches an sich, als ob der automobile Amor seinen Pfeil ... na gut, ich will jetzt nicht übertreiben. Auf jeden Fall gehörten dieses schwarz lackierte Drehmoment-Biest und ich zusammen, das war klar. Ich warf Hans denselben Dackelblick zu, den mir meine Kids immer zuwerfen, wenn sie noch 'ne Süßigkeit vor dem Zubettgehen haben wollen. Und so, wie diese Masche bei mir immer zieht, so zog sie auch bei Hans.

»Gut, ist gekauft, äh, geleast. Bauen Sie den Fahrschul-Schnickschnack ein, machen Sie 'ne rote Schleife rum – nächste Woche holen wir die Karre ab«, wandte er sich dem verzückt lächelnden Verkaufsberater zu, während ich mich meinem neuen Baby widmete. Ich strich Black Beauty sanft über den Lack, tätschelte sein Dach und flüsterte ihm zu, dass wir beide bald gaaaaanz viel Spaß miteinander haben würden ...

Und den hatten wir eine Woche später dann auch. Eine rote Schleife suchte ich zwar vergebens, dafür hatten die Herrschaften des Autohauses aber ein anderes »Geschenk« in petto – nämlich die Abschlussrechnung für mein vorheriges Auto. Und die hatte es in sich. So versuchte man, uns stolze 200 Euro für eine Endreinigung in Rechnung zu stellen, obwohl ich mein altes Vehikel noch am Vortag drei Stunden innen wie außen gewienert hatte. Neue Reifen und eine neue Windschutzscheibe im Gesamtwert von fast 1.000 Piepen wollte man uns auch noch aufs Auge drücken, da die Pneus mit »nur noch« fünf Millimetern Profiltiefe (der Gesetzgeber schreibt mindestens 1,6 Millimeter vor) doch tatsächlich nicht mehr neuwertig waren und die Windschutzscheibe ganz oben links in der Ecke einen mikroskopisch kleinen Kratzer aufwies, der von den Leuten dort als »massiver Steinschlag im Sichtbereich« tituliert wurde. Und welche »Katastrophen« passieren können, wenn man einen Steinschlag hat, wissen wir ja nach der Endlosbeschallung eines großen Autoglaskonzerns im Radio und TV, wenn ich das mit einer gehörigen Portion Hohn und Spott anfügen darf.

Nach einer erneuten und vor allem gemeinsam mit Hans und mir durchgeführten Besichtigung der angeblichen Schäden, Abnutzungen und Verschmutzungen einigten wir uns auf eine Nachzahlung von null Euro. Meiner Laune tat diese Farce keinen Abbruch, aber Hans kochte vor Wut. »Diese Halsabschneider lassen wirklich keine Gelegenheit aus dich über den Tisch zu ziehen«, fluchte er beim Verlassen des Autohauses, um Sekunden später mit einem zornigen Tritt aufs Gaspedal seinen Wagen vom Hof des Händlers zu katapultieren. Ich winkte noch meinem alten Dienstwagen zum Abschied zu und nahm dann in Black Beauty Platz. »So, mein Schätzchen, jetzt reiten wir dich mal ein und bringen dich in deinen neuen Stall«, flüsterte ich ihm zu und strich ihm verliebt über das Lederlenkrad und die mit Klavierlack überzogene Mittelkonsole. Mit einem Druck auf die Start-/Stopptaste erweckte ich die Maschine zum Leben, und mein neuer Liebling gab mir mit sonorem Brummen zu verstehen, dass er zum Einsatz bereit war. Auch wenn es mich im rechten Fuß juckte, so gab ich doch nur behutsam Gas, um die Schönheit sanft einzufahren und mich ein wenig mit ihr vertraut zu machen. Und das war schnell geschehen – denn von einem wirklich »neuartigen« Auto konnte meiner Meinung nach keine Rede sein. Der Verkäufer wusste zwar von einem »strafferen Fahrwerk«, einem »verbesserten Geradeauslauf« und einer »direkteren Lenkung« zu berichten, was aber aller Wahrscheinlichkeit nach nur den Testfahrern des Herstellers aufgefallen war. Für mich fuhr sich die Schönheit wie sein Vorgänger, und die einzigen Änderungen waren rein kosmetischer, aber dafür umso geilerer Natur.

An der Fahrschule angekommen, wartete mit Sven bereits mein erster Fahrschüler des Tages auf Black Beauty und mich.

»Boah ey, ich werd verrückt, was für eine geile Kiste!«, begrüßte er uns freudestrahlend, nahm Platz und ließ sich von mir die Änderungen im Vergleich zum alten Fahrzeug erklären.

»Urplötzlich waren nicht mehr die anderen Verkehrsteilnehmer die Schuldigen, wenn Kai zu nah auffuhr, vermeintlich kleine Straßen oder verdeckte und schmutzige Verkehrszeichen übersah, sondern, richtig erraten, das Auto.«

»Hm, großartig geändert hat sich ja nicht viel«, stellte er treffenderweise fest.

»Richtig erkannt – für ausufernde Experimentierfreude im Innen- und Außendesign waren die deutschen Hersteller bei ihren Serienfahrzeugen noch nie bekannt«, konstatierte ich. »Aber selten ein Schaden, wo kein Nutzen dabei ist – die Umgewöhnung wird dir wohl nicht schwerfallen. So, auf geht's, Überlandfahrten stehen an!«

Zwei Stunden und 15 Minuten später hatte Sven die ersten drei seiner insgesamt fünf Überlandfahrten und Black Beauty seine Entjungferung durch einen Fahrschüler hinter sich. Mit knisterndem Motor stand er vor der Fahrschule, während ich ihn verzückt durch die Fensterscheibe betrachtete und dabei eine vor Fett triefende Kalorienbombe vom Burgerladen nebenan mampfte. Ich hatte mir gerade die letzten Spuren dieser kulinarischen Sünde von den Fingern geleckt, als der nächste Delinquent in Gestalt von Kai die Fahrschule betrat.

»Servus Kai, wie geht's?«, begrüßte ich ihn und biss mir sogleich auf die Zunge, weil ich eine Frage gestellt hatte, die man Kai besser nie stellen sollte.

»Na ja, die Schule …«, seufzte er unüberhörbar.

»Ja, ja, Schule, Eltern, Freundin, Wetter, alles ganz schlimm, ich weiß …«, unterbrach ich ihn rüde, weil ich heute, am Tag der Hochzeit von Black Beauty und mir, wirklich keinen Bock auf seine Jammerei hatte und mir nicht die Laune verderben lassen wollte. Und Fahrstunden mit Kai hatten stets das Potenzial, einem die Laune zu verhageln. Nicht, dass mich die Fehler nervten, die er während der Fahrstunden machte (hey, ich bin Fahrlehrer, mich erschüttert nichts mehr), sondern seine Ausreden hierfür – und die Art, wie er diese Ausflüchte kundtat. Kai war einer von diesen larmoyanten Kerlen, die an allem etwas zu mäkeln haben und nie zufrieden sind, und daran sind immer die anderen schuld – nur nicht sie selbst. Beispielsweise war er zweimal durch die Theorieprüfung gerasselt und das lag nicht etwa an seinem mangelnden Lerneifer (der erst einen Tag vor der Prüfung einsetzte), sondern daran, dass es »so viele Fragen gibt« und diese Fragen dann auch »echt komisch gestellt sind«. Nun ja …

In den Fahrstunden nahm diese Weinerlichkeit auch kein Ende. Übersah er eine Einmündung, an der »rechts vor links« galt, so lag dies daran, dass »die Straßen hier aber echt klein« seien; übersah er ein Tempolimit, dann hatte die Gemeinde ihre Pflicht verletzt, »die Schilder gut lesbar aufzustellen«; und war sein Abstand zum Vordermann unter aller Sau, dann lag das daran, dass »der Spast da vorne so langsam fährt«.

»Ja ja, alle sind gegen den kleinen Kai«, pflegte ich dann immer zu spotten. Aber mein Spott stieß bei den nun folgenden Possen auch an seine Grenzen und schlug in absolute Ungläubigkeit um.

»Neues Auto, oder?«, fragte er skeptisch.

»Jo«, antwortete ich gewohnt trocken.

»Neues Modell, andere Farbe, andere Felgen …«, kombinierte er messerscharf.

»Stimmt.«

»Wird sich auch anders fahren, oder?«

»In die Sphären, wo du den Unterschied zwischen dem alten und dem neuen Modell in Bezug auf die Fahrdynamik spüren kannst, werden wir im Rahmen unserer Fahrstunden nicht stoßen, versprochen«, versuchte ich, jegliche Bedenken (und vor allem Ausreden für seine Fahrweise) im Keim zu ersticken.

»Na ja, das werden wir noch sehen«, gab er sich altklug, als wir aus der Fahrschule raus in Richtung Black Beauty gingen.

»Anderes Lenkrad, anderer Schaltknauf …«, murmelte er vor sich hin, als wir ins Auto eingestiegen waren.

»Hat halt jetzt 'ne Speiche weniger und einen Chromzierrat mehr«, schnaufte ich tief durch, um diesem Jammerlappen Einhalt zu gebieten, was mir jedoch nicht gelang.

»Die liegen aber beide nicht mehr so gut in der Hand«, begann er fast zu flennen. »Und der Sitz fühlt sich auch komisch an – ich finde keine optimale Sitzposition! Ist der Innenspiegel anders geformt?«

»Sag mal«, unterbrach ich ihn, »du machst doch das begleitete Fahren ab 17 Jahren, oder?«

»Schon«, antwortete Kai.

»Du fährst also später mit einer Begleitperson wie zum Beispiel der Mama, dem Papa, der Oma, dem Opa …«

»Genau.«

»Auch mit deren Autos, oder?«

»Natürlich, ich hab ja daheim keinen Geldscheißer, um mir 'ne eigene Karre zu kaufen!«

»Hm … welche Autos stellen dir denn die lieben Verwandten zur Verfügung?«

»Oma und Opa haben so einen alten Jeep von Mitsubishi, Mama hat 'nen Punto, Papa einen Van von Peugeot …«, listete er auf, bevor er von mir unterbrochen wurde.

»Stopp, reicht schon – ich konstatiere: Dein künftiger Fahrzeugpool umfasst also einen japanischen Jeep, einen italienischen Kleinwagen und einen französischen Pampersbomber, aber keine deutsche Mittelklasse-Limousine, ja?«

»Stimmt.«

»Uiuiui …«

»Was meinst du mit ›uiuiui‹?«

»Na ja, also ich würde mir an deiner Stelle schon mal 'nen Strick kaufen und mich da erschießen, wo das Wasser am tiefsten ist …«

»Wieso?« Kai stand ein bisschen auf der Leitung.

»Nicht nur, dass du nicht das gleiche Auto wie in der Fahrausbildung vor der Haustüre stehen haben wirst, nein, du musst dich dann sogar mit unterschiedlichen Fahrzeugtypen von unterschiedlichen Herstellern aus unterschiedlichen Ländern herumschlagen – und wenn ich mir so anhöre, wie du jetzt schon herumjammerst, nur weil du das Nachfolgemodell ein und derselben Baureihe des gleichen Herstellers fahren musst, dann glaube ich, dass du beim Wechsel auf eines der Fahrzeuge deiner Begleitpersonen akut suizidgefährdet sein wirst, du Pizzarandliegenlasser!«

Auf diesen zynischen Kommentar hin verfiel Kai vorerst in Schweigen. Ich erklärte ihm die ach so großen Neuerungen an unserem fahrbaren Untersatz, welche er mit mehreren lauten Seufzern zur Kenntnis nahm. Nachdem ich meine Unterweisung beendet hatte, starteten wir Black Beauty und begaben uns ins Verkehrsgetümmel. Und soll ich Ihnen was sagen? Von diesem Moment an begann eine richtig gute Zeit …

… für alle anderen Verkehrsteilnehmer und die Mitarbeiter des Straßenverkehrsamtes. Denn urplötzlich waren nicht mehr sie die Schuldigen, wenn Kai zu nah auffuhr, vermeintlich kleine Straßen oder verdeckte und schmutzige Verkehrszeichen übersah, sondern, richtig erraten, das Auto. Die nächsten sechs (!) Doppelstunden verbrachte Kai damit, dem Auto die Schuld für seine eigenen Unzulänglichkeiten zu geben. Ein kleiner Auszug:

»Mann, ich konnte den von rechts nicht sehen, weil mir die A-Säule die Sicht versperrt!«

»Der Schulterblick bringt eh nix, weil ich dann die B-Säule vor der Nase habe!«

»Ich kann beim Einparken den Bordstein nicht erkennen – die C-Säule ist so breit!«

»Der Blinker im Außenspiegel irritiert mich.«

»Ich wollte mich ja ans Tempolimit halten, aber das Auto beschleunigt so schnell!«

»Sorry, die Vollbremsung war jetzt nicht gewollt, aber die neuen Bremsen sind extrem bissig …«

»Beim alten Auto hatte ich nie ein Problem mit dem Seitenabstand – der Neue ist breiter, nicht wahr?«

Während jeder dieser sechs Doppelstunden durchlebte ich ein ständiges Wechselbad der Gefühle. Von Zorn über Mitleid bis hin zu Heiterkeit. Zorn empfand ich wegen der Dreistigkeit, mit welcher er seine Fehler an Black Beauty festmachte; Mitleid erntete Kai von mir, weil er nicht bemerkte, wie skurril sein ganzes Verhalten anmutete; und Heiterkeit empfand ich letztlich immer am

Ende der Fahrstunde, da das Ganze einfach nur noch lächerlich war.

»Wären alle Autofahrer solche Warmduscher wie du, dann würden alle Fahrzeughersteller und Autovermieter pleitegehen«, war mein Resümee am Ende der sechsten Fahrstunde seit der Umsattlung auf Black Beauty. Und ich traf eine Entscheidung, die ich Kai sogleich mitteilte: »Wir werden jetzt aus dir Memme einen Mann machen – praktische Prüfung in drei Wochen, verstanden?« Mit dieser Ankündigung wollte ich Kais Aufmerksamkeit und Konzentration auf das fokussieren, weswegen wir eigentlich hier waren, nämlich um fahren und nicht jammern zu lernen.

»Aber, aber, aber …«, begann er zu winseln, was ich jedoch genauso rüde abwürgte wie er den Motor von Black Beauty.

»Was für ein Typ biste: Mann oder Memme?«

»Ein Mann!«

»Na also. Dann hörst du jetzt auf, so ein Schlaffi zu sein! Reiß dich ab der nächsten Stunde zusammen und jammere nicht wegen des neuen Autos herum, was alle anderen Fahrschüler auch nicht machen, sondern sieh zu, dass du dich im Verkehr vernünftig bewegst, okay?«

»Na gut.«

»Nächste Fahrstunde am Montag um 14 Uhr?«

»Können wir erst um 16 Uhr machen? Dann kann ich zur besseren Fahrtüchtigkeit noch was zu Mittag essen und ein kleines Nickerchen machen …«

»Du machst mich fertig, du Unterhosenbügler … meinetwegen, dann halt um vier«, stimmte ich entnervt zu. Kai stieg aus und trottete nach Hause. Ich verharrte noch ein wenig auf dem Beifahrersitz und führte mit meinem Arbeitsgerät ein recht einseitiges Lehrgespräch, in dessen Verlauf ich Black Beauty erklärte, dass man sich seine Fahrschüler nicht immer aussuchen könne und man manchem auch mal die Pistole auf die Brust respektive die Prüfung vor die Nase setzen müsse, um den gewünschten Erfolg zu erzielen. Dass mein Wägelchen erst im zweiten Anlauf ansprang, als ich mich wieder auf den Fahrersitz begeben hatte und losfahren wollte, ordnete ich nicht seiner Angst vor den nächsten zwei Jahren in der Fahrschule, sondern einer wohl minderen Spritqualität zu …

Wir machen einen kleinen Zeitsprung. Drei Wochen später war der Tag von Kais praktischer Prüfung gekommen. In den letzten Fahrstunden war es mir mit einem äußerst profanen, aus pädagogischer Sicht aber höchst bedenklichen Einfall gelungen, seiner Jammerei und Winselei über das ach so schlimme neue Auto Einhalt zu gebieten: Ich drohte ihm körperliche Gewalt an. Bei jedem Seufzer, bei jedem Winseln, bei jeglicher Aufregung über Black Beauty würde ich seinen Kopf nehmen und aufs Lenkrad knallen. Hab ich mal bei YouTube gesehen, wie ein Kollege das gemacht hat – herrlich erfrischend!

Zwar schnappte Kai während der Fahrstunden immer wieder nach Luft, japste, grummelte, stöhnte und seufzte, wenn irgendetwas nicht klappte (was sicherlich am Auto lag) – aber in Anbetracht drohenden Kopfkontaktes mit dem Lenkrad, allerdings ohne schützenden Airbag dazwischen, verkniff er sich jegliche Beschwerde und Jammerei – bis zur Prüfung.

»Wird das heute noch was mit meiner Prüfung? Wie lange dauert die Kaffeepause denn noch?«, motzte er Prüfer Brahms, Hans, Schorsch, Noemi und mich an, als wir nach den ersten drei Prüfungen des Tages eine kleine Brotzeit machten. Mir fiel nach dieser Unverfrorenheit fast der Kaffeebecher aus der Hand.

»ICH GLAUB, ES HACKT! DEIN MÜSLI BEKOMMT DIR WOHL NICHT GUT! FREUNDCHEN, SELBST WENN WIR HIER NOCH ZWEI STUNDEN SITZEN UND UNS NOCH ’NE PULLE BIER AUFMACHEN, DANN HAST DU DAS HINZUNEHMEN, VERSTANDEN?«, bellte ich ihn an.

»Sorry«, gab sich Kai kleinlaut, »ich merke nur, wie beim Warten mein inneres Chi ins Wanken gerät – nicht, dass ich deswegen durchfalle …« Ich fletschte die Zähne, und Kai ergriff die Flucht nach draußen.

»Ist der Typ unser nächster Kandidat?«, fragte Prüfer Brahms verdutzt.

»Ja. Und ich entschuldige mich jetzt schon für ihn«, gab ich ihm zur Antwort.

»Der ist ja drauf. Noch keine Haare am Sack, aber im Puff schon drängeln wollen …«, schüttelte Schorsch den Kopf.

»Ist das nicht diese Heulsuse, die seit Ewigkeiten wegen des neuen Autos jammert?«, hakte Hans nach.

»Ja, das ist er – inneres Chi, dass ich nicht lache …«

»Moment mal«, schaltete sich Brahms wieder ins Gespräch ein, »er jammert wegen des NEUEN Autos rum? Normalerweise ist das doch umgekehrt: Die Schüler jammern, weil sie auf 'ner alten Gurke das Fahren lernen, oder?«

»Da haben Sie vollkommen recht«, nickte ich Brahms zu, »aber der Typ da draußen heult mir in einer Tour die Ohren voll, was das für ein krasser Umstieg vom alten Fahrschulauto auf das neue ist.«

»Aber – Sie hatten zuvor doch das Vorgängermodell, oder?«, kramte Brahms in seinem Gedächtnis.

»Auch da haben Sie recht – aber für Kai gleicht das einem Quantensprung.«

»Quantensprung? Quatsch mit Soße! Ein besseres Facelift ist das! Sie wissen ja, dass ich nicht nur Fahrerlaubnisprüfer bin, sondern auch regelmäßig bei uns in der Halle stehe und Hauptuntersuchungen durchführe. Und nachdem ich das Vorgängermodell schon Dutzende Male auf der Hebebühne hatte und letztens bei der Präsentation des Nachfolgers war, kann ich da durchaus einen Vergleich ziehen – im Grunde genommen ist das eigentlich fast derselbe Typ. Ein bisschen elektronisches Chichi hier, ein wenig mehr PS dort – das war's.«

»Meine Worte – aber erklären Sie das mal dem Typen da draußen!«, seufzte ich.

»Werde ich machen. Aber sagen Sie mir mal vorab, was das für ein Typ ist, mit dem ich es jetzt dann zu tun bekomme. Dass er es wegen seines inneren Chis eilig und von Autos keine Ahnung hat, weiß ich jetzt schon …«

Ich klärte Brahms darüber auf, dass Kai ein glänzendes Beispiel für externale Kausalattribuierung war, also den Fehler nie bei sich, sondern immer in seinem Umfeld suchte. Ich gab einige von Kais dreistesten Schutzbehauptungen und faulsten Ausreden zum Besten, um Brahms auf die bevorstehende Fahrt und Tour, die Kai wahrscheinlich reiten würde, wenn es mit der Prüfung nicht klappte, einzustimmen.

»Na, dann nehmen wir uns diesen Typ mal zur Brust«, schmunzelte Brahms.

»Aber bitte nicht zu sehr, ich will diesen Jammerlappen jetzt endlich loswerden, wenn Sie verstehen, was ich meine«, flehte ich Brahms an, der mir daraufhin so viel Gnade wie möglich zusicherte. Ich schluckte noch den letzten Bissen von meinem Croissant runter, und wir gingen raus zu Kai, der nervös um Black Beauty herumtigerte. »This is a man's world«, trällerte er halblaut vor sich hin, als Brahms auf ihn zutrat und seine Trällerei jäh unterbrach.

»So, wir haben unseren ausgiebigen Brunch beendet und Sie sind mein Dessert. Zu Beginn stelle ich Ihnen eine kleine Technikfrage, die Sie mir bitte nach bestem Wissen beantworten: Wo finden wir denn den Ausgleichsbehälter für die Kühlflüssigkeit bei diesem wunderschönen Kraftfahrzeug?«

Kai antwortete wie aus der Pistole geschossen: »Bei diesem Fahrzeug kann ich es Ihnen leider nicht sagen, da mein Fahrlehrer es nicht für nötig hielt, mich diesbezüglich einzuweisen!«

Hätte Kai in diesem Moment etwas breitbeiniger dagestanden, dann wäre das Thema Familienplanung für ihn jetzt erledigt gewesen.

Brahms half ihm auf die Sprünge: »Warum könnte Ihr Fahrlehrer es denn nicht für nötig erachtet haben, Sie dahin gehend zu unterrichten?« Kai zuckte mit den Schultern.

»Öffnen Sie doch mal die Motorhaube und zeigen Sie mir, an welcher Stelle der Ausgleichsbehälter bei dem Vorgängermodell zu finden war!« Kai tat, wie ihm befohlen, und – tataaa …

»Oh – da isser ja immer noch!«, stieß Kai verblüfft aus.

»Sehen Sie, deswegen brauchte Ihnen Ihr Fahlehrer den ganzen Stuss nicht noch mal zu erklären, weil sich so gut wie gar nichts im Motorraum verändert hat. So, steigen wir mal ein und fahren los.«

Gesagt, getan. Nach diesem holprigen Einstieg in die Prüfung begann unsere Fahrt. Und meine (natürlich nicht ernst gemeinte) Androhung von körperlicher Gewalt, wenn er weiter übers Auto jammern würde, anstatt sich auf den Verkehr zu konzentrieren, hatte Früchte getragen. Kai fuhr echt gut. Und wenn ich »gut« sage, dann will das was heißen. So sollten Prüfungsfahrten immer laufen: Kai fuhr achtsam und vorsichtig, aber auch nicht zögerlich. Er lenkte bei Abbiegevorgängen sauber ein, schaltete rechtzeitig die Gänge rauf und runter, legte eine tadellose Verkehrsbeobachtung an den Tag – prächtig!

Lediglich ein einziger Lapsus unterlief Kai, er wurde aber von Brahms, im wahrsten Sinne des Wortes, wieder auf die richtige Spur gebracht.

»Haben Sie schon mal was von den sogenannten ›Mittelspurschleichern‹ gehört?«, beugte er sich etwas zu Kai nach vorne.

»Ja, hab ich. Das sind die, die auf der Autobahn ständig die mittlere Spur okkupieren!«

»Finden wir solche Typen gut?«

»Überhaupt nicht!«

»Warum wollen Sie diesem illustren Club dann beitreten?«

Kai hatte begriffen und fuhr auf die rechte Spur. Mit einem kurzen Nicken bedankte ich mich bei Brahms, der mit diesem dezenten Hinweis einerseits die bisher durchweg positive Leistung Kais zu würdigen wusste, andererseits dafür sorgte, dass Kai weiterhin im Spiel blieb und ich ihn somit bald los sein würde.

200 Meter vor der Fahrschule fiel Brahms dann noch etwas auf beziehungsweise ein, was auch mir im Eifer des Gefechts entgangen war – es fehlte noch eine Grundfahraufgabe.

»Sehen Sie da vorne auf der rechten Seite den Anhänger von der Fahrschule? Bleiben Sie mal daneben stehen und parken Sie dann rückwärts ein!« Kai tat wie ihm befohlen und parkte hinter unserem Fahrschulanhänger ein.

»Scheiß C-Säule, ich sehe kaum was«, grummelte er vor sich hin, was ich mit einem nonchalanten »Schnauze, sonst klatscht die Stirn ans Lenkrad« goutierte. Kai riss sich zusammen und parkte ein. Nachdem er zu verstehen gegeben hatte, dass er sein Parkmanöver beendet hatte, öffnete Brahms seine Tür und begutachtete die Parkposition. »Wir stehen parallel zum Bordstein, der Abstand dazu beträgt weniger als 30 Zentimeter – hurra! Das Einzige, was ich auszusetzen habe, ist die Tatsache, dass Sie nicht unbedingt platzsparend parken, zwischen uns und den Anhänger passt ja noch ein Maybach in der Langversion – korrigieren Sie das noch eben, dann sind wir auch schon durch mit der Chose!«

Kai korrigierte. Und korrigierte. Und korrigierte. Will sagen: Er fuhr immer näher und näher auf unseren Hänger zu. Und spätestens, als ich dessen Nummernschild nicht mehr lesen konnte, weil wir so dicht dran waren, war die Situation gekommen, vor der es einem jeden Fahrlehrer graut: Wenn er nämlich gezwungen wird, sich die Frage zu stellen, ob der Fahrschüler von alleine bremst oder ob man eingreifen muss. Das mit dem Eingreifen ist so eine Sache, beendet man doch damit in der Regel die Prüfungsfahrt zum Nachteil des Schülers. Ich persönlich gehöre, das gebe ich unumwunden zu, zu den Fahrlehrern, die ihre Fahrschüler an der langen Leine lassen und erst sehr spät eingreifen. Das hat jetzt nichts mit der romantischen Vorstellung zu tun, dass man dem Schüler bis zuletzt die Möglichkeit einräumt, seinen Fehler von alleine zu bemerken – wenn man sich als Fahrlehrer überlegt, ob man eingreifen soll, ist es für eine selbstständige Korrektur des Schülers meistens schon zu spät, sonst würde man als Fahrlehrer diese Option gar nicht in Betracht ziehen. Vielmehr greife ich erst deswegen spät ein, damit sich der Schüler nicht mehr rausreden kann (und Kai wäre so ein klassischer Kandidat gewesen). Ich hatte zu Beginn meiner Karriere mal eine ellenlange (und sehr laute) Diskussion mit einer Fahrschülerin, die der Prüferin und mir weismachen wollte, dass sie just in dem Moment, wo ich mittels Bremseingriff die Prüfungsfahrt beendete, ebenfalls bremsen wollte. Das wir bereits mit der Vorderachse über der Haltelinie des Stopp-Schildes gefahren waren, focht sie nicht an. Die Situation eskalierte derartig, dass ich zwischenzeitlich versucht war, entweder die 110 oder die nächstgelegene Nervenheilanstalt zu kontaktieren, um dieser wild gewordenen Schülerin Herr zu werden. Tja, gebranntes Kind scheut das Feuer, und deswegen gibt es bei mir eben die lange Leine, solange nicht Leib und Leben auf dem Spiel stehen.

Nicht Leib und Leben, aber die Unversehrtheit von Black Beauty stand nun auf dem Spiel. Kai hörte noch immer nicht auf, seinen riesigen Abstand zum Anhänger zu korrigieren, und fuhr näher und näher auf. Hätte vorher noch eine Luxuslimousine in der Chauffeurversion zwischen uns und den Hänger gepasst, so wäre mittlerweile selbst ein Einrad nur mit Ach und Krach durchgekommen. Zentimeter um Zentimeter rollte er nach vorne, und rollte, und rollte … Bleib jetzt stehen, bleib jetzt bitte, bitte stehen, flehte ich Kai in Gedanken an, aber es half alles nichts. Boing – wir hatten den Hänger touchiert. Minimal zwar, aber doch spür- und hörbar. Und das Ganze nicht mal 200 Meter von der Ziellinie entfernt. Im Fachjargon heißt so was »Höchststrafe« – eine perfekte Fahrt, der Prüfer hat schon den Führerschein griffparat und tauscht ihn dann doch wieder gegen ein Prüfprotokoll aus, auf dem dann steht, warum man nicht bestanden hat.

»DAS GIBT'S DOCH NICHT! WAS BIST DU DENN FÜR 'NE PFEIFE!«, fuhr ich Kai an.

»Der Prüfer ist schuld! Er hat gesagt, dass ich weiter vorfahren soll!«, verteidigte sich Kai.

»MOMENT MAL! ICH HABE GESAGT, SIE SOLLEN KORRIGIEREN UND NICHT KOLLIDIEREN!«, herrschte Brahms Kai an.

»Außerdem konnte ich das Ende der Motorhaube nicht sehen – beim alten Auto ging das besser …«

»Brahms, verlassen Sie das Fahrzeug – für das, was jetzt kommt, kann ich keinen Zeugen gebrauchen!«, fauchte ich wie ein Tiger.

»Machen Sie sich nicht unglücklich«, versuchte Brahms, mich zu beruhigen, »bei dem Typen ist sowieso Hopfen und Malz verloren.« Brahms füllte das Prüfprotokoll aus und gab es Kai, versehen mit einem netten Schlusssatz zum Ende der Prüfungsfahrt. »Junger Mann, ich weiß nicht, ob ich Sie für Ihre Ausreden bemitleiden oder beneiden soll – aber lassen Sie sich noch eines von einem altgedienten Ingenieur sagen: Die Zeiten, wo Autos mit dem Lineal designt wurden, sind seit den 80ern vorbei; das Ende der Motorhaube können Sie bei modernen Autos überhaupt nicht mehr sehen – und das war schon bei dem Modell, mit dem Sie vorher herumgekurvt sind, genauso. Habe die Ehre.« Sprach's und zog kopfschüttelnd von dannen, was ich ihm gleichtat, nachdem ich mit Kai die finalen Meter zur Fahrschule gefahren war und ihn wortlos aus dem Auto steigen ließ. Ich weiß, als verantwortungsvoller Fahrlehrer hätte ich pädagogisch wertvoll vorgehen sollen, Kai für seine tolle Fahrt loben und das fatale Ende mit ihm aufarbeiten müssen. Aber sehen Sie es mir nach, dass mir einfach nicht danach war – hatte ich mich doch sicher gewähnt, Kai die Flausen ausgetrieben und dafür gesorgt zu haben, dass er nicht immer alles auf die Umstände oder Black Beauty schiebt. Apropos Black Beauty: Der kleine Kratzer im Nummernschild war kaum sichtbar, und auch der Anhänger hatte das »Friendly Fire« schadlos überstanden. Wie gesagt, heute war ich für die pädagogisch wertvolle Ansprache nicht in Stimmung. Ich würde das bei der nächsten Fahrstunde vor dem zweiten Prüfungsanlauf einfach nachholen, dachte ich …

… und hatte damit die Rechnung ohne Kai gemacht. Als mich mein Boss Hans kurz vor Abgabe der Prüfungsliste fragte, wen ich denn da draufsetzen wolle, nannte ich die Namen von zwei Schülerinnen und natürlich auch noch den von Kai.

»Den Typen brauchst du nicht mehr auf die Liste zu setzen – hat die Fahrschule gewechselt.«

»Wie bitte? Wieso denn das?«, fragte ich, vollkommen baff. Hans erklärte es mir in Babysprache, weil er wohl der Meinung war, dass dies aufgrund von Kais Verhalten angebracht sei.

»Duzi-Duzi-Kai Prüfung nix bestanden haben. Kai feste glauben, dass neues Brumm-Brumm daran schuld. Kai fragen, ob wir altes Brumm-Brumm wieder holen können. Ich sagen: ›Du plem-plem!‹ Kai sagen: ›Dann ich gehen zu Fahrschule Hinz – haben noch altes Brumm-Brumm.‹ Ich sagen: ›Reisende soll man nicht aufhalten.‹ Und jetzt Kai weg.«

Für alle, die das jetzt nicht verstanden haben: Kai war noch immer felsenfest davon überzeugt, dass das neue Modell für seine Misere verantwortlich sei. Nachdem sich mein Boss weigerte, den neuen gegen den alten Fahrzeugtyp einzutauschen, wechselte Kai zu einer Fahrschule, welche noch den Vorgängertyp zu Schulungsfahrten nutzt. Noch Fragen?

Ich hatte noch eine – und zwar an den Kollegen Hinz, den ich einige Wochen später auf dem Hof der Prüforganisation traf, und der jetzt die arme Sau war, die diesen durchgeknallten Typen zur Prüfung begleiten durfte.

»Du, sag mal, was ist eigentlich aus dem Kai geworden, der wegen des Autos zu dir gewechselt hat?«

»Ach, hör mir mit dem Typen auf, der hat ja nicht alle Tassen im Schrank!«

»Da erzählst du mir nichts Neues – aber gibt's News von ihm?«

»Neuigkeiten gibt's von dem gar nicht zu berichten, der ist schon wieder weg!«

»Warum – hat er seine Prüfung bestanden?«

»Nö, hab ihn nach seiner nicht bestandenen Prüfung rausgeschmissen.«

»Wieso nicht bestanden? Und warum hast du ihn rausgeschmissen?«

»Er hätte einem von rechts kommenden Roller fast die Vorfahrt genommen, da musste ich eingreifen.«

»Wieso hat er den Roller übersehen? Aufs Auto oder dessen Säulen hat er es ja wohl nicht schieben können, gell?«

»Nö. Am Auto lag es nicht. Nach seiner Aussage lag es an mir.«

»Hä?«

»Ich wäre ja fetter als du und hätte ihm die Sicht versperrt.«

Und die Moral von der Geschichte? Alles eine Frage des Typs …

8. KAPITEL

WLADIMIR

GRÜNER WIRD'S NICHT!

Sicherheit ist ein hohes Gut. Für jeden Menschen. Und sagen Sie jetzt nicht, dass es bei Ihnen anders wäre, selbst wenn Sie Freeclimber sind – denn selbst beim Freiklettern nimmt man Seile und Haken zur Absicherung, denn das »freie« Klettern bedeutet lediglich, dass man keine Kletterhilfen in Anspruch nehmen darf. Wir alle gieren förmlich nach Sicherheit, und das von klein auf. Es geht los beim Einkuscheln in Mamas und Papas Bett, wenn mal wieder der böse Geist zwischen Unterhosen und Kniestrümpfen im Kleiderschrank lauert, um im Schlaf Jagd auf unschuldige Kinderseelen zu machen. Bei sportlicher Betätigung schützen wir unsere Knochen und Gelenke mit derartig vielen Polstern, dass manch ein Freizeitsportler dem Michelin-Männchen Konkurrenz macht. Gegen Krankheit, Berufsunfähigkeit, Diebstahl und Unfälle schützen wir uns mit Unmengen von Policen, was Versicherungskonzernen Glückstränen in die Augen treibt. Ganze Kriege werden für (angeblich) mehr Sicherheit geführt, und selbst vermeintlich hartgesottene Schläger sehnen sich in Anbetracht einer langjährigen Haftstrafe nach der Sicherheit von Mamas Schoß oder Anwalts aufbauenden Worten (»In der Dusche nicht nach der Seife bücken und beim Hofgang niemandem den Rücken zukehren, dann wird's schon nicht so schlimm – hoffentlich …«).

Nur bei einer Sache scheint die Menschheit auf ihre Sicherheit zu pfeifen – nämlich beim Verkehr. Sehr doppeldeutig, ich weiß, aber so ist es nun mal auch: Ich bin immer wieder erstaunt, wie leichtsinnig Verkehr betrieben wird. Und als Fahrlehrer bekommst du da eine Menge mit. Da sitzen 16-jährige Mädchen neben dir, die dich höflich fragen, ob die Fahrstunde nicht bei der Abtreibungsklinik zwecks eines Beratungsgespräches enden könnte, oder 18-jährige Burschen kommen zu dir, um dir mitzuteilen, dass sie die Ausbildung abbrechen müssen, weil das Geld für die Fahrstunden nunmehr als Unterhaltszahlung dienen muss. Ja, ja, wenn bei Partys der Alkohol in Strömen fließt und dann die Busen blitzen, gibt es kein Halten mehr – und auch keine Erinnerung an so eine tolle Erfindung wie das Verhüterli ...

Beim Verkehr auf der Straße braucht es in der Regel keinen Alkohol oder blanke Haut, um den Faktor Sicherheit über Bord zu werfen – es genügen schon ausreichend PS unter der Haube, welche die mickrige Ausführung des eigenen Geschlechtsteils kompensieren, die fehlerhafte Selbsteinschätzung von Fahrkünsten, die nach eigener Meinung auf Rennsport-Niveau sind, und die vielleicht vorhandene Denke, dass mit der bisherigen Fahrweise ja noch nie was passiert sei (und, ergo, somit auch in Zukunft nie etwas passieren wird). Wie trügerisch diese Denkweise und Selbsteinschätzung, gepaart mit zu viel Motorleistung unterm Hintern, sein kann, erlebt man als viel beschäftigter, staatlich geprüfter Bremser (so die recht unfeine Bezeichnung für Fahrlehrer) jeden Tag. Kaum ist die Probezeit vorbei, lassen es selbst die artigsten Fahrschüler auf dem Asphalt so richtig krachen. Und je länger es bis zum ersten selbst verschuldeten Unfall dauert, desto mehr schraubt sich die Risikobereitschaft in die Höhe. Von daher bin ich über jeden Fahrschüler froh, der ewige Sicherheit als oberstes Prinzip seines Tuns und Handelns ausgibt (und seinen Worten auch Taten folgen lässt – und zwar nicht nur, bis die Probezeit vorbei ist).

Aber jede Medaille hat auch ihre Kehrseite, sowohl beim Geschlechts- als auch beim Straßenverkehr. Zu viel Vorsicht und Zurückhaltung können bei der einen Sache zu ewiger Jungfräulichkeit führen, bei der anderen Sache zu einem gespaltenen Schädel, welcher einem von ungeduldigen Verkehrsteilnehmern mittels einer im Kofferraum befindlichen Axt zugefügt wird, weil es nicht schnell genug vorangeht. Ein Kandidat für solch einen blutigen Scheitel war mein Schüler Wladimir. Bei seinem Anblick konnte man denken, dass er schon das ein oder andere Mal Bekanntschaft mit einer Axt gemacht hatte. Dem war aber nicht so. Vielmehr waren eine Müllpresse des örtlichen Wertstoffhofes und seine Unvorsichtigkeit die beiden Gründe dafür, dass Wladimir mit seiner rechten Hand nie wieder fünf Wodka bei einer Bedienung bestellen konnte. Nachdem ich nicht weiß, werter Leser, wie viel Blut Sie vor Ihrem geistigen Auge vertragen können, erspare ich Ihnen die Details und mache zum besseren Verständnis folgende Gleichung auf: Wladimirs Hand + Müllpresse = zwei ganze und drei halbe Finger.

Aufgrund dieser körperlichen Beeinträchtigung entschied die Gemeinde, die sein Arbeitgeber im örtlichen Wertstoffhof war, ihn künftig anderweitig einzusetzen, und zwar als Chauffeur bei der ebenfalls zur Gemeinde gehörenden sozialen Einrichtung für behinderte Mitmenschen. Dies machte jedoch die bisher von Wladimir versäumte Umschreibung seiner russischen Fahrerlaubnis und somit eine theoretische und praktische Prüfung notwendig – et voilà, schon war Wladimir ein neues Mitglied meiner Schülerschaft. Und zwar eines von der, in zweierlei Hinsicht, angenehmeren Sorte.

Erstens war er ein wohlerzogener Mensch. Das Klischee des ungehobelten Russen bediente er zu keiner Zeit. Stets grüßte er mich mit Handschlag, fragte mich nach meinem Befinden und verweigerte sogar das ihm von mir angebotene »Du«. »Sie können mich gerne duzen, aber ich werde Sie weiterhin siezen – Sie sind schließlich mein Lehrer«, lehnte er dieses Angebot in astreinem und akzentfreiem Deutsch ab. Von seinem respektvollen Verhalten und seiner Sprachfertigkeit konnte sich mancher deutsche Schüler eine Scheibe abschneiden. Hierzu eine kleine Anekdote am Rand: Gestern ließ ich eine ganz liebe Fahrschülerin türkischer Herkunft nach ihrer Fahrstunde, an deren Ende sie sich in aller Form für die Zeit, die ich ihr geopfert hatte (sic!), bedankte, vor einer protzigen Villa aussteigen; sie gab anschließend einem deutschen Kind Nachhilfe – in Deutsch!

Und zweitens konnte ich es mir bei Wladimir offenkundig sparen, in Bezug auf die Fahrzeugbedienung bei Adam und Eva anzufangen – der Kerl hatte ja bereits einen Führerschein. Also nur ein bisschen in der Gegend herumfahren, ihm die deutschen Verkehrsregeln beibringen und ab zur Prüfung. Aber wie heißt es so schön? Man soll den Tag nicht vor dem Abend loben …

Ohne Frage konnte Wladimir Auto fahren. Aber leider entpuppte er sich als Mitglied einer immer stärker werdenden Fraktion von Fahrschülern, welche zwar besonders vorsichtig, aber dafür umso hinderlicher für den Verkehrsfluss sind: die Links-vor-rechts-Gucker (welche sekundenlang sinnbefreit schauen, ob von links jemand kommt, der dann sowieso stehen bleibt, weil er keine Vorfahrt hat), Vorfahrtsstraßen-Bremser (welche ihre Geschwindigkeit um die Hälfte reduzieren, um nach nicht vorfahrtsberechtigten Verkehrsteilnehmern zu gucken) und die Grüne-Ampel-Stehenbleiber (welche sich trotz Grünlicht mit einer nicht messbaren, weil dermaßen geringen Geschwindigkeit in die Kreuzung hinein tasten). Bevor ich Ihnen diese possierliche Gattung von Fahrschülern näherbringe, lassen Sie mich bitte eines vorweg schicken: Schon der Paragraf 1 der Straßenverkehrsordnung mahnt einen jeden Verkehrsteilnehmer zur ständigen Vorsicht und gegenseitigen Rücksicht – und das ist auch gut so. Polizei, Feuerwehr, Rettungsdienste, Bestatter und Statistiker hätten weitaus weniger zu tun, wenn sich jeder an das Gebot der Vorsicht halten würde. Und natürlich gibt es auch unaufmerksame oder übermütige Verkehrsteilnehmer, denen eine Rechts-vor-links-Kreuzung oder ein Rotlicht entgeht. Deswegen bin ich auch der Letzte, der einem Fahrschüler einen kurzen Kontrollblick aus dem Augenwinkel verbietet.

Die Links-vor-rechts-Gucker, Vorfahrtsstraßen-Bremser und Grüne-Ampel-Stehenbleiber übertreiben es jedoch mit ihrer Vorsicht dermaßen, dass dadurch gefährliche Situationen entstehen können. Letztlich rechnet jeder Autofahrer damit, dass es bei »Grün« zügig vorwärts geht und Fahrzeuge nicht abbremsen, wenn sie Vorfahrt haben. Und schließlich wurden Vorfahrtsregelungen und Ampeln deswegen erfunden, damit der Verkehr flüssig vonstattengehen kann. Woher dieser neue Trend stammt, kann ich leider nicht sagen. Vielleicht ist es die Verkehrserziehung an den Schulen, die zu besonderer Vorsicht mahnt, vielleicht geben die Eltern irgendwelche dusseligen Ratschläge (»immer schön den Kopf bewegen – das finden die Prüfer voll gut!«), und vielleicht haben manche Menschen, so wie Wladimir mit seinen Fingern, einfach mal 'ne schlechte Erfahrung gemacht, die sie so zögerlich fahren und gleichzeitig sinnlos gucken lässt.

Und Wladimir gehörte zu Letzteren, aber nicht wegen seiner Fingeramputation, wie ich in unserer zweiten Doppelstunde erfahren sollte. Denn das Schauen, ob von links jemand kommt, und das Verzögern bei eigener Vorfahrt hatte ich Wladimir relativ schnell ausgetrieben; die Geschichte mit der grünen Ampel war eine etwas härtere Nuss, was aber seinen Grund hatte. Wladimir berichtete mir, an einigen Stellen mit etwas stockender Stimme, dass einer seiner Freunde vor einigen Jahren auf Moskaus Straßen zu Tode gefahren wurde. Der Besitzer einer Luxuslimousine war der Annahme, dass er mit dem Erwerb seiner Karosse die ständige Vorfahrt und das permanente Grünlicht gleich mit erworben hatte. Unsinnig zu erwähnen, dass der Lada gegen den Mercedes nicht den Hauch einer Chance hatte.

»Und ich dachte schon, dass du dich selbst wegen der Geschichte mit deinen Fingern zu ewiger Vorsicht verdammt hast«, sagte ich, nachdem ich meine Sprache wiedergefunden hatte.

»Ach was. Ich war zu blöd und die Presse zu stark – so einfach ist das. Aber das mit meinem Kumpel hat mir echt zu denken gegeben«, erwiderte Wladimir.

»Wladimir, passieren kann immer etwas, auch wenn man nicht damit rechnet. Beispielsweise gibt es immer wieder Flugzeugabstürze. Und trotzdem schauen wir alle während der Fahrt nicht in die Luft, oder?«

»Sie haben ja recht. Aber lieber einmal zu viel geschaut als einmal zu wenig, oder?«

»Na ja, so was kann dir in deiner Prüfung auch als unnötiges Zögern ausgelegt werden, was genauso wie zu schnelles Fahren ein Durchfallgrund ist«, belehrte ich Wladimir. »Und vollkommen unabhängig von der Prüfung wird dir der ein oder andere Autofahrer einen bestimmten Finger zeigen, wenn du trotz Grünlicht nicht fährst!«

»Immerhin können die es im Gegensatz zu mir noch!«, brach Wladimir in schallendes Gelächter aus, und auch ich konnte nicht mehr an mich halten – herrlich, wenn Menschen über sich selbst lachen können!

Die gelöste Stimmung ebbte im Verlauf der Fahrstunde schnell wieder ab. Zwar hatte meine kleine Ermahnung insofern Wirkung gezeigt, als dass Wladimir bei voller Fahrt nicht mehr vom Gas ging, wenn wir eine grüne Ampel passierten – das Losfahren, wenn die Ampel von Rot auf Grün umschaltete, gestaltete sich aber weiterhin äußerst zäh. Wenn ich ihn so beim Fahren beobachtete, hatte ich fiktive Schlagzeilen in der lokalen Presse vor Augen: »Fahranfänger verursacht zehn Kilometer langen Stau an grüner Ampel!« oder »Behinderte verdursten an grüner Ampel!«

Nachdem Wladimir in dieser Fahrstunde schon dreimal in den Genuss einer Hup-Symphonie gekommen war, beorderte ich ihn in ein nicht ganz so stark frequentiertes Viertel und sorgte dafür, dass etliche Berufstätige doch noch an diesem Tag nach Hause kamen.

Einige Minuten später standen wir wieder an einer roten Ampel. Als diese auf Grün umschaltete, schaute Wladimir erneut nach links und nach rechts, anstatt die Kreuzung zügig zu überqueren.

»Wladimir, bei aller Liebe, aber so geht das nicht – fahr zu!«, herrschte ich ihn an.

»Sorry, hab schon wieder geschaut, ich weiß«, gab er kleinlaut zurück. »Ich krieg das irgendwie nicht raus aus meinem Kopf …«

»Dann streng dich jetzt mal an! Meine Güte, meinen minderjährigen Kindern musste ich das nur einmal erklären, wie das an so einer Ampel funktioniert, und bei dir hab ich schon aufgehört zu zählen!«

»Ich geb mir Mühe, ich verspreche es«, antworte Wladimir und beruhigte mich damit nicht. Wenn Fahrschüler sagen, dass sie einen bestimmten Fehler nicht mehr machen werden, dann läuft's genau umgekehrt – diesen einen Fehler machen sie dann umso häufiger. Und so war's auch bei Wladimir.

»Nicht langsamer werden, NICHT LANGSAMER WERDEN, N-I-C-H-T L-A-N-G-S-A-M-E-R W-E-R-D-E-N – toll, jetzt stehen wir hier wie die Deppen!«, verzweifelte ich, als Wladimir vor einer Kreuzung, deren Ampel – natürlich – »Grün« zeigte, so langsam wurde, dass sie zwischenzeitlich auf Rot umgesprungen war. Das »freute« auch den Fahrer des gelben Cabriolets italienischer Herkunft hinter uns (dessen Beschleunigung wohl dafür gesorgt hatte, dass das Toupet seines Fahrers stark verrutscht war und den Blick auf eine ordentliche Fleischmütze freigab), der somit nicht mehr auf der grünen Welle surfen konnte. Dieser Freude verlieh er mit einem lautstarken Hupkonzert Ausdruck, was ich ihm nicht mal verdenken konnte. Wladimirs Kopf lief in Anbetracht seines vierten Konzerts des heutigen Tages dermaßen rot an, dass er selbst als Ampel hätte dienen können. Nachdem die Hupe unseres Hintermanns scheinbar den Geist aufgegeben hatte, brüllte er laut und deutlich vernehmbar in Richtung Wladimir: »WAR DA FÜR DICH NICHT DIE RICHTIGE FARBE DABEI, DU KNALLFROSCH?« Während Wladimir von dieser Anmache nicht sonderlich begeistert war, konnte ich mir ein Grinsen nicht verkneifen. Nicht die richtige Farbe dabei, hihihi …

Die Ampel schaltete wieder um auf Grün. Wladimir legte den ersten Gang ein, ließ die Kupplung viel zu schnell kommen, würgte den Motor ab – und erntete das fünfte Hupkonzert des heutigen Tages. Und als kleine Zugabe noch jede Menge Beschimpfungen, wovon ich jetzt nur die zitierfähigen niederschreibe: »FAHR ENDLICH ZU, ES IST GRÜÜÜÜÜÜN, DU VOLLHORST! SCHEISS FAHRSCHULE! GRÜNER WIRD'S NICHT, DU SACK! GREIFT DER HERR FAHRLEHRER MAL BITTE EIN?!«

Ja, tut er, nachdem er seinen Kopf zum Fenster rausgestreckt hat: »MUND HALTEN! FAHRSCHULE ANHUPEN GEHT JA GAR NICHT! AUS WELCHEM ASOZIALENHEIM HAMMSE DICH DENN RAUSGELASSEN! NUTZ DIE FAHRPAUSE LIEBER DAFÜR, DEIN TOUPET WIEDER IN STELLUNG ZU BRINGEN!«, brüllte ich zurück, und tatsächlich konnte wir in Ruhe anfahren, weil sich unser Hintermann sein Haarteil zurechtrückte, was wiederum dem hinter ihm stehenden Brummi-Fahrer nicht schnell genug ging. Nachdem dessen Hupe, ach was sag ich, Fanfaren abgeklungen waren, entwickelte sich eine recht hitzige Debatte zwischen Fleischmütze und Frachtbulle, dessen Inhalt ich aus Jugendschutzgründen wirklich nicht wiedergeben kann. Woher ich den »Gesprächs«-Inhalt der beiden kenne? Nun ja, Wladimir nahm sich mal wieder besonders viel Zeit für die Verkehrsbeobachtung an der grünen Ampel, und so verweilte ich noch lange genug in Hörweite dieses Scharmützels – und begann dann meines mit Wladimir.

»Aus der Situation eben hast du nix gelernt! Du kriechst schon wieder wie eine Schnecke über die Kreuzung! Jetzt zum letzten Mal: Bei Grün zügig losfahren! Sonst werde ich auch so ausfallend wie die Fleischmütze, verstanden?!«

»Ich geb mir ja Mühe, aber das ist einfach so 'ne Urangst tief in mir«, gab sich Wladimir sichtlich geknickt.

»Dann hoffe ich jetzt mal, dass du über Nacht eine göttliche beziehungsweise ›grüne‹ Eingebung hast – sonst wird das morgen nichts mit der Prüfung!«

Dem verdutzten Leser sei an dieser Stelle erklärt, warum jemand wie Wladimir, der an Lichtzeichenanlagen für ein veritables Verkehrschaos sorgte, überhaupt zur Prüfung vorgestellt wird. Hat einen relativ einfachen Grund. Ob der Tatsache, dass sogenannte Umschreiber bereits im Besitz einer Fahrerlaubnis sind, findet die Fahrschüler-Ausbildungsordnung kaum Anwendung, will sagen: Der Schüler entscheidet alleine, wann er die Prüfung machen will. Und Wladimir, gesegnet mit einer ordentlichen Portion des legendären russischen Mutes, entschied, dass nach zwei Doppelstunden der Zeitpunkt gekommen war, den Gang zum Schafott anzutreten. Trotz des »grünen« Handicaps. Mir waren also die Hände gebunden und recht flau im Magen. »Zögerliche Fahrweise« sah ich vor meinem geistigen Auge auf dem Prüfprotokoll stehen, welches Wladimir am nächsten Tag nach der nicht bestandenen Prüfung ausgehändigt werden würde …

So, liebe Leser, jetzt machen wir mal ein kleines Quiz. Vorab darf ich Ihnen verraten, dass es Wladimir leider nicht gepackt hat und in seiner praktischen Prüfung durchgefallen ist. Nach ganzen vier Minuten. An der ersten Ampel. Und jetzt raten Sie mal warum. Nehmen Sie sich ruhig Zeit für Ihren Tipp, was auf dem Prüfprotokoll stand. Legen Sie dieses Buch beiseite, gehen Sie in sich … und? Was meinen Sie? Was stand drauf? »Zögerliche Fahrweise«? Hm, das war zwar der Auslöser, aber trotzdem daneben. Tatsächlich stand »Rotlichtverstoß« drauf. Wie es dazu kam? Ganz einfach: Anstatt aus der Misere des Vortages zu lernen, verschärfte Wladimir seine Gangart. Was ich bis dato nicht für möglich gehalten hatte, wurde an unserer ersten (und letzten) Ampel dieser Prüfungsfahrt bittere Wahrheit – Wladimir schlich, kroch, röchelte dermaßen langsam bei einer eben auf Grün umgeschalteten Ampel los, dass diese in der Zwischenzeit wieder auf Rot umgesprungen war, was mich natürlich zu einem Eingriff zwang und somit die Prüfung beenden ließ. Unglaublich, aber leider wahr.

Wladimir und ich blickten uns wortlos an. Er nickte mir zu, als ob er soeben die göttliche und die grüne Eingebung erhalten hätte. Und dem war auch so. Zwei Wochen später bestand Wladimir mit Glanz und Gloria – und mit Grün.

9. KAPITEL

SIMON

FEHLERINTOLERANZ

Nervosität? Zu schwach. Angst? Hm, schon besser. Todesangst? Na ja, ganz so schlimm ist es dann wohl auch nicht – obwohl …

Einigen wir uns auf »kurz vor dem Kollaps«. Ja, ich denke, dass trifft es ganz gut. Wovon ich spreche? Na, von dem Befinden eines Fahrschülers kurz vor seiner Prüfung. Ich bekomme jedes Mal einen gehörigen Schrecken, wenn ich meine sonst so quietschfidelen Fahrschüler kurz vor dem alles entscheidenden Moment ihrer Fahrausbildung zu Gesicht bekomme: Kreidebleich, vollkommen übernächtigt (weil man vor lauter Angst nicht schlafen konnte) und am ganzen Leib zitternd stehen sie vor mir und fragen verschreckt, ob der Prüfer denn einer von der bösen oder der lieben Sorte sei. Halten Sie mich ruhig für herzlos, aber manchmal antworte ich alter Sadist dann, dass bei diesem Prüfer noch nie ein Schüler eine Prüfung bestanden hat. Der Gesichtsausdruck, den ich dann ernte, ähnelt dem der Opfer in Horrorfilmen, wenn auf einmal der Sensenmann vor ihnen steht und fragt, ob sie denn nun erschossen, erwürgt oder erdolcht werden wollen. Keine Angst, ich nehme das Opfer, äh, den Schüler dann immer lachend in den Arm und sage ihm, dass ich ihn gerade auf selbigen genommen habe. Wirkt Wunder. Die Schüler lächeln dann erleichtert, und schon fällt ein bisschen Anspannung ab.

Aber woher kommt sie eigentlich, diese Anspannung, diese Nervosität, diese Angst – Tschuldigung, stimmt, wir hatten uns ja auf die Vorstufe zum Kollaps geeinigt. Nun, woher rührt dieses überwältigende und alles in seinen Bann ziehende Gefühl? Mit 100-prozentiger Gewissheit kann ich es leider nicht sagen, obwohl ich selbst einer der größten Prüfungsschisser auf Gottes weiter Welt bin (ja, Sie haben richtig gelesen). Ich selbst habe vor allen meinen Fahrprüfungen für die jeweilige Führerscheinklasse und den Fahrlehrerprüfungen Blut und Wasser geschwitzt und mich einen Tag davor nur von Espresso oder Kamillentee ernährt – manchmal von beidem gleichzeitig, was zu schrumpfenden Toilettenpapierbeständen in unserem Haus führte. Und wenn ich ehrlich bin: Noch heute habe ich vor den Prüfungen meiner Schüler ein leicht flaues Gefühl in der Magengrube – nennen Sie es Empathie, nennen Sie es beruflichen Ehrgeiz, nennen Sie mich unverbesserlich, aber ich glaube, dass man in dem Moment, wo man nicht mehr mit seinen Schülern mitfiebert, den Job an den Nagel hängen sollte. Aber ich schweife ab. Was hat so eine Prüfung also so Besonderes an sich, dass selbst die härtesten Kerle mit tellergroßen Schweißflecken unter den Achseln ins Auto oder aufs Motorrad steigen? Wie gesagt, eine allumfassende Antwort werde ich wohl schuldig bleiben müssen, aber ich versuche es trotzdem mal.

Im Gegensatz zu vielen anderen Lebenssituationen ist so eine Fahrprüfung eine endgültige Sache. Habe ich bei einer Schulaufgabe eine schlechte Zensur bekommen, kann ich ja mit einem guten Ergebnis im nächsten Test ausgleichen. Befinde ich mich bei einem Fußballspiel im Rückstand, kann ich vielleicht noch kontern. Habe ich bei einem Rennen den Start verpennt, kann ich die verlorene Zeit wieder wettmachen. Habe ich meinen Hochzeitstag vergessen – blödes Beispiel –, dann hab ich verkackt, kann das aber vielleicht mit einem Candle-Light-Dinner wieder hinbiegen. Sie wissen jetzt, was ich meine. Selbst bei der Theorieprüfung sind mir zehn Fehlerpunkte gestattet (außer, es sind zwei Fragen mit je fünf Fehlerpunkten – dann bin ich auch weg vom Fenster), um noch zu bestehen – in der praktischen Prüfung reicht »der« eine Fehler, der sofort und unwiderruflich das Ende der Fahrt bedeutet. Welche Fehler dies sind, konnte der geneigte Leser ja bereits meinem ersten Buch entnehmen, und für diejenigen, die erst mit diesem Teil in die Abgründe der Fahrausbildung gucken, nehmen wir einfach das Beispiel einer roten Ampel. »Rot ist Tod« heißt es so schön im Prüfungsjargon, und so ist es auch: Wenn ich meine Äugelein nicht aufmache und die Haltelinie überfahre, dann ist Schicht im Schacht, und alles Flehen, Winseln und Heulen hilft nix. Der Autor muss an dieser Stelle heftigst schmunzeln, und zwar in Erinnerung an einen besonders »toughen« Fahrschüler mit Oberarmen so groß wie meine Oberschenkel: Nachdem ihm in seiner Prüfungsfahrt ein ordentlicher Lapsus namens Rotlichtverstoß unterlaufen war, fing dieser Hüne an jämmerlich zu flennen: »Biiiiiiiiitte, Herr Prüfer, biiiiiiiiitte, geben Sie mir noch eine zweite Chance, biiiiiiiiitte!« Diesen Satz wiederholte er ein gutes Dutzend Mal, bevor er, nach einem Fahrerwechsel mittlerweile auf dem Beifahrersitz hockend, wie ein trotziges Kind mit der flachen Hand auf mein Armaturenbrett schlug und dabei »Nein, nein, das kann nicht sein, bitte, bitte, bitte noch eine Chance, biiiiiiiiitte« winselte – überflüssig zu erwähnen, dass sich der Prüfer natürlich nicht erweichen ließ und ich diesen Muskelprotz von da an nur noch mit abschätzigen Blicken bedachte und ihn statt wie sonst mit einem »Servus, Manuel« mit »Moin, Heulsuse« begrüßte.

Eine extrem stark ausgeprägte Form der Prüfungsangst vermutete ich bei meinem neuen Schüler Simon, der nach einer stattlichen Anzahl von nicht mehr und nicht weniger als fünf (!) nicht bestandenen praktischen Prüfungen von seiner bisherigen Fahrschule, nun ja, hinauskomplimentiert wurde, da die Kollegen dort mit ihrem Latein am Ende waren (ja, die Entfernung von Fahrschülern aus der Fahrschule ist erlaubt und durchaus nicht selten – meistens aber wegen Insubordination und nicht wegen wiederholten Misserfolges).

»20 Jahre alt, ist ein ganz Lieber, studiert im Ausland und ist immer nur in den Semesterferien da – deswegen zieht sich das auch schon so lange mit dem Führerschein. Ist bei der praktischen Prüfung schon fünfmal durchgefallen, wurde bei der anderen Fahrschule rausgeschmissen, weil die dort für ihn keinen Nerv mehr hatten. Jetzt will er einen neuen Anlauf bei uns wagen, kannst du den übernehmen?«

Nach meiner ersten Doppelstunde des Tages (mit Claudia, 59 Fahrstunden und an Prüfung war noch immer nicht zu denken) kam Noemi, unsere Bürokraft, mit diesem Briefing und der damit verbundenen Bitte auf mich zu.

Tolles Timing, dachte ich mir, noch so ein Problemkind kann ich jetzt eigentlich gar nicht gebrauchen. Zum Problemkind deklarierte ich Simon nicht deswegen, weil er durch die praktische Prüfung gefallen war. So was kann einfach passieren; ich habe schon die besten Schüler, die während ihrer Ausbildung das Erlernte sofort und fehlerfrei umgesetzt haben, in der Prüfung an einfachsten Aufgabenstellungen scheitern sehen und umgekehrt Fahrschüler ihre Prüfung bestehen sehen, die es in keiner Fahrstunde geschafft haben, fünf Minuten fehlerfrei zu fahren. Worüber ich mir viel eher Gedanken machte, war der Umstand, dass der liebe Simon schlappe fünfmal den Gang zum Schafott antreten musste. Um Ihnen, werte Leser, meine Bedenken etwas zu verdeutlichen, muss ich ein wenig aus dem Nähkästchen plaudern. Meine nachfolgende Aussage wird Ihnen jeder meiner Kollegen hinter vorgehaltener Hand und unter dem Mantel der Verschwiegenheit bestätigen – und jeder Prüfer natürlich brüsk von sich weisen, weil sie mit dem Image des harten, unerbittlichen Prüfers wenig zu tun hat: Spätestens nach dem dritten Prüfungsanlauf haben die Herrschaften der Prüforganisation in der Regel so viel Mitleid mit dem Delinquenten, dass sie die Prüfungsfahrt wie die drei berühmten Affen absolvieren: Nichts Böses sehen, nichts Böses hören, nichts Böses sagen – will, etwas überspitzt, heißen: Solange der Schüler niemanden verletzt oder tötet, es zu keinen Feindberührungen mit anderen Fahrzeugen kommt und er artig an roten Ampeln und Stopp-Schildern stehen bleibt, wird über alle sonstigen Fehler, die ihm unterlaufen, milde hinweggesehen. Denn auch wenn man es nicht glauben mag, Prüfer sind tatsächlich Menschen wie du und ich, die sehr genau wissen, welche Strapazen und Torturen man erleiden musste, wenn man zum dritten Mal bei der praktischen Prüfung antritt – und lassen deswegen oftmals Gnade vor Recht ergehen, indem sie beide Augen zudrücken. Klar, wer mit 100 Sachen durch die 30er-Zone donnert, bekommt selbst in seiner zwölften Prüfung den Lappen nicht ausgehändigt, aber die Wahrscheinlichkeit, solch einen Hornochsen als Prüfling zu haben, ist eher gering.

Vielleicht verstehen Sie jetzt die Kopfschmerzen, die sich nach und nach in meinem Kopf ausbreiteten. Was um alles in der Welt hatte der Bursche denn angerichtet, dass über seine fahrerische Leistung fünfmal der Daumen gesenkt wurde? War er in ein Altersheim gerast und hatte Gevatter Tod etwas Arbeit abgenommen? Hatte er dem Prüfer ins Gesicht gespuckt oder dessen Tochter geschwängert? Fragen über Fragen, welche mich aber, ich muss es gestehen, neugierig machten. Und nachdem Noemi ihren unter uns Kollegen berühmt-berüchtigten Dackelblick aufgesetzt hatte und mir dafür bei der nächsten Prüfung einen der begehrten Vormittagsplätze versprochen hatte (eine der wirkungsvollsten Bestechungsmethoden bei Fahrlehrern, weil man dann weniger warten muss und früher Feierabend machen kann), sagte ich zähneknirschend zu.

»Super, Andi, Prüfung nächste Woche, ruf ihn gleich mal an und mach ein paar Stunden aus, okay?«, grinste sie mich an, endlos dankbar, dass sie endlich einen Trottel gefunden hatte (wie ich später erfahren sollte, hatten zuvor schon Hans und Schorsch dankend abgelehnt, trotz der Aussicht auf einen frühen Prüfungstermin).

Am nächsten Tag kam Simon zum vereinbarten Zeitpunkt zur Fahrschule. Er machte einen sehr netten Eindruck und begrüßte mich mit den Worten: »Du bist also der Engel, der sich meiner erbarmt?!« Das Wort »erbarmen« ließ mir das Blut in den Adern gefrieren, auf was in Gottes Namen hatte ich mich da wohl eingelassen?

»Simon, du hast Glück, der Andi ist einer der besten Fahrlehrer der Stadt«, schleimte Noemi, wohl wissend, dass derartige Aussagen die Motivation eines Fahrlehrers bei so einem Schüler wie Simon durchaus steigern können.

»Gut, dann packen wir es mal an«, lächelte ich Simon leicht verkrampft zu.

»Moment, ich muss ja noch bezahlen!«, empörte er sich, was ihn in meinem Sympathie-Ranking sehr nach oben hievte. In letzter Zeit hatten wir mehr und mehr den Charakter eines Kreditinstituts angenommen. Fahrschüler vereinbarten Fahrstunde um Fahrstunde, und das Bezahlen war die herrlichste Nebensache der Welt. Bis heute bin ich noch immer auf der Suche nach einem Dönerladen, bei dem ich mein Fleischbrötchen mit Grünzeug zum sofortigen Verzehr mit einem Zahlungsziel von acht Wochen erwerben kann. Mein Dönerverkäufer würde mich wohl sehr schief anschauen und mich fragen, ob ich bei der letzten Motorradschulung zu lange in der prallen Sonne gestanden habe.

Nachdem Simon also seine 78 Euro für eine Doppelstunde bezahlt hatte, ging es frisch ans Werk. Zuerst wollte ich ihn mal etwas warmfahren lassen, um dann an der Spirale des Grauens zu drehen. Während Simon sich Sitz und Spiegel einstellte, blickte ich auf die Uhr im Fahrschulauto; sie zeigte 10.45 Uhr.

Um 10.56 Uhr hegte ich ernste Zweifel daran, ob Noemi Simon mit jemand anderem verwechselt hatte. Simon fuhr dermaßen routiniert und souverän, dass ich mir geradezu fehl am Platze vorkam. Die ersten, etwas heikleren Ecken mit versteckten Rechts-vor-links-Einmündungen, hatte er mit Bravour gemeistert, die Verkehrsbeobachtung beim Fahrstreifenwechsel und beim Abbiegen verdienten das Prädikat »top«.

Als die Uhr 11.10 Uhr anzeigte, wähnte ich mich im Urlaub. Wir fuhren auf die Autobahn, Simon beschleunigte wie ein Rennfahrer aus der Boxengasse heraus und hielt sich eisern an das Rechtsfahrgebot. Manchmal kann der Job echt relaxt sein.

So, auf der Autobahn hatte ich genug gesehen. »An der nächsten Ausfahrt verlassen wir die Autobahn wieder, haste gut gemacht, Junge – aber das nächste Mal versuchst du bitte, die Fahrbahnbegrenzung nicht zu berühren, was du gerade ein klein wenig gemacht hast, okay?«, beschied ich Simon. Es war 11.15 Uhr.

Simon riss das Lenkrad nach rechts, das Auto folgte dem Lenkbefehl und schwups waren wir auf dem Standstreifen, gefühlte 5,5 Zentimeter von der Leitplanke entfernt. Ich griff ins Lenkrad und brachte uns wieder auf den rechten Fahrstreifen. »Bist du denn des Wahnsinns fette Beute? Du kannst doch nicht auf dem Standstreifen fahren! 300 Meter Bake abwarten, rechts blinken, im flachen Winkel auf den Verzögerungsstreifen, runter bremsen auf 50, gut isses, klar?«, herrschte ich Simon an.

Als ich keine Antwort erhielt (nicht selten bei der Schülerschaft; man hat Mist gebaut und schämt sich dann so, das es einem die Sprache verschlägt), sah ich zu ihm rüber. Simon schien mir wie in Trance. An der darauffolgenden Ampel beorderte ich ihn nach rechts und dirigierte ihn in ein Wohngebiet. Nach dem Schock erst mal wieder ein bisschen »rechts vor links« üben lassen. Also runter von der Hauptstraße nach rechts in die Tempo-30-Zone mit gut ausgebauten Straßen. Hier muss den Städte- und Verkehrsplanern mal Tribut gezollt werden: Beschilderung, Markierungen und Parkregelungen waren wirklich gut und sinnvoll gemacht, so, wie es sogar in der Verwaltungsvorschrift der Straßenverkehrsordnung unter Paragraf 8 Absatz 1 vorgeschrieben ist: »Kreuzungen und Einmündungen sollten auch für den Ortsfremden schon durch ihre bauliche Beschaffenheit erkennbar sein«. Und so war es auch in diesem Viertel – hier etwas zu übersehen war schier unmöglich.

Tempo 30 erlaubt, Simon beschleunigte auf 45 km/h. Sofort bremste ich mit meinem Doppelpedal auf 30 herunter, doch bevor ich ihn fragen konnte, ob er das Schild nicht gesehen habe, flogen wir geradezu über die nächsten zwei Rechts-vor-links-Einmündungen. Mir blieb die Spucke weg: Vor weniger als 25 Minuten hatte dieser Kerl jedes Ministräßchen entdeckt, jetzt übersah er Straßen, die so groß waren, dass ein ganzes Panzer-Bataillon nebeneinander Platz hatte.

Ich ließ ihn einparken, oder zumindest das, was er zu diesem Zeitpunkt darunter verstand, und das Auto parkfertig abstellen – und wieder so, wie er es zu diesem Zeitpunkt für richtig hielt: fünften Gang einlegen, Fuß ruckartig von der Kupplung nehmen und damit den Motor abwürgen (aus war dieser jetzt immerhin), Schlüssel abziehen. Richtig wäre gewesen: Handbremse anziehen, den ersten Gang einlegen, Motor aus, Schlüssel abziehen, Lenkradschloss einrasten lassen. Wir stiegen sodann aus und stellten uns in die frühsommerliche Sonne, um ein wenig Frischluft zu tanken.

»Mann, was war das denn eben?«, begann ich das investigative Lehrer-Schüler-Gespräch.

»So ist das immer bei mir«, antwortete Simon sichtlich desillusioniert.

»Was ist immer so bei dir? Zuerst brillant fahren, um dann abzuloosen?«, fragte ich ungläubig nach.

»Na ja, brillant fahren ist ja jetzt wohl ein bisschen übertrieben, oder?«

»Nee, überhaupt nicht. Du bist prima unterwegs gewesen, bis dir der kleine Lapsus mit der Linie passiert ist!«

»Aber damit hab ich doch einen Fehler gemacht …«, begann er zu schluchzen, und eine fette Träne kullerte seine Wange hinunter.

»Junge, was geht denn bei dir ab?«, fragte ich schockiert und griff nach einem Taschentuch.

»Ich hab doch auf dem Beschleunigungsstreifen die Fahrbahnbegrenzung touchiert!«, konnte er noch mühevoll herauspressen, bevor ein regelrechtes Tränenrinnsal seinen Weg zum Boden suchte.

Ich ließ ihn erst mal ausheulen. Wie ein Häufchen Elend saß er auf dem Bordstein, während ich mir so meine Gedanken machte.

Der saß jetzt wirklich da und machte der Donau Konkurrenz, nur weil er ein bisschen die Linie berührt hatte? Als er sich wieder einigermaßen gefangen hatte, versuchte ich, der Sache weiter auf den Grund zu gehen.

»Sach mal Simon, auch ich bekomme mal feuchte Augen, aber doch nicht wegen so einem Pillepalle, weswegen du jetzt heulst wie ein Schlosshund - was ist denn los mit dir?«

Und schon sprudelte es aus Simon heraus - nein, nicht weitere Tränen, sondern Worte, mit denen er mir eine Viertelstunde seine Misere erklärte, die ich in einem Wort zusammenfassen kann: Fehlerintoleranz!

Möglichst keine Fehler machen zu wollen ist ja per se eine tolle Sache, erst recht beim Autofahren - immerhin ist man mit einem potenziellen Mordinstrument unterwegs, welches gekonnt und verantwortungsvoll genutzt werden will, um eben nicht zu einer Todeswaffe zu mutieren. Das Problem bei der Fehlerintoleranz ist jedoch, dass es des Guten schlicht zu viel ist, was sich ein Fahrschüler (korrekt wäre hier eigentlich der Plural, denn von den fehlerintoleranten Fahrschülern gibt es mehr, als man glauben mag) vornimmt und zumutet.

Weder Fahrlehrer noch Fahrprüfer erwarten von einem Führerscheinaspiranten, der am Ende seiner Ausbildung im Durchschnitt stundenmäßig weniger als einen ganzen Kalendertag am Stück gefahren ist, dass er der perfekte Alleskönner ist. Nicht umsonst sind die Prüfer auch angewiesen, Vorschriften nicht kleinlich auszulegen, sondern auch positiven Leistungen und der Prüfungssituation in ihrem Urteil Rechnung zu tragen. Mit dieser Erklärung versuche ich, meine fehlerintoleranten Schüler ein wenig zu norden, was bei manchen Schülern auch klappt, erst recht, wenn ich zu meinem Schlusswort komme: »Merk dir: Aus einem verzagten Arsch kommt kein fröhlicher Furz!«

Wie gesagt, bei manchen hilft's. Bei anderen, wie beispielsweise Simon, ist das Ganze nicht mit ein paar Erläuterungen und einem lockeren Spruch getan, weil diese Fehlerintoleranz fest im Bewusstsein verankert ist, da man von Kindesbeinen an damit erzogen wurde. Bei Simon ging das schon im Kindergarten los, steigerte sich dann in der Grundschule und erfuhr die höchste Eskalationsstufe in einem Internat. Ich möchte Ihnen und auch mir an dieser Stelle ausschweifende Details ersparen – als Familienvater nahmen und nehmen mich die Erzählungen von Simons harter Kindheit zu sehr mit. Damit Sie sich in etwa ein Bild von seiner Kindheit machen können, vielleicht nur so viel: Im zarten Grundschulalter musste Simon auf Geheiß seiner Mutter sein komplettes Deutschheft noch mal abschreiben, weil er auf dessen vorletzter Seite einen Fehler im Satzbau hatte. Beim Klavierunterricht gab's vom Herrn Vater stets was mit dem Taktstock auf die Finger, wenn sich der Sohnemann verspielte. Und im Internat war man der Meinung, dass ein kleiner Klaps auf den Hinterkopf das Denkvermögen anregen würde; nach Simons Beschreibung hätten diese »Klapse« in Deutschland den Straftatbestand der schweren Körperverletzung erfüllt. Und auf meine Frage, welche Sanktionen Simon auferlegt bekam, nachdem er fünfmal durch die Führerscheinprüfung gerasselt war, bekam ich als Antwort nur betretenes Schweigen, was Antwort genug war. Lange Rede, kurzer Sinn: Ein Aufenthalt in einem sibirischen Straflager war im Vergleich zu Simons bisherigem Leben ein wahrer All-inclusive-Urlaub.

»Gibt's für diese Erziehungsmethoden deiner Eltern eigentlich irgendeine Veranlassung? Sollst du Karriere beim Militär machen, oder was?«, fragte ich ihn, nach Fassung ringend.

»Nee, ich soll Papas Laden mal übernehmen«, antwortete der Bub wenig euphorisch.

»Und was ist das für ein Laden? Einer für Sadomaso-Spielzeug?«, ätzte ich.

»Mein Nachname sagt dir nichts?«, überhörte er meinen zynischen Witz – und mir gefror schlagartig das Blut in den Adern. Seinen Nachnamen hatte ich zwar vernommen, aber nicht in Zusammenhang mit diesem »Laden« gebracht. »Laden« war eine wundervoll untertriebene Beschreibung für dieses Imperium, welches sein Vater im Laufe der Zeit mit sehr viel Disziplin, Ehrgeiz und einer gehörigen Portion Fehlerintoleranz geschaffen hatte. Aus datenschutzrechtlichen Gründen (und weil ich mich nicht um Kopf und Kragen schreiben möchte) sei nur so viel verraten: Jeder kennt Simons Vater und sein Unternehmen. Nicht zwangsläufig wegen dem, was dieser umtriebige Konzern so alles macht, sondern vielleicht auch nur deswegen, weil der Big Boss und seine Manager für ihr hartes Regiment innerhalb dieses Firmenkonglomerats berühmt und berüchtigt sind.

Da saßen wir nun, das kleine Häufchen Elend und meine Wenigkeit. Was war zu tun, um Simons Perfektionismus respektive Fehlerintoleranz Herr zu werden? Richtig: ihm vor Augen führen, dass es keine Perfektion gibt.

»Haste mal Fußball gespielt?«, fragte ich Simon.

»Ja. Spiel ich immer noch.«

»Und – triffst du bei jedem Schuss ins Tor?«

»Natürlich nicht! Sonst wäre ich ja nicht auf der Uni, sondern Profi!«

»Aha. Wenn ein Profi also aufs Tor schießt, geht der Ball zwangsläufig immer ins Netz?!«

»Natürlich auch nicht!«

»Hast du schon mal einen Fußballprofi weinend vom Spielfeld rennen und seine Schuhe an den Nagel hängen sehen, nur weil er das Tor nicht getroffen hat?«

»Nee …«

»Was macht er stattdessen?«

»Weiterspielen …«

»… und es beim nächsten Mal besser machen, oder?«

»Hm …«

»Simon, du musst sowohl diese Fehlerintoleranz und den bei dir damit einhergehenden Dominoeffekt aus deinem Leben verbannen – zumindest solange du Fahrstunden hast. Du zerbrichst mir ja an deinem von dir selbst erzeugten Druck …«

»Sorry, dass ich dich unterbreche – aber was ist ein Dominoeffekt?«, fiel er mir ins Wort.

Ich klärte Simon auf. »Dominoeffekt« oder »Kartenhauseffekt« nennen wir Fahrlehrer Situationen, wo aus einem gleich mehrere Fehler entstehen, will heißen: Wenn ein Stein fällt, dann fallen alle anderen auch, und wenn ein Kärtchen aus dem Kartenhaus entfernt wird, dann kracht das ganze Haus zusammen. In der Regel resultiert das daraus, dass die Fahrschüler so lange über ihren soeben begangenen Fehler sinnieren, dass sie die Welt (und vor allem den Verkehr und dessen Regeln) um sich herum vollkommen vergessen. Ein Beispiel, dem ich unlängst beiwohnen durfte (respektive musste): Ein Schüler kam in seiner Prüfung dem ruhenden Verkehr zu seiner Rechten etwas nahe. Nicht bedrohlich, aber deutlich. Das zischende Einatmen des Prüfers ob dieser Situation sorgte bei meinem Schüler dafür, dass er binnen weniger Sekunden zuerst das Lenkrad so rabiat nach links riss, dass er fast im Gegenverkehr gelandet wäre, dann das Lenkrad wieder nach rechts riss und somit fast den Bordstein gerammt hätte, und dann zum Abschluss das Gas- mit dem Bremspedal verwechselte und mit Lichtgeschwindigkeit durch den verkehrsberuhigten Bereich schoss. Und der Witz an der Sache ist, dass das fehlerhafte Abstandhalten, der erste Dominostein, ein sogenannter »wiederholbarer Fehler« ist, der allein nicht zum Durchfallen geführt hätte – die anderen Dominosteine brachen ihm jedoch das Genick.

»Ohne dass ich den Verlauf deiner letzten Prüfungsfahrten kenne, so könnte ich doch meinen Arsch drauf verwetten, dass es dir ähnlich ergangen ist, oder?«, sah ich zu Simon und bekam ein Nicken als Antwort.

»Gut – dann operieren wir dir das jetzt raus. Einmal schnäuzen und dann geht's weiter«, gab ich das Kommando zur Weiterfahrt, wohl wissend, dass diese ab sofort anders zu laufen hatte als sonst üblich. Denn zu meinem Job als Fahrlehrer hatte ich jetzt noch einen Nebenjob als Seelenmasseur, um Simon für den Straßenverkehr zu konditionieren. Bei jedem Fehler, bei jeder Unregelmäßigkeit im Fahrverhalten würde ich ihn jetzt weder tadeln oder ermahnen dürfen, sondern zum Durchschnaufen und Weitermachen animieren müssen – und für jede gut gemachte Sache loben, loben, loben …

Das »aufbauende Fahrlehrerverhalten«, garniert mit sehr viel Hätscheln und Tätscheln, und die vielen Fahr- und Verschnaufpausen zeigten bei Simon Wirkung. Der Junge wurde von Minute zu Minute und von Stunde zu Stunde lockerer, was man an seiner immer unverkrampfteren Körperhaltung und seinem nicht mehr ganz so selbstzerstörerischen Umgang mit kleinen Fehlern bemerkte.

Als ich das Gefühl hatte, dass Simon wegen unterlassenen Blinkens und leichten Touchierens von Fahrbahnmarkierungen keinen Suizid mehr begehen würde, also mental reif für die Prüfung war, setzte ich ihn auf die Prüfungsliste – und bereute es eine Woche später brutal.

Nein, nicht dass ich ihn auf die Prüfungsliste gesetzt hatte, stabil genug war er ja zwischenzeitlich meiner Meinung nach; nein, ich bereute, dass ich die Spirale seiner Fehlerintoleranz nach unten und nicht weiter nach oben gedreht hatte – unser Prüfer sollte nämlich Herr Niedereder sein. Kennen Sie nicht? Dann werden Sie ihn jetzt kennenlernen, den Master of Fehlerintoleranz, im Kollegenkreis auch gerne das »fette Fallbeil« genannt. Meine Güte, wenn der Typ so fair wie fett wäre, dann würde der Job viel mehr Freude machen – aber der Reihe nach.

Mit allen, aber wirklich allen Prüfern pflegte ich bis dato ein wunderbares Verhältnis, aber wenn dieser Typ in meiner Karre saß, ballte ich meine Fäuste dermaßen, dass die Knöchel weiß wurden. Bei allen Prüfern lag meine Erfolgsquote immer zwischen 80 und 90 Prozent, hatte ich aber Prüfungen mit unserem circa 500 Pfund schweren Niedereder, bekam nicht nur mein Auto Schlagseite, sondern auch meine Erfolgsquote. Einmal an der falschen Stelle geat-

»Und wenn Sie das nächste Mal 'ner Schülerin den Garaus machen wollen, dann machen Sie das gefälligst hier in der Nähe – das erspart mir die Fahrzeit und Ihre Anwesenheit«

met oder geblinzelt – zack, schon war's das mit der Prüfung. Klingt übertrieben, war aber so. Bei meinem Chef Hans ging er wirklich mal so weit, dass er eine Schülerin durchfallen ließ, weil sie sich höflicherweise beim Niesen die Hand vor den Mund hielt – und sie somit »ja nicht beide Hände am Lenkrad hatte«!

Woher dieses pedantische Verhalten kam? Wir Fahrlehrer tippten auf seine vorherige Karriere bei der Bundeswehr, wo er allen Neuzugängen die Hammelbeine lang zog, wenn sie nicht spurten. In der Tat konnte man sich gut vorstellen, wie er mit seiner Fehlerintoleranz durch die Stube marschierte und jeden Gefreiten, der seine Socken oder Bettlaken nicht ordentlich gefaltet hatte, so klein machte, bis dieser mit einem Fallschirm von der Teppichkante springen konnte. Alles in allem also ein höchst unangenehmer Zeitgenosse. So unangenehm, dass ich während der Prüfungsfahrten kein einziges Wort mit ihm wechselte, was eigentlich nicht Usus ist. Fahrlehrer und Fahrprüfer halten immer ein bisschen Small Talk, um eine angenehme Prüfungsatmosphäre zu schaffen (glauben Sie mir: Sie wollen als Prüfling keine »schweigende« Prüfungsfahrt haben – pure Folter!). Meine Schüler hatten es bei Niedereder also doppelt schwer (genauso wie mein Auto): auf der einen Seite keine angenehme Prüfungsatmosphäre, auf der anderen einen fehlerintoleranten und sadistisch veranlagten Prüfer. Letzteres war auch der Grund, warum Simon meiner Meinung nach nicht nur mit einer ruhigen, sondern mit einer miesen Atmosphäre rechnen musste.

Meine letzte Prüfungsfahrt mit der fetten Qualle Niedereder endete nämlich ganz und gar unharmonisch. Er ließ meine damalige Schülerin ewig durch die Walachei außerhalb unseres Prüfgebiets gondeln, nur um sie zu einem Verkehrsverbotsschild zu führen (sämtliche Verbotsschilder in unserem Prüfgebiet kannte ich dank ihm bereits – dieses noch nicht) und zu prüfen, ob sie es sah. Was sie nicht tat. Nachdem ich kurz vor dem Schild mittels Bremseingriff die Prüfung beenden musste, brach das Mädel in Tränen aus und war somit nicht mehr fahrtüchtig. Ich musste somit als

Chauffeur für den Rückweg herhalten, welcher volle 20 Minuten in Anspruch nahm.

»Und wenn Sie das nächste Mal 'ner Schülerin den Garaus machen wollen, dann machen Sie das gefälligst hier in der Nähe – das erspart mir die Fahrzeit und Ihre Anwesenheit«, blaffte ich ihn an, als wir wieder bei der Fahrschule angekommen waren.

»Werden Sie mal nicht frech, Sie Wicht, was bilden Sie sich ein? Wissen Sie nicht, wen Sie vor sich haben?«, plusterte er sich auf, was mir Sorgen machte; wenn der jetzt mit seiner schieren Masse im Auto explodiert wäre, dann hätte das 'ne ordentliche Sauerei gegeben …

»Ich weiß es – und es passt zu dem, was ich sehe«, antwortete ich zum Abschied so doppeldeutig, dass es schon wieder eindeutig war. »So ein fettes Schwein«, schniefte meine Schülerin, nachdem wir außerhalb seiner Hörweite waren, und hatte damit den Nagel auf den Kopf getroffen.

Simon hatte also die Arschkarte gezogen. Ein scharfer Prüfer, der wahrscheinlich auch scharf darauf war, mir für meine verbale Entgleisung bei der letzten Prüfung eins vor den Latz zu knallen – meine Fresse, der Junge würde aus dem Heulen gar nicht mehr rauskommen und zu Hause wahrscheinlich geköpft werden ob der Schmach, die er mit sechs nicht bestandenen Prüfungen über diese fehlerintolerante Familie gebracht hatte. Na denn, auf zum Schafott …

Niedereder begrüßte mich überraschend freundlich. Komisch. Hatte er unser verbales Gefecht vergessen? Schwer vorstellbar. Nachdem seine Statur der eines Elefanten glich, ging ich davon aus, dass er auch das Gedächtnis dieses Tieres hatte. Wollte er mich in Sicherheit wiegen? War das die Ruhe vor dem großen Sturm? Schon eher. Als ich neben Simon Platz nahm und Niedereder sich hinter mir in den Sitz gequetscht hatte, schoss mir unweigerlich das Beispiel mit der Schlange und dem Kaninchen durch den Kopf.

Die Fahrt ging los, und Simon fuhr eine halbe Stunde geradezu mustergültig. Innerorts hatte Niedereder bereits alle relevanten

Dinge geprüft, außerorts waren wir einer kurvigen Landstraße geschmeidig gefolgt und schwungvoll auf der Autobahn unterwegs gewesen – alles erste Sahne!

Mach weiter so, Simon, durchhalten, cool bleiben, betete ich so vor mich hin, bis Niedereder Simon erneut auf einen Autobahnzubringer dirigierte – und aus dem Gebet wurde ein Stoßgebet, auf dass wir nicht aus der Kurve fliegen mögen!

»Junger Mann, Sie können doch nicht vor einer Kurve mit der Beschleunigung beginnen – das macht man erst auf dem Beschleunigungsstreifen!«, ermahnte Niedereder Simon.

Sie können sich wohl denken, wie die Prüfung weiter verlief: Simon wurde zappelig, und ich startete meinen inneren Countdown: fünf, vier, drei, zwei, eins …

»Das Ding hier heißt B-e-s-c-h-l-e-u-n-i-g-u-n-g-s-streifen, nicht Kriechstreifen! Geben Sie Gas, Mann!«, herrschte Niedereder den eben noch zu schnellen und jetzt zu langsamen Simon an, welcher sofort das Gaspedal bis zum Bodenblech durchdrückte. Trotz Niedereders immensen Gewichts auf der Hinterachse beschleunigten wir wie der Teufel auf die Autobahn und schossen auf der rechten Spur an allen Mittelspurschleichern vorbei.

»Seit wann darf man denn auf der Autobahn rechts überholen? Geht's noch? Fahren Sie mal da vorne bei dem Rastplatz raus!«, tobte Niedereder.

Simon fuhr auf den Rastplatz. Nachdem wir mit Hängen und Würgen in der Lücke standen, sagte Niedereder zu ihm: »Steigen Sie jetzt mal kurz aus, ich muss mal mit Ihrem Fahrlehrer ein paar Worte unter vier Augen wechseln.« Simon verließ das Auto und das Jüngste Gericht begann: »Sagen Sie mal, was stellen Sie denn hier für 'ne Pfeife vor?«, ging mich Niedereder in altbekannter Manie an. »Ist das ein lebender Nachfahre von Dr. Jekyll und Mr. Hyde?« Er bekam von mir eine Kurzfassung meiner bisherigen Erlebnisse mit Simon und dessen Fehlerintoleranz. Natürlich drückte ich noch ein wenig auf die Tränendrüse (versuchen kann man es ja mal) und erzählte ihm, was Simon mir zu Beginn unseres Zusammenwirkens auf die Frage antwortete, warum er denn so eine Fehlerintoleranz habe – Stichwort »Erziehung« im Kindergarten, Grundschule, Internat, Klavierunterricht – und Elternhaus.

»Dieser Menschenschinder ist sein Vater? Diese arme Sau«, bemitleidete Niedereder seinen Prüfling, nachdem ich ihm von dessen Abstammung berichtet hatte. »Holen Sie die Pfeife wieder rein!«

Als Simon wieder Platz genommen hatte, machte Niedereder folgende Ansage: »Hören Sie mal, junger Mann, ich will Ihnen ja wirklich helfen, dass sie im sechsten Anlauf den Lappen bekommen. Können wir uns darauf einigen, dass Sie jetzt wenigstens noch zehn Minuten durchhalten und so wie in der ersten halben Stunde fahren? Dann drücke ich auch ausnahmsweise ein Auge zu und vergesse, was in den letzten fünf Minuten geschehen ist!«

Ich konnte es nicht glauben! War Niedereder einem Samariterbund beigetreten, ohne dass ich davon wusste? Hatte er doch ein Herz?

Wir fuhren also weiter, und nach zehn reellen und gefühlten 60 Minuten kamen wir wieder an der Fahrschule an.

»Ich hoffe, ich mache jetzt keinen Fehler«, begann Niedereder einen seiner beliebten Monologe, »aber Sie haben heute niemanden totgefahren oder schwer verletzt, und ich hoffe, dass das auch so bleibt, wenn Sie heute Ihren Schein bekommen, verstanden?!«

Ich weiß nicht, ob die anderen auch diesen Schlag hörten, als meine Kinnlade auf das Bodenblech herunterfiel, Simon wohl eher nicht, denn er stieß einen Jubelschrei der Kategorie »Siegestor in der 90. Minute« aus. Fast wäre mir Niedereder sympathisch geworden, aber als Simon seinen Jubel draußen weiter zelebrierte und ich mit Niedereder alleine im Auto saß, herrschte dieser mich an: »Nur damit Sie es wissen: Dieser junge Mann war Ihr Freischuss für dieses Jahr! Ich will mir von ihnen nicht nachsagen lassen, dass ich es drauf anlege, die Schüler zu quälen und durchfallen zu lassen. Jetzt ist jeglicher Kredit aufgebraucht, alle Almosen sind verteilt. Wenn das nächste Mal einer Ihrer Schüler nur falsch blinzelt, dann ist die Prüfung ratzfatz vorbei! Haben Sie verstanden, Sie Hungerhaken?«

Meine Schlagfertigkeit ließ mich aufgrund der Wucht von Niedereders Ansage im Stich. Ich nickte stumm und stieg mit Niedereder aus dem Wagen, wo mir Simon in die Arme sprang und mich fragte, ob er mich küssen dürfe – was ich ihm verwehrte.

»Am Ende kriegt halt doch jeder seinen Führerschein«, resümierte mein Chef Hans, nachdem ich ihm fernmündlich mitgeteilt hatte, dass wir in der Fahrschule ab sofort eine Herausforderung weniger hatten. Recht hat er.

Erster Nachtrag: Die nächsten beiden Prüftermine mit Herrn Niedereder endeten für die Fahrschule wenig glorreich.

Zweiter Nachtrag: Simon ist nicht in die Fußstapfen seines Vaters getreten und hat dessen Imperium eine große Nachfolgediskussion verschafft. Er fährt jetzt in einer deutschen Großstadt Rikscha und zeigt Touristen Sehenswürdigkeiten – und ich bin mir sehr sicher, dass er das so gut, penibel und akkurat wie kein anderer macht.

10. KAPITEL

KRISTINA

FALLENTINSTAG

Als wir an der ersten roten Ampel zum Stehen kamen drehte ich mich nach hinten um und schrie sie an: »KRISTINA, ICH BEKOMME KEINE LUFT MEHR!«

Kristinas Arme hatten sich fest um meinen Bauch geschlungen, ach was, verschraubt. Schon als wir vor der Fahrschule auf das Motorrad gestiegen waren. Als wir losfuhren, sie auf dem Soziussitz hinter mir, stieß sie schon den ersten spitzen Angstschrei aus.

Was sich solche Leute denken, wenn sie sich für den Motorradführerschein anmelden, wird mir auf ewig ein Rätsel bleiben. Vielleicht sind es die bunten Bilder, die man in Motorradzeitschriften sieht, die einem eine Leichtigkeit des Seins vorgaukeln, wie sie sich vielleicht nach fünf oder zehn Jahren einstellt, aber bis dahin ist es ein langer Weg; für einige vielleicht ein zu langer.

Als wir nach zwei Kilometern und 19 Schreiattacken endlich auf dem Übungsplatz ankamen, erklärte ich Kristina erst mal die wichtigsten Bedienungseinrichtungen an der Maschine. Als ich fertig war, fragte ich sie, ob sie denn alles verstanden hätte. Nein, sagte sie, mit dem Helm auf dem Kopf könne sie kein Wort hören. Ich muss geguckt haben wie ein zorniger Stier, denn sie nahm den Helm sofort von ihrem rothaarigen Kopf und lächelte peinlich berührt. Nachdem ich den ganzen Sing-Sang wiederholt hatte (auch wenn sie immer nickte, verstanden hatte sie, glaube ich, gar nichts), gingen wir zur ersten Trockenübung über.

Im Gegensatz zum Autoführerschein, wo nach der Erläuterung der Bedienungseinrichtungen dann auch schon die ersten Anfahr- und Anhalteübungen beginnen, werden beim Motorrad erst mal sogenannte Balanceübungen gemacht. Dabei soll der Schüler ein Gefühl für das Gewicht und das Verhalten des Motorrades bekommen. Die Maschine zur Seite neigen, ein paar Meter vor- und zurückschieben, eine »Acht« schieben, einen Kreis schieben und dann abbremsen, um zu merken, dass man beim Bremsen in der Kurve schnell auf die Fresse fliegen kann, ja all das muss ein Schüler idealerweise machen, bevor der Motor angelassen wird. Kristina tat dies so weit alles zu meiner Zufriedenheit, auch wenn ich schon merkte, dass sie aufgrund ihrer Statur wohl nicht den Kaufvertrag für ein Tourenmotorrad mit 300 Kilo Leergewicht, auch Reisedampfer genannt, unterschreiben würde. Wohl eher für einen Roller, wie ich mit Erschrecken feststellen musste, als sie sich einige Minuten später zum ersten Mal auf das Motorrad setzte. Mit ihren 1,55 Meter Körpergröße war es schier unmöglich, mehr als den großen Zeh auf den Boden zu bekommen. Es bestand somit die Gefahr, dass jedes Anhalten gleichzeitig mit einem Umfallen verbunden war, es sei denn, Kristina hätte einen Zeh der Größe XXL, was dem Augenschein nach wohl eher nicht der Fall war.

Also schwupp die Sitzbank niedriger gestellt (dem Herrgott sei für diese Erfindung gedankt), und schon hatte Kristina wieder sicheren Boden unter den Füßchen. Es folgte Stufe zwei: Motorrad stabil halten. Eine Übung, die in der Regel schneller vorbei ist, als man sie erklären kann: Der Fahrlehrer stellt sich hinter das Motorrad, hält es an den Haltegriffen für den Sozius fest und schiebt den Schüler ein paar Meter. Der Schüler kann sich auf das Festhalten des Lenkers konzentrieren und bekommt gleichzeitig ein Gefühl für die Masse des Krads. Jeder dürfte dieses Prozedere vom Fahrradfahren kennen, wenn Mama oder Papa bei den ersten Fahrversuchen noch assistieren.

Aber keine Regel ohne Ausnahme. Entweder konnte Kristina nicht Fahrrad fahren (eine Behauptung, der sie vehement widersprach), oder sie war mit diesen Vorgängen einfach nicht mehr vertraut, nachdem sie bereits 44 Jahre auf dem Buckel hatte und ihre Kindheit somit weit zurücklag. Die nächste Stunde lief im Prinzip wie folgt ab:

»Schön, einfach den Lenker festhalten ...«, rief ich ihr zu, während ich sie schob.

Zack – hatte sie den Lenker volle Kanne nach links gerissen. Nur mit enormer Muskelkraft konnte ich das Motorrad vom Umkippen abhalten.

»Kristina, halt doch einfach den Lenker fest!«

»Aber dann fall ich ja um!«, entgegnete sie mir.

»Nein, schau, deswegen halt ich ja die Maschine hier hinten fest!«

»Also kann ich nicht umfallen?« Ihre Stimme zitterte ein wenig.

»So wahr ich hier stehe: Nein, nein und nochmals nein!«

Auf ein Neues.

»Halten, immer schön halten ...«

Zack, Lenker nach rechts.

»Kristina, den Lenker einfach nur festhalten!!!«

»Aber ich fall doch!«

»Du fällst nicht, weil ich die Maschine festhalte! Außerdem ist nicht Fallentinstag ...«

»Valentinstag?«

»Das war ein Joke – halt den Lenker jetzt einfach gerade!«

»Du hältst mich wirklich fest?«

»Jesus, jaaaa!!«

Friss-die-Hälfte, Abnehmen im Schlaf, Ananas-Diät – vergessen Sie den ganzen Quatsch. Wenn Sie wirklich abnehmen wollen, dann werden Sie einfach Motorradfahrlehrer und schieben in voller Montur (Lederkombi und Stiefel) eine 220 Kilogramm schwere Maschine und die darauf befindliche Fahrschülerin mit einem Kampfgewicht von etwa 60 Kilogramm eine Stunde lang über den Parkplatz, idealerweise bei 30 Grad im Schatten.

Es wollte einfach nicht funktionieren. Ich redete mit Engelszungen auf sie ein, ich schrie sie an, irgendwann sagte ich auch gar nichts mehr – nichts ging mehr. Kristina konnte den Lenker keine fünf Meter weit gerade halten – und ich schob sie weiter wie bekloppt.

Natürlich blieben meine Anstrengungen auf dem von Fahrlehrern bevölkerten Übungsplatz nicht unbemerkt und schnell wurden Kristina und ich zur Zielscheibe des Gespötts.

»Hey, Kollege, übst du gerade die spritsparende Fahrweise?«

»Du, der Anlasser ist rechts, unter dem Blinker!«

»Tja, wie heißt es so schön: Wer sein Motorrad liebt, der schiebt!«

»Guter Mann, wenn du Starthilfe brauchst, sag Bescheid!«

»Muss dein Chef jetzt schon so sparen …!«

Wer solche Kollegen hat, braucht keine Feinde mehr.

War es das Sonnenlicht oder das ewige Licht, was ich sah, als ich verzweifelt gen Himmel blickte? Die obligatorische Flasche Mineralwasser hatte ich natürlich auch vergessen und die letzte Trainingseinheit in der Muckibude fand noch im alten Jahrtausend statt. Ich war fix und fertig und keuchte Kristina an, dass wir es für heute gut sein lassen würden.

»Okay, bis zum nächsten Mal, hat mir echt Spaß gemacht!«, verabschiedete sie sich von mir, als wir wieder bei der Fahrschule angekommen waren (nein, ich habe sie nicht dorthin geschoben, sondern wieder hinten auf der Maschine Platz nehmen lassen). Auch wenn ihre Worte und die roten Haare dazu passen würden, ich konnte sie mir trotzdem einfach nicht als Domina vorstellen, die ihr Studio verließ, um Fahrlehrer zu quälen …

»Hat es gerade geregnet, oder warum bist du so nass?«, fragte mich Noemi verwundert, als ich die Fahrschule wieder betrat. Gequält lächelnd und mir etwas nicht Zitierfähiges denkend ging ich in die Küche und trank erst mal eine Flasche Wasser auf ex. Danach legte ich mir notgedrungen eine neue Strategie zurecht.

Downsizing war das Gebot der Stunde, und so entschied ich mich dafür, Kristina vorerst auf einem Roller auszubilden und langsam an die schwere Maschine heranzuführen. Normalerweise wäre die nächstkleinere Einheit eine 125er mit wesentlich geringerer Sitzhöhe gewesen. Leider war diese Maschine noch in der Werkstatt, nachdem ein 16-jähriger Schüler der Meinung war, seine Bremskünste besonders imposant unter Beweis stellen zu müssen, und das Motorrad nach einem gewaltigen Überbremser im Funkenflug über den Asphalt gerauscht war.

Nachdem ich ernsthafte Bedenken ob meiner Sauerstoffzufuhr hatte, vereinbarte ich den nächsten Termin mit Kristina direkt am Übungsgelände. Sie wartete schon auf mich, als ich mit dem quietsch-gelben Roller um die Ecke bog. Halten Sie mich ruhig für einen pubertierenden Teenager, aber diese Dinger können echt Spaß machen, wenn man sie beherrscht. Und das sollte Kristina heute wohl auch gelingen, hoffte ich zumindest …

»Was soll denn das? Ein Moped hab ich auch zu Hause!«, empörte sie sich. Ein Hauch von Majestätsbeleidigung lag in der Luft, als ich auf sie zukam und sie begrüßte. Ihren echauffierten Tonfall überhörend machte ich ihr folgenden Vorschlag: »Super, Kristina, wenn du schon ein Moped zu Hause hast, dann zeig mir mal, was du draufhast. Ich möchte von dir vier Grundfahraufgaben fehlerfrei gefahren sehen, dann hole ich sofort die große Maschine aus der Fahrschule! Ist das ein Deal oder nicht?!«

»Ha!«, lachte sie kurz auf, um dann überheblich zu fragen: »Also, welche doofen Übungen soll ich machen?«

Ich hatte mich für vier von neun in der Ausbildung für Krafträder zu absolvierenden Grundfahraufgaben entschieden, welche ich zum besseren Verständnis an dieser Stelle auszugsweise kurz vorstellen möchte:

Slalom
Der Fahrschüler muss einen mit fünf Pylonen (auch Leitkegel oder Hütchen genannt) abgesteckten Slalom fahren. Der Abstand zwischen den Pylonen beträgt sieben Meter.

Fahren mit Schrittgeschwindigkeit geradeaus
Hier soll unter Beweis gestellt werden, dass man das motorisierte Zweirad unter Beibehaltung des Gleichgewichts 25 Meter geradeaus fahren kann.

Stop and Go
Der Fahrschüler muss mehrfach anfahren und anhalten. Dabei soll gezeigt werden, dass die Neigung des Motorrades bewusst erfolgt, indem zunächst zweimal der eine und dann zweimal der andere Fuß abgesetzt wird.

Kreisfahrt
Mehrfaches Kreisfahren nach links oder rechts, und zwar so, dass Schräglage erkennbar ist.

Ich möchte nicht, dass unnötig viele Bäume für dieses Buch gefällt werden müssen, deswegen lange Rede, kurzer Sinn: Keine der Übungen konnte Kristina innerhalb von 90 Minuten fehlerfrei ausführen, und mit fehlerfrei ist jetzt nicht gemeint, dass die Übungen besonders anmutig oder mit waghalsigen Schräglagen versehen sein sollten.

Hatte ich ihr nicht erklärt, dass ein Kreis rund und nicht oval ist? Hatte ich ihr nicht gesagt, dass man um die Hütchen herumfahren muss und nicht drüber? Hatte ich ihr nicht erläutert, dass sie bei Stop and Go je zweimal den linken und zweimal den rechten Fuß absetzen sollte und nicht 16mal links und viermal rechts? War ich etwa nicht neben ihr hergelaufen und hatte ihr zugerufen, dass es Schrittgeschwindigkeit hieß und nicht Renn-dir-die-Seele-aus-dem-Leib-Geschwindigkeit?

Bleib ruhig, besänftigte ich mich selbst, für ein Tötungsdelikt waren hier auf dem Parkplatz zu viele Überwachungskameras, und nach dem spektakulären Auftritt vom letzten Mal würden es die vielen Zeugen meinem Anwalt schier unmöglich machen, auf

Totschlag im Affekt zu plädieren. Ganz ungeschoren wollte ich sie jedoch auch nicht davonkommen lassen, deswegen raunte ich ihr zu: »Dafür, dass du einen Roller zu Hause hast, ist das hier aber ganz schön mau!«

»Ich bin ja noch nie mit ihm gefahren, er steht ja nur bei mir in der Garage!«, empörte sie sich ob des Vorwurfs, auf einer Talentskala von null bis zehn zwischen null und minus eins zu stehen.

»Wenn du zu mir sagst, dass du ein Moped zu Hause hast, dann gehe ich davon aus, dass du auch damit fährst«, war ich kurz vorm Explodieren. »Was bringt dir denn ein Moped, wenn du es nicht fährst?!«

Ich erhielt keine Antwort. Stattdessen fragte sie mich, sichtlich angepisst ob der heutigen Zeitverschwendung, wann wir denn wieder üben könnten. Ich antwortete ihr, dass ich mich erst mal wieder psychisch und physisch erholen müsste und wir dann weitersehen würden.

Ich sollte Kristina nie wieder sehen, denn sie nutzte meine Regenerationsphase, um die Fahrschule zu wechseln. Laut Noemi soll sie so etwas wie »der behandelt mich wie ein Baby, lässt mich nur mit dem Roller fahren« gemurmelt haben.

Etwa vier Monate später, der Sommer verabschiedete sich langsam, befand ich mich wieder auf dem Übungsgelände. Ich wiederholte mit Sarah, einem ganz lieben Mädchen und meiner morgigen Prüfungskandidatin, nochmals alle neun Grundfahraufgaben. Ein Riesengebrüll sollte meine Beobachtung von Sarah stören. Zwei Parkharfen weiter schrie ein Kollege seine Schülerin an: »Ich hab die Schnauze voll, seit drei beschissenen Monaten schieb ich dich über diesen verfluchten Parkplatz! Such dir gefälligst einen anderen Deppen für den Krampf hier!«

Als die Schülerin mit hängenden Schultern ihren Helm abnahm, konnte ich ihr Gesicht leider nicht erkennen, aber ich würde schwören, dass sie rote Haare hatte …

11. KAPITEL

ADRIAN

KLEINE SÜNDEN BESTRAFT DER LIEBE GOTT SOFORT!

Man sieht sich im Leben immer zweimal, besagt eine alte Volksweisheit. Im Verhältnis zwischen Fahrschülern und Fahrlehrern gilt diese Regel nicht immer, dazu gibt es einfach zu viele Führerscheinklassen, die erworben werden können: AM, A1, A2, A, B, BE, C1, C1E, C, CE, D1, D1E, D, DE, L, T … die Möglichkeiten der fahrerischen Entfaltung sind geradezu unendlich und deswegen sieht man sich oft drei- bis viermal im Leben.

Die nach dem Führerschein der Klasse B (für Autos) beliebteste Fahrerlaubnisklassen sind mit Sicherheit die Klassen AM, A1, A2 und A, also die Moped- beziehungsweise Motorradführerscheine. Die Gründe, warum das Motorradfahren so beliebt und der dazugehörige Lappen so gefragt ist, sind mannigfach: die Freiheit auf zwei Rädern spüren, zu einer verschworenen Gemeinschaft gehören, im Stadtverkehr besser vorwärtskommen, nie wieder einen Parkplatz suchen müssen, Beschleunigungsorgien erleben, etwas zwischen den Beinen haben, posen können … einfach herrlich!

Allerdings ist das mit dem Motorradfahren so 'ne Sache. Theoretisch darf es jeder, aber nicht jeder sollte es dürfen. Es tut mir leid, aber ich muss Sie gleich zu Anfang mit so einem Erhobener-Zeigefinger-Gequatsche langweilen: Als wäre das Motorradfahren per se noch nicht gefährlich genug (keine Knautschzone, nur zwei statt vier Räder, schmale Silhouette und somit die Gefahr, übersehen zu werden), versuchen einige Mitglieder der Zweirad fahrenden

Zunft Tag um Tag aufs Neue zu beweisen, dass die Anzahl der Pferdestärken ihrer Bikes im reziproken Verhältnis zur Anzahl ihrer Gehirnzellen steht. Und damit meine ich jetzt nicht das gelegentliche, einstellige Überschreiten der zulässigen Höchstgeschwindigkeit – so was kann im Eifer des Gefechtes mit so einem Feuerstuhl unter dem Hintern schon mal passieren. Vielmehr geht es um die Knallköpfe, denen der Kamm'sche Kreis nur noch als unverständliches Überbleibsel aus dem klassenspezifischen Theorieunterricht für Kraftradfahrer hängen geblieben ist, dessen überlebenswichtige Umsetzung im Realverkehr jedoch allzu oft unterlassen wird und zu den allseits bekannten High- oder Lowsidern, also dem klassischen In-der-Kurve-gehörig-auf-die-Fresse-Fliegen, führt.

Während der gemäßigte Biker also bei seinem sonntäglichen Ausflug kopfschüttelnd durch die Blutlache des vor dem Unfall im übertragenen Sinne und jetzt nach dem Unfall im wahrsten Sinne des Wortes hirnlosen Heizers fährt, kommt ein paar Kurven später schon das nächste Ungemach auf ihn zu, nämlich das krasse Gegenteil des sportiven Rasers: der Auto-auf-zwei-Rädern-Fahrer.

Diese possierliche Spezies der Motorradfahrer erkennt sogar der Laie auf den ersten Blick. Fangen wir mit dem Outfit an: Mindestens 5.000 Euro hat so ein Biker in seine Klamotten investiert. Verstehen Sie mich jetzt bitte nicht falsch: Die Schutzkleidung ist die Lebensversicherung eines jeden Motorradfahrers beziehungsweise seines Sozius oder seiner Sozia. Wenn man sich jedoch Kleidung zulegt, welche um 3.000 Euro über dem Ladenpreis namhafter Markenhersteller liegt, nur weil das Wappen des Motorradherstellers (welcher sich über so viel Markentreue und die damit verbundene Rendite natürlich ordentlich ins Fäustchen lacht) darauf prangt, darf sich über das ein oder andere abschätzige Lächeln der Zweirad-Kumpanen nicht wundern. Kommen wir aber nun zu der Maschine: In der Regel haben wir es hier mit sänftenartigen Produkten zu tun – groß, schwer und sehr teuer. Selten fährt so ein Fahrzeug in der Basisausstattung vom Hof des Händlers, denn der Auto-auf-zwei-

Rädern-Fahrer möchte nur äußerst ungern auf den Komfort seiner Achtzylinder-Sänfte auf vier Rädern verzichten – deswegen packt er allen erdenklichen Luxus, den er auch in seiner »Dose« (unschöner Ausdruck von Krad-Fahrern für Autos) zur Verfügung stehen hat, natürlich auch in sein Bike: elektrisch verstellbares Windschild (wer will schon auf einem Motorrad den Fahrtwind spüren?), Sitzheizung (der Popo will auch bei 14 Grad schön gewärmt sein – und im Übrigen gibt es kaum eine wirkungsvollere Verhütungsmethode als so eine eierkochende Sitzbank), beheizbare Lenkergriffe (der verdammte Fahrtwind, so kalt!), Navigationssystem (nicht der Weg ist das Ziel, sondern der Wellness-Tempel am Zielort), Traktionskontrolle (nicht der Mensch denkt, sondern der Computer) – fehlt eigentlich nur noch die Klimaanlage für besonders heiße Tage, wenn die Kühlung durch den Fahrtwind nicht ausreichend genug ist.

Und zu dieser Gruppe zählte ich spontan auch Adrian, der bei mir noch vor einigen Monaten den Autoführerschein erworben hatte und sich jetzt dem Abenteuer Motorrad hingeben wollte. Dem einen oder anderen Leser wird Adrian noch aus einer Episode meines ersten Buches bekannt sein, in der wir unseren zu Übungszwecken genutzten Parkplatz erfolgreich gegen eine Schattenparkerin verteidigten. Sehr zum Wohlgefallen von Adrian, wie sich herausstellen sollte, da auch er ein Anhänger der sonnengeschützten Parkplätze war. Sie können also sicherlich nachvollziehen, warum ich meinen Schattenparker Adrian ad hoc zu den Wohlfühl-Bikern zählte, wie auch unser erstes Gespräch bezüglich seiner Ausstattung für die Fahrstunden zeigen sollte.

»Was für Klamotten muss ich mir denn für die Ausbildung anschaffen?«, fragte mich Adrian nach der Unterzeichnung seines Ausbildungsvertrages für die Klasse A2.

»Schutzhelm, Handschuhe, eine anliegende Motorradjacke, Rückenprotektor, Motorradhose, Motorradstiefel mit Knöchelschutz«, leierte ich nicht ganz korrekt herunter. (Anmerkung des Autors: Die

Aufzählung war deshalb nicht ganz korrekt, weil es damals noch keine so strenge Vorschrift bezüglich der Hose und der Schuhe gab. Man konnte also auch in Jeans und, laut der Prüfungsrichtlinie, mit lediglich »mindestens knöchelhohem, festem Schuhwerk« antreten. Ein Umstand, den ich meinen Schülern in ihrem eigenen Sicherheitsinteresse verschwieg, und der ja inzwischen glücklicherweise geändert wurde, sodass man nur noch in voller Montur erscheinen darf.)

»Mann, das geht ja ordentlich ins Geld – kann man sich die Sachen auch ausleihen?«, versuchte Adrian ein wenig Kohle zu sparen.

»In der Tat kannst du dir bei uns Helm, Jacke, Hose und Handschuhe borgen; die Frage ist nur, ob du das willst …«, schmunzelte ich.

»Wieso?«

»Na ja, es gibt viele Schüler, die dieses kostenintensive Hobby betreiben wollen, dann aber an der falschen Stelle sparen. Auf gut Deutsch werden unsere Leihklamotten von einem Haufen Schüler durchgeschwitzt – ich würde mich ekeln …«

»Hua, ich glaube, dann kauf ich mir besser doch meine eigenen Sachen. Werde mal Opa anhauen, ob der ein bisschen Zaster vorstrecken kann«, überlegte Adrian.

»Das würde ich dir auch vorschlagen. Und sieh es mal so: Später brauchst du die Klamotten ja auch noch«, bekräftigte ich ihn in seinen Überlegungen.

Wir vereinbarten unsere erste Fahrstunde für den kommenden Samstag und legten den Termin so, dass Adrian gleich im Anschluss an seine Fahrstunde am klassenspezifischen Theorieunterricht für Krads teilnehmen konnte. Am Morgen dieses Samstags checkte ich noch mal mittels Web und Radio die Großwetterlage. Strahlender Sonnenschein bei über 30 Grad im Schatten war angesagt, und ich wusste, wie ich mich zu kleiden hatte – nämlich in T-Shirt, Jeans und Turnschuhen. Da sind Sie baff, oder? Und Sie haben ja auch recht, liebe Leser. Ein grottenschlechtes Vorbild für alle Motorradfahr-

»Wir kamen bei der Fahrschule an und betraten sie. Ich wie ein begossener Pudel, und Adrian grinsend wie ein Honigkuchenpferd.«

schüler gab ich in diesem Aufzug ab, als ich so zur Fahrstunde mit Adrian erschien. Ich weiß, dass das durch nichts zu entschuldigen ist, versuche es aber trotzdem: Mir war diese leidvolle Erfahrung mit Kristina noch zu präsent, als dass ich noch mal bei sengender Hitze und in voller Montur einen Schüler über den Übungsplatz schieben wollte. Klar, ich hätte zumindest Stiefel und Lederjacke anziehen können, aber an diesem furchtbar heißen Tag wollte ich nur meinen Helm aufsetzen und den Rest meines Körpers durch den Fahrtwind auf dem Weg zum Übungsgelände hin abkühlen.

So verdutzt, wie Sie es jetzt wahrscheinlich sind, war auch Adrian, der in voller Montur vor der Fahrschule auf mich wartete: »Fährst du in dem Outfit?«

»Ja.«

»Und warum darfst du so fahren und ich nicht?«

»Quod licet Iovi, non licet bovi!«, antwortete ich auf Lateinisch.

»Ich kann nur Französisch«, zuckte Adrian mit den Schultern.

»So siehst du aus ... Was Jupiter erlaubt ist, ist dem Ochsen noch lange nicht gestattet«, übersetzte ich frei Schnauze.

»Kannst du mal mit diesen Metaphern aufhören? Jetzt sag schon: Warum darfst du in diesen Freizeitklamotten fahren und ich nicht?«, wurde Adrian sauer.

»Weil ich schon ein Motorrad fahren kann und du halt nicht«, rückte ich in einem unnachahmlichen Anflug von Arroganz die Kräfteverhältnisse zurecht. Adrian schluckte und nahm wortlos auf dem Soziussitz Platz. Auf ging's zum Übungsgelände. Dort angekommen, erhielt Adrian erst mal eine kleine Einweisung, wo denn was am Motorrad zu finden und wie zu bedienen sei. Und obwohl ich die Maschine hierfür extra am Fahrbahnrand unter einen Schatten spendenden Baum gestellt hatte, sah ich auf Adrians Stirn schon die ersten Schweißperlen stehen. Und aus diesen Perlen sollten bald regelrechte Rinnsale werden ...

Es liegt in der Natur der Sache, dass ein Fahrschüler selten in seiner ersten Fahrstunde schon Grundfahraufgaben absolviert, die mit 50 Stundenkilometern gefahren werden (wie zum Beispiel die beiden Ausweichübungen oder die Gefahrenbremsung) und durch den Fahrtwind für etwas Abkühlung am Körper sorgen. Und so quälte sich Adrian nach den Balance-Übungen mit vergleichsweise langsamen und wenig Fahrtwind bietenden Übungen wie Stop and Go, Fahren mit Schrittgeschwindigkeit und Slalom mit Schrittgeschwindigkeit.

»Das ist die reinste Folter!«, ächzte Adrian unter seinem Helm, während er mit Schrittgeschwindigkeit den Übungsplatz entlangzuckelte. Ich trabte zur Absicherung neben ihm her, um ihn und die Maschine festhalten zu können, wenn es wacklig werden sollte.

»Tja, vor den Erfolg haben die Götter den Schweiß gesetzt«, lächelte ich süffisant.

»Mann, ich kann gleich nicht mehr«, stöhnte er lauthals.

»Dann machen wir mal 'ne kurze Pause, bevor du mir umkippst«, unterbrach ich die Übung und ließ ihn absteigen. Er nahm den Helm ab, zog die Jacke aus und trank gierig aus der Wasserflasche, die ich vorsorglich in meinen Rucksack gesteckt hatte.

»Du, da hinten ziehen ganz schön fiese Wolken auf«, bemerkte Adrian, als er die Flasche kurz absetzte.

»Komisch, der Wetterbericht hat eigentlich einen wolkenlosen Himmel prophezeit ... aber egal, die sind noch meilenweit weg, die tangieren uns nicht«, stellte ich mit einem kurzen Blick gen Himmel fest.

»Och, ich hätte jetzt nichts gegen so 'ne kleine Erfrischung von oben ...«, sehnte sich Adrian nach Abkühlung.

»Das glaub ich dir, mein kleiner Schattenparker – kannst du wieder weitermachen?«, fragte ich ihn.

»Ja, geht schon wieder«, nickte er und schwang sich wieder aufs Bike.

Die Abkühlung in Form von Regen benötigte Adrian einige Zeit später nicht mehr. Nachdem er die Maschine mittlerweile gut ausbalancieren konnte, ließ ich ihn den Übungsplatz ein wenig rauf und runter fahren, damit er ein Gefühl für die Schaltung und ein wenig Fahrtwind zur Abkühlung bekommen würde. Er beschleunigte also immer wieder auf 30 Stundenkilometer hoch und schaltete dabei die Gänge eins, zwei und drei durch, während ich wie ein Bodyguard neben ihm her sprintete und nach fünf Minuten genauso verschwitzt war wie er zuvor.

»Und jetzt kennst du auch den Grund, warum ich heute so locker angezogen bin«, keuchte ich, als Adrian wieder zum Stillstand gekommen war.

»Also ich fühl mich jetzt gerade ganz wohl in meiner Haut und meinem Anzug«, feixte er. Am liebsten hätte ich ihn jetzt noch mal mit Schrittgeschwindigkeit fahren lassen …

Das Ende der Fahrstunde näherte sich und mit ihm auch das des guten Wetters. Die von Adrian bemerkten Wolken waren mittlerweile über uns aufgezogen, und wir machten uns aus dem Staub, um noch rechtzeitig zur Motorradtheorie zu kommen. Adrian nahm wieder auf dem Soziussitz Platz und ich schwang meinen Hintern auf den Fahrersitz. Wir brausten vom Übungsgelände runter und fuhren wieder in Richtung Fahrschule, was etwa fünf Minuten in Anspruch nehmen würde. Fünf Minuten, die es in sich haben sollten.

Denn wie heißt es immer so schön: Kleine Sünden bestraft der liebe Gott sofort! Und der, den es für sein laxes Outfit zu bestrafen galt, war ich. Und so schickte der Herr einen Platzregen auf mich nieder, den die Welt zuvor noch nicht gesehen hatte! Binnen weniger Minuten waren sämtliche Straßencafés geleert und Gullys geflutet – und ich bis auf die Unterhose durchgeweicht. Es gab außer an meinem Kopf, der von meinem einzigen Schutzstück bedeckt war, wirklich keinen, ich betone, keinen einzigen Quadratzentimeter an meinem Körper, der nicht nass war. Schweiß und Regen gingen eine schaurige Symbiose ein, lecker, lecker … und zu allem Überfluss (herrliches Wortspiel, oder?) spürte ich auch noch das Zittern von Adrian, als er mich umklammerte; und dies rührte eindeutig nicht vom Regen wie bei mir (er war ja passend gekleidet), sondern vom schadenfrohen Lachen.

Wir kamen bei der Fahrschule an und betraten sie. Ich wie ein begossener Pudel, und Adrian grinsend wie ein Honigkuchenpferd. Mein Boss Hans saß schon mit einigen Schülern im Schulungsraum, um in wenigen Minuten mit dem Motorradunterricht zu beginnen. Als er mich sah, brach er in schallendes Gelächter aus, und auch die anwesende Schülerschaft konnte sich ein Schmunzeln nicht verkneifen.

»Hey Andi, willst du nicht gleich da bleiben und meinen Worten im Theorieunterricht lauschen? Es geht heute um angemessene Kleidung«, prustete er und verstärkte damit meine Schmach.

»HALT DIE FRESSE! ICH GEH JETZT HEIM!«, brüllte ich und pfefferte den Motorradschlüssel in den Schlüsselkasten.

»Gehst du oder schwimmst du nach Hause?«, kicherte Hans zum Abschied. Ich hätte ihn würgen können …

Ich zog aus dieser Geschichte folgende drei Lehren:

1. Kleine Sünden bestraft der liebe Gott sofort.
2. Lieber ein nass geschwitztes Vorbild als ein begossener Held.
3. Meteorologen sind Menschen, die das Wetter von gestern kennen.

12. KAPITEL

NADJA

ARSCHLOCHSCHÜLER

Jetzt tun Sie doch nicht so empört! Noch nie was von »Arschlochkindern« gehört? Na eben! Und aus Arschlochkindern werden im Laufe der Jahre nun mal Arschlochschüler, die man dann als Fahrlehrer neben sich sitzen hat (glücklicherweise aber nicht nur die, sondern auch Exemplare der goldigen Sorte, die glücklicherweise und hoffentlich noch sehr lange in der Überzahl sind).

Aber ab wann ist man ein Arschlochschüler? Wenn man vor dem Fahrlehrer über seine Eltern ablästert, weil man zum Geburtstag kein nigelnagelneues, sondern nur ein gebrauchtes Auto geschenkt bekommt oder (halten Sie sich fest!) gar kein eigenes Auto kriegt, sondern nur mit der Familienkutsche herumfahren darf? Wenn man in der Praxis und Theorie null Eifer an den Tag legt, weil es einem egal ist, wie oft man in den jeweiligen Prüfungen durchfällt, da die Kohle hierfür sowieso von Mami und Papi kommt? Wenn man seinen Fahrlehrer zu Beginn der Fahrstunde nicht begrüßt und sich am Ende nicht ordentlich verabschiedet? Wenn man nach bestandener Prüfung so tut, als ob man ihn gar nicht kennen würde? Wenn man auf SMS, die man von seinem Fahrlehrer zum Geburtstag, zu Weihnachten oder Neujahr bekommt, nicht antwortet oder sich nicht bedankt? Wenn man ihn »Wichser«, »Depp« oder »Arsch mit Ohren« nennt? Wenn man ihm droht, seine Frau/Tochter/Katze zu ficken, wenn man die Prüfung nicht schafft? Wenn man ihm den Mittelfinger zum Abschied zeigt? Wenn man im Fahrschulauto ungeniert furzt und rülpst? Wenn man im Theorieunterricht die Füße auf den Tisch legt oder den Stuhl so hinstellt, dass man mit dem Rücken zum unterrichtenden Fahrlehrer sitzt, damit man sich mit seinem Sitznachbarn besser unterhalten kann?

Ich denke, dass jeder von uns seine subjektive Grenze hat, ab der er Fahrschüler mit solch einem Verhalten als »Arschlochschüler« titulieren würde. Ich gestehe, dass ich persönlich mit den oben genannten Erfahrungen im Gepäck mittlerweile eine sehr niedrige Toleranzschwelle habe. Auch wenn das jetzt hart klingt: Bei mir hat ein Fahrschüler menschlich schon verschissen, wenn er mich in der ersten Fahrstunde mit einem pampigen »Servus« und ohne Handschlag begrüßt oder, ohne mich vorher zu fragen, einfach duzt. In dem Moment bin ich schon in Habachtstellung und hab das Messer zwischen den Zähnen, weil ich bereits (meistens leider zu Recht) ahnen kann, dass da künftig ein kleiner Flegel neben mir im Auto sitzen wird. Wie sagte Eugène Ionesco mal so schön: »Wir glauben, Erfahrungen zu machen, aber die Erfahrungen machen uns.« Schöner kann man es nicht formulieren.

Diese mannigfachen (und oben nur bruchteilhaft wiedergegebenen) Erfahrungen im Hinterkopf, gepaart mit einem mittlerweile gut geschulten Riechorgan, welches solche Flegel zehn Meilen gegen den Wind wittert, saß ich eines Tages in der Fahrschule und bereitete meinen Theorieunterricht vor, als Nadja unsere heiligen Hallen betrat.

Nadja muss jetzt in der folgenden Story als exemplarische Arschlochschülerin herhalten, obwohl es wahrlich noch krassere Vertreter dieser Spezies gibt (welche ich jedoch leider nicht so stark verfremden kann, dass sie nicht immer noch eindeutig zu identifizieren wären – sorry!). In diese oberste, eindeutig identifizierbare Arschloch-Liga war Nadja noch nicht aufgestiegen; und deswegen eignet sie sich hervorragend als Beispiel für einen Durchschnittsarschlochschüler, über den man guten Gewissens berichten kann, ohne seine Persönlichkeitsrechte zu verletzen – diese Geschichte könnte wahrlich auf mehrere Schüler zutreffen.

Nadja betrat also mit ihrem wohlgenährten Körper (bei dessen Abmessungen man mit Fug und Recht behaupten konnte, dass die im Pass angegebene Körpergröße auch für die Körperbreite hätte stehen können) die bereits gut gefüllte Fahrschule. Zwei Minuten zu spät, was von mir nicht unkommentiert blieb: »Fräulein, der Unterricht hat eigentlich schon vor zwei Minuten begonnen«, rüffelte ich sie.

»Jaja, die S-Bahn hatte Verspätung«, nuschelte sie in ihr Doppelkinn.

»Interessant, hab ich vorher im Radio gar nichts von gehört – ich drück da mal ein Auge zu, ist ja dein erster Besuch hier im Theorieunterricht. Das nächste Mal bitte pünktlich da sein, okay?«

»Jaja«, antwortete sie und nahm auf Noemis Bürosessel Platz.

»Du, das ist übrigens der Bürostuhl von unserer Sekretärin«, klärte ich sie auf.

»Ich weiß«, antwortete sie ungerührt.

»Also, hier wären noch sieben freie Stühle, die eigentlich für euch Schüler gedacht sind«, blieb ich höflich.

»Kann ich sehen. Der hier ist aber bequemer«, gab sie mir trotzig zurück.

»Schwing deinen Hintern da runter – sofort!«, zischte ich nicht mehr ganz so freundlich.

Während die restlichen Schüler aufgrund dieser Posse leise kicherten und ihre Köpfe zusammensteckten, erhob sich Nadja mit einem lauten, genervten Seufzer und fläzte sich auf einen Stuhl hinten in der Ecke. Der Theorieunterricht konnte weitergehen …

»Wie schon gesagt«, begann ich meine Ausführungen, »unser heutiges Thema sind die Geschwindigkeit, der Abstand und die umweltschonende Fahrweise. Wie ihr anhand dieser Grafik erkennen könnt, sind die häufigsten Unfallursachen – Moment mal, brennt da hinten was?«

Sämtliche Schülerköpfe drehten sich nach hinten, wo deutlich sichtbar Rauch aufstieg. Ich wollte schon zum Feuerlöscher greifen, als ich sah, wie Nadja genüsslich an einer Zigarette zog.

»SAG MAL, TICKST DU NOCH GANZ RICHTIG?!«, plärrte ich sie an.

»Wieso?«, tat sie so, als ob nichts gewesen wäre

»Du kannst doch hier im Schulungsraum nicht rauchen!«

»Steht nirgendwo geschrieben, dass es verboten ist«, pampte mich diese Rotzgöre an.

»Schon mal was vom Nichtraucherschutzgesetz gehört, du Neunmalkluge? Kippe draußen vor der Tür in den Aschenbecher werfen, und zwar subito!«

»Su- was?«

»SOFORT!«

Fassungslos starrte ich ihr hinterher, während die restliche Klasse Tränen in den Augen hatte – nicht wegen des Qualms, sondern vor lauter Lachen. Als Madam sich wieder zu uns bequemt hatte, fuhr ich im Stoff fort: »Ähem, also, wie gesagt, die häufigsten Unfallursachen im Straßenverkehr sind …«

ZISCHHH – jäh wurde ich von einem Geräusch unterbrochen, das ziemliche Ähnlichkeit mit dem Öffnen einer Dose hatte. Ich schaute instinktiv zu Nadja – Treffer! Diese kleine Tussi hatte sich tatsächlich eine Dose Whiskey-Cola geöffnet!

»Sag mal, hast du von meinem Boss den Auftrag bekommen, mich einem Stresstest zu unterziehen, oder bin ich hier bei der versteckten Kamera?«, blieb ich so ruhig wie möglich.

»Wieso?«

»DU KANNST DOCH IN DER FAHRSCHULE KEINEN ALKOHOL TRINKEN!«, brüllte ich sie an.

»Wieso nicht?«, empörte sie sich – ja, sie war echt empört!

»WEIL DAS HIER EINE FAHRSCHULE IST – CHECKST DU ES NICHT?!«, klang es unisono aus den Kehlen der anderen Schüler – mein Gott, wie ich sie dafür liebte!

»Dann sauf ich die halt nachher aus«, gab sich Nadja beleidigt und stellte die offene Dose neben ihr Stuhlbein.

Nach ein paar Sekunden hatte ich mich wieder gefangen und konnte endlich ungestört den Unterricht abhalten, der aufgrund von Nadjas Show etwas länger dauerte, wofür ihr die anderen Schüler sehr dankbar waren – ich hoffe, der Sarkasmus zwischen den Zeilen ist Ihnen nicht entgangen. Etwas mehr als eineinhalb Stunden später war dieser denkwürdige Theorieunterricht Geschichte, und die Klasse strömte, einschließlich Nadja, nach draußen.

Ich stellte die Stühle wieder in Reih und Glied und, Sie werden es sich schon denken können, stieß dabei Nadjas Dose um. Nachdem ich alle mir bekannten Flüche zum Besten gegeben hatte, ging ich zur Toilette, wo sich Eimer und Wischmopp befanden. Als ich wiederkam, stand auf einmal Nadja wieder da.

»Wo ist denn meine Dose hin?«, suchte sie den Raum ab.

Nadja, es tut mir echt leid, dir mitteilen zu müssen, dass dein Sundowner meiner Tollpatschigkeit zum Opfer gefallen ist. Ich bitte dich aufrichtig um Verzeihung und werde dir den entstandenen Schaden begleichen, indem ich dir eine ganze Palette dieses vorzüglichen Getränks und eine Stange Zigaretten deiner Wahl frei Haus zustellen werde. Und entschuldige bitte nochmals, dass ich vorhin im Theorieunterricht dein Recht auf freie Entfaltung so brutal eingeschränkt habe. Das wäre mal eine sympathische Antwort gewesen, oder? Aber nachdem ein Arschlochschüler auch einen Arschlochlehrer verdient, entschied ich mich für ein infernal gebrülltes »RAUS HIER, SONST VERGESS ICH MICH!«.

Drei Tage später traf ich meinen Chef im Büro, als ich gerade meine Tagesnachweise abgeben wollte.

»Boah, ich sag es dir, gestern war ich kurz davor, zum ersten Mal in meiner Fahrlehrerkarriere eine Schülerin des Unterrichts zu verweisen!«, berichtete Hans aufgeregt.

»Lass mich mal raten: Abmessungen wie 'ne Tafel Schokolade von Ritter Sport …«

»Hä – Ritter Sport?«

»Quadratisch, praktisch – na ja, der Rest passt nicht so ganz.«

»Der war gut«, lachte Hans, »aber stimmt, wir reden wohl von demselben Subjekt.«

»Nadja heißt sie. Von der Tussi kann ich dir auch 'ne Schote erzählen – aber du zuerst«, forderte ich ihn auf.

»Als Erstes hat sie meinen Vater blöd von der Seite angemacht. Sie kam in die Fahrschule, als mein Vater gerade seine Tankbelege mit Noemi abrechnete, und meinte an ihn gerichtet, dass das hier eine Fahrschule und kein Seniorenheim wäre. Er möge sich jetzt verdünnisieren, weil sie ihr Lehrmaterial kaufen wolle ...«

»Und das hat sich Schorsch gefallen lassen?«, unterbrach ich ihn.

»Ach woher! Kennst ja meinen Dad. Der hat ihr zuerst gesagt, dass er hier auch Fahrlehrer sei und außerdem der Erzeuger des Fahrschulinhabers – und danach hat er dieser Kröte ordentlich die Leviten gelesen von wegen Respekt vor dem Alter und dass sie zu seiner Zeit für diesen Kommentar erst mal links und rechts eine geschallert bekommen hätte«, redete sich Hans in Rage.

»Ist ja gut, mein Großer, jetzt komm wieder runter«, beruhigte ich ihn. »Wie ging es dann weiter?«

»Na ja, ich starte also mit dem Theorieunterricht, als nach fünf Minuten ein Handy bimmelt. Natürlich war es Nadjas. Nicht, dass sie den Anrufer weggedrückt hätte, nein, die geht ungeniert ran und telefoniert in Seelenruhe! Ich sage ihr, dass sie jetzt entweder das Gespräch beendet oder ansonsten rausfliegt, weil sie gefälligst meinem Unterricht und nicht den Erzählungen einer Freundin zu lauschen hat. Daraufhin legt sie missmutig auf, will aber scheinbar das Gespräch per SMS weiterführen. Ich gehe also zu ihr hin, nehme ihr das Telefon ab und lege es zu mir aufs Lehrerpult – da zieht diese Rotzgöre doch ein zweites Handy aus ihrer Handtasche hervor und simst weiter! Ich sag es dir, ich war auf 180!«

»Und dann?«, presste ich in einer Lachpause raus.

»Hab ihr dann damit gedroht, dass sie beim nächsten Zwischenfall hochkant rausfliegt und von mir aus zu einer anderen Fahrschule gehen könne. Von da an war Ruhe im Karton. Aber jetzt erzähl von deinem Erlebnis mit dieser Tussi«, forderte mich Hans auf. Also gab es für ihn ein Best-of meines Theorieunterrichts, den Nadja nach allen Regeln der Kunst gestört hatte. Hans brach während meines Reports immer wieder in schallendes Gelächter aus, hatte sich dann aber wieder gefangen und begann darüber zu philosophieren, wen von uns drei Fahrlehrern das Schicksal ereilen würde, dieser Zicke das Fahren beizubringen …

Gott muss echt Sinn für Humor haben, dachte ich mir, als Nadja nach dem nächsten Theorieunterricht auf mich zukam und sagte: »Ich will Fahrstunden!«

»Na, da bist du hier in der Fahrschule ja goldrichtig«, scherzte ich in einem Anflug von Galgenhumor.

»Sehr witzig. Ich kann immer ab fünf«, überging sie meinen Scherz.

»Schön. Da können alle anderen Schüler auch«, torpedierte ich ihren Terminwunsch.

»Die können warten«, gab sie spitz zurück.

»Wie bitte?«

»Die sollen sich ’ne andere Zeit aussuchen. Mir passt es da am besten.«

»Hör mal zu, junge Dame, wir sind hier nicht im Wünsch-dir-was-Konzert!«

»Ich bin die Kundin!«

»Das sind die anderen auch!«

»Weißt du eigentlich, mit wem du sprichst?!«

»Ja – weißt du es auch?«

»Boah, is das anstrengend«, beendete sie das Scharmützel. »Können wir jetzt endlich ’nen Termin ausmachen?«

»Wie gesagt, ab vier Uhr ist in der Fahrschule Primetime, da kannste deinen Namen auf die Warteliste setzen; ich gehe mal davon aus, dass du noch Schülerin bist – hast du denn irgendwann mal eine oder zwei Freistunden?«

»Lass mich mal überlegen«, grübelte sie. »Dienstags von 9.30 Uhr bis 11.15 Uhr hab ich immer frei …«

»Wunderbar, dann stehe ich nächsten Dienstag um halb zehn vor deiner Schule«, gab ich mich euphorisch. »Wenn dir was dazwischenkommt, bitte spätestens 48 Stunden vorher absagen, weil dir sonst eine Fehlstunde berechnet wird, okay?«

»Is gut«, murmelte sie und war im Begriff, sich zu trollen.

»Halt, Nadja, einen Moment noch«, stoppte ich ihren Fluchtversuch. »Nur aus purer Neugier: Warum willst du eigentlich nicht mit Hans oder Schorsch fahren?« Die Antwort auf diese Frage ließ nicht lange auf sich warten und gab mir einen Vorgeschmack auf das, was mich in den nächsten Monaten erwarten würde: »Ganz einfach: Hans ist der Boss, Schorsch ist der Vater vom Boss – mit denen muss ich anders umspringen als mit einem Angestellten.«

Ich war erst mal baff. Nach ein paar Sekunden des Schweigens fragte ich sie, ob sie in der Schule mit dem Rektor anders umspringen würde als mit einem x-beliebigen Lehrer, was sie verneinte. Ich gab ihr sodann den gut gemeinten Rat, dieses Verhalten in der Fahrschule nicht abzulegen, ansonsten wäre sie ruck, zuck unter der Fuchtel vom Rektor, äh, Boss.

Ohne sichtbare Regung verließ sie daraufhin die Fahrschule, während ich dort noch etwas verharrte und gedankenverloren zum Fenster hinaus gen Himmel blickte. Gott hat echt Humor, was sich auch in den nächsten Monaten zeigen sollte …

Am Dienstag stand ich zur vereinbarten Zeit auf dem Parkplatz vor dem Schultor. Nadja kam, wie immer komplett in Schwarz gekleidet (man hatte ihr wohl gesagt, dass diese Farbe schlank macht, aber scheinbar vergessen zu erwähnen, dass dieser Effekt nur eintritt, wenn die Kleidung nicht hauteng sitzt), pünktlich durch das Schultor geschlendert. Ich stieg aus und reichte ihr zur Begrüßung die Hand, was eine einseitige Angelegenheit blieb. Gleich mal ein Eklat zu Beginn der Stunde, wunderbar. Mancher Kollege wäre wohl gleich wieder eingestiegen und davongebraust, aber diesen Triumph wollte ich dieser Göre nicht gönnen.

»So, allerliebste Nadja«, eröffnete ich die Fahrstunde sarkastisch, »wir beginnen die Ausbildung mit einer Unterweisung am Fahrzeug bezüglich der Betriebs- und Verkehrssicherheit sowie der Bedienungseinrichtungen …«

»Interessiert mich nicht«, fuhr sie mir über den Mund.

»WIE BITTE?«

»Ich krieg zum Geburtstag ohnehin 'ne andere Karre als diese Kiste hier; also sparen wir uns die Zeit und fahren gleich los.«

»Wie willst du denn fahren, wenn du das Auto nicht bedienen kannst?«

»Das Kuppeln, Schalten, Bremsen, Gasgeben und Lenken hab ich schon mit Papa aufm Aldi-Parkplatz geübt …«

»Du weißt schon, dass ›Schwarzfahren‹ eine Straftat ist, für die sowohl du als auch dein Vater belangt werden können und dir zusätzlich eine Führerschein-Sperre von der Führerscheinstelle auferlegt werden kann, wenn du erwischt wirst?«, rügte ich sie.

»Mein Papa ist Rechtsanwalt, der boxt mich überall raus. Der hat schon mal 'ne bessere Note in Mathe vor Gericht für mich erstritten«, fuhr sie ungerührt fort. »Und dieser ganze andere Scheiß mit Betriebs- und Verkehrssicherheit ist sowieso nur überflüssiger Mumpitz! Können wir jetzt endlich fahren?«

Nein, konnten wir natürlich nicht. Ich musste erst mal Luft holen. Tief Luft holen. Einerseits, um mich zu beruhigen, andererseits, um ausreichende Sauerstoffreserven für meinen jetzt beginnenden Monolog zu haben. Ich machte ihr unmissverständlich klar, dass nicht sie zu bestimmen habe, wie der Hase hoppelt, sondern ich. Ich schwadronierte etwas über die Fahrschüler-Ausbildungsordnung, über die Notwendigkeit zu wissen, wo der Verbandskasten sei, wie man den Ölstand kontrolliert und wo der Schalter für die Heckscheibenheizung sei, und so weiter und so weiter …

Als mir langsam, aber sicher die Puste ausging, setzte ich meinen Drill-Sergeant-Blick auf und setzte den Schlusspunkt meines Vortrags: »NOCH FRAGEN ODER PROBLEME?«

Hatte sie nicht. Ich erklärte ihr sodann das Auto, und schon ging es los …

Der ein oder andere Leser wird jetzt vielleicht hoffen, dass sich diese renitente Mistkröte beim Fahren recht ungeschickt anstellte und sie deswegen von mir die Hammelbeine lang gezogen bekam, quasi als Ausgleich für ihre mannigfachen Fauxpas der Vergangenheit – doch ich muss Sie enttäuschen, liebe Leser: Fehlanzeige. Ihre rotzfreche Art machte sie mit einer erstaunlich guten Fahrweise wieder wett, womit ich, ehrlich gesagt, nicht gerechnet hatte. Die Kleine hatte offensichtlich doch was aus dem Theorieunterricht mitgenommen und scheinbar auch was auf dem Aldi-Parkplatz gelernt, denn viel zu kritteln hatte ich nicht, und das will was heißen.

Während ihre fahrerischen Qualitäten wirklich eine Wonne waren, so war die Stimmung zwischen uns beiden alles andere als das. Gegen diese frostige Atmosphäre an Bord mutete die Antarktis wie ein tropischer Regenwald an. Sie sprach kein Wort mit mir. Entweder war ich unter ihrer Würde, oder es war mir gelungen, diesem vorlauten Balg das Maul zu stopfen. Auch ich gab keinen Ton von mir, abgesehen von den Richtungsangaben und den sehr seltenen Fehlerkorrekturen. Lag schlichtweg daran, dass ich noch immer ihre Aktionen im Theorieunterricht vor Augen hatte und sie, wie schon eingangs erwähnt, bei mir verschissen hatte.

Es waren also gespenstisch ruhige und wenig arbeitsintensive Fahrstunden, die ich mit Nadja bis zu ihrer immer näher rückenden Prüfung hatte. Langweilig wurde es mit ihr aber trotzdem nicht, wie die letzten Tage vor der Prüfung zeigen sollten.

Es war wieder Dienstag. Um 9.25 Uhr stand ich auf dem Schulparkplatz und schaute belustigt dem Treiben auf der dortigen Baustelle zu, wo einige Bauarbeiter verzweifelt versuchten, die Fahrspuren eines Minivans zu kaschieren, der soeben durch die frisch asphaltierte Fahrbahndecke gefahren war, ohne sich um die Absperrung zu scheren, nur damit das Töchterchen direkt an der Schultür abgeliefert werden kann und ja nicht einen Meter zu viel laufen muss.

Vier Minuten später erreichte mich ein Anruf von Herrn Ich-bin-der-Vater-von-Nadja (zu einer korrekten und vollständigen Namensnennung fehlte ihm scheinbar die Zeit, die Lust oder der Anstand), den ich Ihnen jetzt im O-Ton wiedergeben darf: »Ähm, guten Tag, Sie sind der Fahrlehrer meiner Tochter?«, krächzt es durch den Hörer.

»Wünsche Ihnen auch einen guten Tag und beantworte Ihnen diese Frage gerne, wenn Sie mir sagen, wer Ihre Tochter ist?!«, fragte ich nach, jetzt schon angepisst, weil ich es hasse, mit Leuten zu sprechen, die sich nicht mal ordentlich vorstellen können.

»Nadja«, kam es kurz und knapp.

»Ja, der bin ich.«

»Gut. Wollte nur mitteilen, dass meine Tochter die heutige Fahrstunde nicht wahrnehmen kann«, teilte mir der Herr Papa mit – eine Minute vor Beginn der Fahrstunde, wohlgemerkt.

»Tja, tut mir leid, aber Ihre Tochter kennt die Regeln: Ihre Fahrstunden muss sie 48 Stunden vorher absagen, ansonsten wird sie als Fehlstunde berechnet.«

»Da können Sie ja mal gefälligst etwas Kulanz zeigen!«

»Nö, wieso denn? Regeln sind nun mal dazu da, eingehalten zu werden, und wenn ich aus Kulanz jedes Mal ein Auge zudrücken würde, wenn es einen Fahrschüler im Schuh drückt, dann kann mein Boss aber in drei Wochen seinen Laden dichtmachen!«

»Aber ihr geht es wirklich schlecht«, wollte Daddy auf die Tränendrüse drücken.

»Wieso? Hat sie sich 'nen Virus eingefangen?«, hakte ich nach.

»Nee. Zu viel Party gemacht«, bekam ich als Antwort.

»Na toll. Ihre Tochter geht unter der Woche auf 'ne Party, trinkt vor ihrer letzten Fahrstunde einen über den Durst und ich soll mich kulant zeigen? Das ist ja wohl die Höhe!«, empörte ich mich.

Nadjas Vater merkte an diesem Punkt wohl, dass er mit der Mitleidsmasche bei mir keinen Treffer landen konnte, und schaltete jetzt um auf den Angriffsmodus: »Hören Sie mal zu, ich bin Rechtsanwalt …«

»… und ich bin Fahrlehrer. Was kommt jetzt? Ein Penisvergleich?«, konterte ich.

»Werden Sie nicht unsachlich! Ich bin Rechtsanwalt …«

»… und als Rechtsanwalt haben Sie sicherlich vorher den Ausbildungsvertrag durchgelesen, den sie und Ihre Tochter unterschrieben haben!«, unterbrach ich ihn erneut.

»Sie haben wohl keine Kinderstube – ständig unterbrechen Sie mich!«, ereiferte sich Nadjas Vater.

»Das sagt mir die Person, die es nicht mal schafft, sich am Telefon ordentlich zu melden, und gleichzeitig der Vater der frechsten Göre diesseits des Atlantiks ist!«, ätzte ich zurück.

»UNVERSCHÄMTHEIT!«, brüllte er ins Telefon.

»Das habe ich mir zu Beginn des Telefonats auch gedacht«, gab ich zurück und legte auf.

Jaja, der Apfel fällt nicht weit vom Stamm … immerhin wusste ich jetzt, dass Nadjas Arschlochverhalten genetisch bedingt war. (Noch eine kleine Anmerkung am Rande: Natürlich habe ich bei der Berechnung von Fehlstunden einen gewissen Spielraum, den ich aber nur dann ausschöpfe, wenn ich es für angemessen halte. Hier tat ich es nicht.)

Am Nachmittag, als sie scheinbar wieder nüchtern war, rief mich Nadja an, da sie unbedingt vor ihrer Prüfung am Donnerstag noch mal fahren wollte. Blieb uns nur noch der morgige Mittwoch. Ein kurzer Blick in meinen Terminplaner verhieß jedoch nichts Gutes – der gesamte Nachmittag war so voll wie ein Matrose auf Landgang. Lediglich am Vormittag war noch ein wenig Luft, was ich ihr auch so sagte.

»No prob, ich bin wegen der Sauferei sowieso noch die ganze Woche krankgeschrieben. Dann machen wir morgen um zehn, okay?«, beendete sie das Gespräch, ohne mein »Okay« überhaupt abzuwarten. Aber ich regte mich nicht mehr auf, denn bald würde dieser Albtraum ein Ende haben.

Bald. Aber eben noch nicht sofort. Leider. Denn unsere letzte gemeinsame Fahrstunde sollte so enden, wie unser Ausbildungsverhältnis mit der ersten Theoriestunde begonnen hatte: mit absoluter Fassungslosigkeit meinerseits.

Ob Nadja von ihrem Vater wegen meiner mangelnden Kulanz in Bezug auf ihre Fehlstunde angestachelt wurde, mir zum Abschied noch mal die Hölle heiß zu machen, oder ob ihr aufgefallen war, dass sie während ihrer ganzen praktischen Ausbildung zu wenig sie selbst gewesen war, entzieht sich meiner Kenntnis. Aber Nadja tat in dieser Fahrstunde alles dafür, sich ihren Rang in der Arschloch-schüler-Liga nicht ablaufen zu lassen.

Eine Viertelstunde nach Beginn der Fahrschule standen wir hinter einem VW-Bus an einer roten Ampel. Ob Wladimir am Steuer saß, konnte ich nicht erkennen, auf jeden Fall schaltete die Ampel auf Grün und unser Vordermann verbummelte den Start. Das war für Nadja Anlass genug, energisch die Hupe zu betätigen und laut auszurufen: »SCHLEICH DICH ENDLICH, DU PENNER!«

Wie ich schon in dem Kapitel schrieb, in dem es um Wladimir ging, gibt es für mich kaum etwas Asozialeres, als eine Fahrschule anzuhupen. Kaum etwas. Außer wenn diejenigen, die sich sonst ins Höschen machen, wenn sie angehupt werden (also die Schüler), selbst auf die Hupe drücken. Sei es aus mangelnder Demut gegenüber einem erfahrenen Verkehrsteilnehmer, sei es aus Gründen der Coolness oder der baldigen selbstständigen Zugehörigkeit zum Straßenverkehrssystem – sei es, wie es sei, ich hasse das! Und das sagte ich auch Nadja überdeutlich: »Noch keine Haare am Sack, aber im Puff drängeln – das hab ich gern!«

»Warum fährt der Wichser auch nicht?!«, echauffierte sie sich.

»Kann dir wurscht sein – du hupst nicht, solange du noch ein Fahrschulschild auf dem Dach hast, verstanden?«

»Ist ja glücklicherweise bald vorbei …«, wurde sie frech.

»… stimmt – ich zähle schon die Stunden!«, gab ich noch frecher zurück. Etwas später gab ich das Kommando zum Einparken. Nadja setzte den Blinker nach rechts, hielt neben einem Wagen, um dahinter einzuparken, und nahm den Blinker wieder raus.

»Warum schmeißt du den Blinker wieder raus? Parken wir jetzt nicht mehr ein, oder was?«, herrschte ich sie an.

»Das Geräusch vom Blinker nervt mich halt«, antwortete sie gereizt.

»Du nervst mich auch, aber ich schmeiß dich trotzdem nicht raus! Blinker wieder rein, und zwar zügig!«

Der Blinker war wieder drin, und Nadja parkte ein. Nicht schlecht, aber auch nicht super. Wir standen noch etwas zu weit vom Bordstein weg und auch nicht ganz parallel dazu.

»Korrigier das doch noch schnell«, bat ich sie.

Nadja reckte ihr Köpfchen und bugsierte das Auto parallel und näher zum Bordstein.

Just in dem Moment, als ich »Reicht schon, jetzt sieht's super aus« sagte, riss Nadja das Lenkrad nach rechts und rammte den Bordstein mit der Felge, die einen kleinen Cut davontrug.

»SPINNST DU? ICH HAB DOCH GESAGT, DASS ES REICHT!«, flippte ich aus.

»Wollte es halt noch besser machen«, zuckte sie belanglos mit den Schultern.

»ABER ICH SAGTE DOCH ›SUPER‹!«

Was jetzt kam, liebe Leser, ist eine Replik, welche ich bis zum heutigen Tage in Erinnerung habe und immer zitiere, wenn mich Leute fragen, wie es denn so ist, mit (galant ausgedrückt) etwas schwierigeren Fahrschülern zu arbeiten: »DU hast gesagt, ich soll korrigieren, also bist DU auch schuld!«, warf sie mir an den Kopf, was dazu führte, dass ich erst mal ausstieg, um Schlimmeres (wie eine durch mich begangene Körperverletzung) zu verhindern, und zur Beruhigung eine Zigarette rauchte.

ICH versuche, sie besser zu machen, und deswegen bin ICH auch schuld, wenn sie übers Ziel hinausschießt – wie geil! Meine Gedanken kreisten um die kürzlich in der Zeitung annoncierten Stellenanzeigen; suchten nicht einige Firmen händeringend nach Speditionskaufleuten, meinem ursprünglich erlernten Beruf? Während ich mir ernsthaft überlegte, wieder die Berufsfront zu wechseln, um es künftig nicht mehr mit solchen Arschlochschülern zu tun zu bekommen, sah ich mir nebenbei den Cut in der Felge etwas näher an. War glücklicherweise nicht der Rede wert.

Ich atmete noch mal ganz tief durch. Ist alles nicht so schlimm, bleib ruhig, bald ist dieses Arschloch weg, die Karawane zieht weiter – so redete ich auf mich ein, bis Nadja die Seitenscheibe runterließ: »Geht es jetzt bald mal weiter? Ich bezahl dich nicht fürs Rauchen!«

»Keine Angst, die Pause fahren wir schon wieder rein – und jetzt hältst du besser für den Rest der Stunde den Mund, klar?«, fletschte ich die Zähne und biss mir gedanklich in meinen Allerwertesten, weil ich bei dieser Göre schon des Öfteren nicht auf die Uhr gesehen (sprich Überminuten gemacht) hatte, wenn das Einparken vor der Schule mal etwas länger dauerte – für diese geschenkten Minuten erhielt ich niemals Dank, aber wegen dieser zwei Minuten musste ich mich anpinkeln lassen. Na ja, Arschlochschülerin halt …

Ein paar Züge und ein Pfefferminzdrops später ging die Fahrt schweigend und unspektakulär weiter. Es war kurz vor halb zwölf, die Fahrstunde ging dem Ende zu. Zum Abschluss würde ich Nadja zur Wiederholung die Kontrollleuchten benennen lassen und noch ein paar Fragen zur Betriebs- und Verkehrssicherheit stellen, so wie es der Prüfer morgen auch machen würde. Ich sah auf die Uhr, welche 11.29 Uhr anzeigte. Noch eine Minute Fahrzeit bis zur Fahrschule, dann noch etwa zehn Minuten technische Details wiederholen – verdammt, nach Abzug meiner Beruhigungspause schenkte ich ihr schon wieder acht Minuten, ich Hornochse! Zum zweiten Mal am heutigen Tag biss ich mir gedanklich in den A…

»Fahren wir schon wieder zur Fahrschule zurück?«, platzte Nadja in meine Zähne-in-Pobacke-rammen-Fantasie.

»Ja, tun wir«, gab ich ihr kurz und trocken zurück.

»Ich hab aber noch zwei Minuten Fahrzeit!«, protestierte sie.

»Wir werden aber abschließend …«, holte ich aus, um sie an die Wiederholung der Technikfragen zu erinnern, kam aber nicht weit.

»ICH WILL DIE VOLLE ZEIT FAHREN, OHNE WENN UND ABER!«, gab sie mir lauthals zu verstehen. Na gut, wer nicht will, der hat schon mal, dachte ich mir und ließ sie bis um 11.32 Uhr herumgurken. Ich hatte meine Pflicht getan und sie am Fahrzeug unterwiesen, das Ganze auch immer wieder sporadisch wiederholt – wenn sie auf eine finale Abfrage verzichten wollte, dann auf ihre Verantwortung.

An der Fahrschule angekommen, ließ ich sie den Tagesnachweis unterschreiben, teilte ihr die Uhrzeit für ihre Prüfung am morgigen Tag mit und stieg sodann aus, um meinen nächsten (und glücklicherweise nicht zu den Arschlochschülern gehörenden) Schüler zu begrüßen, der bereits auf mich wartete. Nadja stieg ebenfalls aus, gab mir zum Abschied natürlich nicht die Hand, stellte dafür aber noch eine Frage: »Interessehalber – was wolltest du hier ›abschließend‹ noch machen?«

»Och, ich wollte mit dir noch mal die Kontrollleuchten und das restliche Pipapo wiederholen – aber du wolltest ja lieber fahren, gell?«

»OH SCHEISSE! Können wir das jetzt noch schnell machen, lieber, äh, lieber … wie heißt du gleich wieder?«

Das passte. Mehrere Monate kannte mich diese Tussi aus dem Theorie- und Praxisunterricht, aber mein Name war ihr nicht geläufig. Na ja, bin auch nur ein doofer Fahrlehrer, dessen Name nicht weiter wichtig zu sein hat. Bei ihrem Erzeuger war's ja nicht anders.

Meiner geliebten Frau zufolge hätte ich jetzt über meinen Schatten springen und, wie sie es mir jeden Morgen immer aufträgt, »eine gute Tat am Tag« vollbringen sollen. Meine Frau kannte aber Nadja nicht. Ich schon. Und zwar zur Genüge. Hätte ich mich jetzt ihrer erbarmt und sämtliche Technikfragen wiederholt, hätte sie aus ihrem Verhalten wieder nichts gelernt. Und so entschloss ich mich, frei nach dem Motto »Wer sich nicht wehrt, lebt verkehrt«, ihr diese Bitte abzuschlagen. Sie würde deswegen schon nicht durchfallen. Und wenn sie schon in ihrem Elternhaus nichts über Sozialverhalten gelernt hatte, dann würde sie es jetzt eben bei mir lernen. Arschlochschüler verdienen eben Arschlochlehrer …

»Ich heiße Andi. Und nein, ich werde mit dir nichts mehr wiederholen. Wir haben all die technischen Details schon besprochen und sporadisch wiederholt – musst halt ein bisschen in deinem Gedächtnis kramen. Außerdem ist das ja alles sowieso nur ›überflüssiger Mumpitz‹, wie du es mal so schön gesagt hast – und Unwichtiges braucht man ja nicht noch mal durchzugehen, gell? Und zum Abschied noch ein kleiner Gedankenanstoß, der dich in deinem Leben vielleicht weiterbringt: Wie man in den Wald hineinruft, so schallt es heraus. Eine Weisheit, die auch dein Herr Papa verinnerlichen sollte …«

Mit diesen Worten kehrte ich ihr den Rücken und wendete mich meinem nächsten Schüler zu.

»Das war diese Kranke aus dem Theorieunterricht damals, oder?«, flüsterte er mir zu.

»Ja, das war sie«, bestätigte ich.

»Hast du die noch lange am Hals?«

»Morgen ist es endlich vorbei – hoffentlich …«, seufzte ich und begann mit der Fahrstunde.

Habe ich schon erwähnt, dass Gott ein humorvoller Typ ist? Er sah, dass Nadjas Prüfung anstand, und schickte uns Jörg als Prüfer, den ich Ihnen an dieser Stelle kurz vorstellen darf: ein bisschen älter als ich, dafür ein wenig kleiner, lange schwarze Haare, die zu einem Pferdeschwanz zusammengebunden waren, ähnlich stark tätowiert wie ich – und ein sicherer Lachgarant in jeder Prüfung. Seine trockene Art, gepaart mit feinem Witz und einer spitzen Zunge, sorgte immer wieder dafür, dass mir bei den Prüfungsfahrten nicht langweilig wurde. Einfach ein sympathischer Kerl, ganz nach meinem Gusto. Dass er mir vor Jahren relativ schnell, nach bereits zwei Prüfungsterminen, das »Du« anbot, war wohl ein Zeichen dafür, dass auch ich ihm nicht gerade unsympathisch war. Nachdem wir uns wechselseitig je einen dreckigen Witz erzählt hatten, gingen wir zur Tagesordnung und somit zu Nadjas Prüfung über.

»Vorsicht, Arschlochschüler«, warnte ich ihn vor, als wir federnden Schrittes zum Auto marschierten, wo Nadja schon Platz genommen hatte, um sich Sitz und Spiegel einzustellen.

»Gut, dann weiß ich Bescheid«, nickte er kurz.

»Und vergiss mir ja nicht die Technikfrage«, ermahnte ich ihn mit einem bösen Lächeln auf meinen Lippen (liebe Leser, ich nehme es Ihnen nicht übel, wenn Sie mich ab jetzt ein sadistisches Schwein nennen). »Aber quäl sie damit nicht zu sehr – nicht, dass dieser Kotzbrocken durchfällt und ich sie dann noch länger an der Backe habe; ich will die Alte heute loswerden!«

»Schauen wir mal, dann sehen wir schon«, antwortete Jörg auf seine unnachahmliche Art, bevor wir zu Nadja ins Auto stiegen.

»Moin, mein Name ist Kretschmar, ich bin heute Ihr Prüfer. Ihren Ausweis und die Ausbildungsbescheinigung bitte.« Nadja überreichte ihm feierlich ihren Personalausweis, und ich händigte ihm die Ausbildungsbescheinigung aus.

»Gut, junge Dame, wenn Sie sich Sitz und Spiegel eingestellt haben, dann kann es auch schon fast losgehen. Bevor wir starten, sagen Sie mir doch mal bitte noch, wo Sie den Schalter für die Heckscheibenheizung finden.«

»Brauch ich nicht!«, antwortete Nadja kess.

»Wie bitte?!«, zuckte Jörg zusammen.

»Es ist Sommer, die Heckscheibe ist frei von Beschlag oder Schnee – ich brauch also nicht zu wissen, wo der Schalter ist!« Ich blickte in meinen Rückspiegel und konnte an Jörgs Miene ablesen, dass er von Nadja bereits jetzt die Schnauze voll hatte.

»War das der letzte Winter, den wir dieses Jahr hatten?«, fragte er ironisch.

»Wahrscheinlich nicht«, antwortete Nadja.

»Dann werden Sie für die Zukunft wissen müssen, wie Sie die Heckscheibenheizung einschalten können – und das zeigen Sie mir jetzt!«

Nadja kreiste nervös mit ihrem Finger über das Armaturenbrett und suchte hektisch nach dem Schalter – fand ihn aber nicht. Tja, gerade wegen dieser gewissen Nervosität bei so einer Prüfung sollte man sich unmittelbar davor noch mal die Bedienungseinrichtungen mit seinem Fahrlehrer ansehen …

Jörg gab ihr eine Hilfestellung: »Heckscheiben-h-e-i-z-u-n-g!«

Nadja verstand, sah zur Klimaanlage und deutete triumphierend auf den Schalter.

»Schwierige Geburt, junge Dame – zur Strafe gibt's Zwillinge: Sagen sie mir doch mal, wofür dieses rote ›P‹ im Cockpit aufleuchtet.«

»Weil wir parken«, antwortete Nadja so schnell wie falsch.

»Das können wir auch ohne das ›P‹ im Cockpit«, belehrte sie Jörg.

»Puh … ähm … tja … pfffff …« Nadja bekam rote Backen und feuchte Hände, und ich hatte meine helle Freude daran – the Empire strikes back!

Jörg erbarmte sich und forderte sie jovial auf, die Handbremse zu lösen. Die Kontrollleuchte erlosch.

»Und wofür stand das ›P‹ jetzt wohl?«

»Dass die Handbremse angezogen war …«, antwortete Nadja ungewohnt kleinlaut.

»Bingo. Noch so eine schwere Geburt will ich Ihnen jetzt nicht mehr zumuten, obwohl ich Ihrer Statur ansehen kann, dass Sie es, beckenbodentechnisch gesehen, verschmerzen könnten. Starten Sie den Motor und los geht's!«, begann Jörg die Prüfungsfahrt, während ich mir den Bauch vor lauter Lachen halten musste – der Joke mit dem Beckenboden war zu köstlich …

45 Minuten später war die Prüfung zu Ende, und Nadja hatte ihren Lappen in der Tasche. Es gab keine besonderen Vorkommnisse, aber Jörg wollte ihr noch nahelegen, nicht so sparsam mit dem Blinker umzugehen. Deswegen fragte er sie, warum sie den Fahrtrichtungsanzeiger immer so spät einlege und so früh wieder rausnahm. Und auf diese Frage sollte er von Nadja eine entwaffnend ehrliche Antwort à la Arschlochschüler bekommen: »Der Blinker geht mir halt genauso auf die Nerven wie ihr zwei Scherzkekse!«

Sprach's, stieg aus dem Auto und ging zu einem vor der Fahrschule wartenden Herrn, der anscheinend ihr Vater war.

»Und – hast du bestanden?«, rief er ihr zur Begrüßung entgegen.

»Ja!«, frohlockte sie.

»Gut so! Ansonsten hätte ich die beiden Typen da verklagt«, deutete er auf Jörg und mich, bevor er auf Nimmerwiedersehen mit Nadja verschwand.

Jörg und ich verharrten noch einen Moment fassungslos im Auto.

»Hast du von der Sorte mehrere?«, fragte mich Jörg mitfühlend.

»Nur ein paar – aber es werden leider immer mehr …«, seufzte ich.

»Mann, bin ich froh, dass ich Prüfer bin – ich bin die nach 'ner Dreiviertelstunde wieder los, aber du verbringst mit denen ja 'ne halbe Ewigkeit!«, bemitleidete er mich.

»Tja, du hast es halt in deinem Leben zu was gebracht«, lächelte ich, und er grinste.

Nach einem kurzen Moment bedächtiger Stille drehte ich mich zu ihm nach hinten und sagte: »Weißt du, was meine Eltern über solche Arschlochmenschen immer gesagt haben? Klassischer Fall von zu kurzer Haut: Entweder haben sie den Arsch offen oder das Maul.«

»Weise Menschen, deine Eltern …«, antwortete er nachdenklich.

13. KAPITEL

SEBASTIAN

DIE KÜRZESTE(N) PRÜFUNG(EN)

Hurra, es ist Donnerstag! Das heißt: Prüfungstag, und bedeutet für mich als einen mit seinen Fahrschülern mitfiebernden Fahrlehrer einen enormen Konsum von Zigaretten (aber mit Filter, mal was für die Gesundheit tun) und Unmengen von Kaffee, um der Müdigkeit Herr zu werden, die aus dem frühen Aufstehen um fünf Uhr morgens (damit man pünktlichst um halb acht mit dem Schüler bei der Prüforganisation aufschlägt) resultiert.

An diesem Prüfungstag konnte ich eigentlich recht entspannt sein. Ich hatte drei Schüler, die ich zur praktischen Prüfung vorstellte: Melanie, eine mittlerweile recht gute Autofahrerin (nachdem wir zu Beginn der Ausbildung drei Doppelstunden à 90 Minuten im verkehrsarmen Bereich mit dem gefühlvollen Anfahren und Anhalten verbracht hatten – üblich sind in der Regel 45 Minuten …), dann Tobias, ein Naturtalent, der in einem früheren Leben wohl ausschließlich Auto fuhr, und eben Sebastian, den ich inzwischen so weit hatte, dass er vor lauter Verkrampfung während der Fahrstunden danach nicht mehr unter Muskelkater litt. Mein Bauchgefühl sagte mir, dass der heutige Tag mit einem 3:0 enden würde, drei für mich und null für den Prüfer.

Nach dem 2:0 kam nunmehr Sebastian dran. Ich stand draußen am Fahrzeug und rauchte noch schnell eine Zigarette. Sebastian und der Prüfer saßen derweil im Fahrzeug und unterhielten sich äußerst angeregt über das Geschäftsgebaren von Versicherungen, nachdem sich Sebastian als fast ausgelernter Versicherungskaufmann geoutet hatte. Prüfer Schuberth, respektive sein alter Mercedes, war vor einigen Tagen Opfer von Vandalen geworden, welche die Antenne seines Youngtimers im Vorbeigehen abgebrochen hatten, während er mit seiner neuen Lebensabschnittsgefährtin bei einem romantischen Candle-Light-Dinner saß. Prüfer Schuberth reichte den Vorfall sofort bei seiner Versicherung mit der Bitte um umgehende Schadensregulierung ein. Zu seiner Überraschung bekam er erst mal keinen Scheck, sondern einen Brief zugesandt, in dem er recht pampig gefragt wurde, warum er denn sein Auto in so einer gefährlichen Gegend überhaupt abstellen würde, was ja fast schon einer Fahrlässigkeit gleichkomme. Es handelt sich hier um ein ehemaliges »Glasscherbenviertel«. Den Nicht-Münchnern sei erklärt, dass man dort noch vor ein paar Jahren nicht ohne zwei finster dreinblickende Bodyguards einen Abendspaziergang wagen konnte. Mittlerweile hat sich dieser Stadtteil durch die Ansiedlung vieler Künstler und In-Läden zu einem zweiten Soho gemausert, und die ersten Bauherren beginnen langsam mit dem Aufkauf von alten Wohnungen, um sie einer Luxussanierung zu unterziehen und dann teuer weiter zu vermieten oder zu verkaufen. Klassische Gentrifizierung, so wie sie auch ein mir nicht unbekannter Herr betreibt, der immer wieder ganze Häuserblöcke kauft, die Mieten erhöht, um dann, wenn sich die Mieter gegen die Mieterhöhungen zur Wehr setzen, Eigenbedarf anzumelden. Klappt witzigerweise sogar in den meisten Fällen. Postwendend werden die freigewordenen Buden dann zu aberwitzigen Preisen weitervermietet oder weiterverkauft. Bevor Ihnen, geneigte Leser, wegen solchen Immobilienhaien die Galle hochkommt oder eine Demonstration organisiert wird, wegen der ich dann mit meinen Schülern im Stau stehe, beruhigen Sie sich wieder – das Leben übt auch hier Gerechtigkeit! Der Typ, den ich kenne, ist, nachdem ihm einer seiner Mieter wegen einer überhöhten Nebenkostenabrechnung ordentlich eins aufs Maul gegeben hat, nur noch ein sabbernder Lappen, während sich seine Ehefrau je nach Lust und Laune von ihrem Reitlehrer zureiten oder vom Klempner ein Rohr verlegen lässt, wenn Sie verstehen, was ich meine … und ohne es zu ahnen, bezahlt der Depp die beiden Hengste sogar noch dafür, dass sie seine Alte besteigen – obwohl das bei ihrem Aussehen eigentlich als Schmerzensgeldzahlung angesehen werden muss. Aber ich schweife ab. Die Gentrifizierung war also jedem Bürger dieser Stadt bekannt, nur nicht den Sesselpupsern von der Versicherung, und entsprechend sauer war unser Prüfer ob des Schreibens, das er von diesen Leuten erhalten hatte.

»Und selbst wenn ich vor einem Sprengstofflager parke, dann hat das diesen Versicherungsfuzzis egal zu sein – die haben gefälligst zu zahlen!«, brummte Prüfer Schuberth.

Trotz des Ärgers über seine Versicherung und der Tatsache, dass Sebastian auch so einem Insurance-Schuppen angehörte, herrschte eine angenehme Stimmung im Fahrzeug, als ich mich in meinen Sitz fallen ließ und wir einige Sekunden später starten wollten. Der Prüfer gab noch seine üblichen Instruktionen und dann das Startkommando: »Wir wollen bitte nach rechts fahren.«

Zum besseren Verständnis dessen, was jetzt auf den nächsten Seiten folgt, darf ich Sie, liebe Leser, ganz kurz mit der Örtlichkeit, wo sich die Fahrschule befindet, vertraut machen: Unsere Fahrschule befindet sich in einem nicht gerade kleinen Gebäudekomplex, in dem auch noch ein Drogeriemarkt, ein Imbiss, eine Buchhandlung und einige Wohneinheiten beheimatet sind. Zu diesem Gebäudekomplex gehört ein riesiger und wunderschön mit Bäumen und Sträuchern (ja, es gibt auch umweltliebende Bauherren) angelegter Innenhof mit Dutzenden Parkplätzen, welche in der Rushhour jedoch sehr stark von den Kunden des oben genannten Einzelhandels frequentiert, sprich besetzt, sind. So auch unsere eigens für die Fahrschule reservierten Stellplätze. Man könnten jedes Mal verzweifeln, wenn man in die Hofeinfahrt fährt und die von uns teuer angemieteten Plätze von irgendeinem Honk zugeparkt werden, der sich mal schnell 'nen Döner besorgen möchte, und man sich dann auf die Suche nach einer Alternative machen muss. Aber selten ein Schaden, wo kein Nutzen dabei ist. Wenn der Hof mal wieder rappelvoll ist, übt man bei dieser Gelegenheit mit seinen Schülern gleich mal das Umkehren, fährt bei der Hofausfahrt wieder raus und kann sich dann überlegen, wie man die Schüler dort auf der Hauptstraße weiter quält; entweder fährt man Richtung Süden, wo rechter Hand Unmengen von Querparkplätzen zur Verfügung stehen, oder man fährt in nördliche Richtung, wo auf der rechten Seite einige Parkplätze in Längsrichtung vorhanden sind – mit Grundfahraufgaben kann man die Schüler hier also zur Genüge foltern.

Ich denke, Sie sind jetzt ausreichend genug im Bilde und können sich die örtlichen Begebenheiten gut vorstellen – kommen wir jetzt zu Sebastians Prüfung …

Nachdem der Innenhof der Fahrschule vollends zugeparkt war, mussten wir unsere Prüfung von einem der Querparkplätze neben der Hauptstraße starten. Wir standen mittig in einer Parklücke, mit der Fahrzeugschnauze gen Hauptstraße, der Abstand zu den links und rechts neben uns geparkten Pkw betrug komfortable eineinhalb Meter.

Als Sebastian die Anweisung des Prüfers vernahm, nach rechts zu fahren, war er nicht mehr zu bremsen: Sofort lenkte er auf Anschlag nach rechts ein und bewegte seinen Kopf nach links vorne, um an den geparkten Fahrzeugen vorbeisehen zu können und dann im fließenden Verkehr die passende Lücke zum Rausfahren zu finden. Allerdings blickte er hierbei eben ausschließlich nach links, und so rollten und rollten wir mit nach rechts eingeschlagenem Lenkrad immer und immer weiter, bis wir fünf Zentimeter von dem hinteren Kotflügel des rechts von uns geparkten blauen Opels entfernt waren – und ich bremsen musste. Natürlich ging hierbei der sogenannte Piepser an, ein recht unangenehmes Geräusch, das dann ertönt, wenn der Fahrlehrer während der Prüfung Kupplung, Bremse oder Gas betätigen muss und somit die Prüfung beendet ist. Sebastian schaute mich ungläubig an, dann den blauen Opel, und dann wieder mich. »Und jetzt fahren Sie genauso wieder zurück, wie Sie rausfahren wollten«, sagte der Prüfer von hinten, während er das Prüfprotokoll ausfüllte (das grundsätzlich mit den Worten beginnt: »Leider hat es heute nicht gereicht …«). Sebastian tat dies, legte also den Rückwärtsgang ein, fuhr ein Stück zurück, legte den ersten Gang ein und sagte: »Jetzt mach ich es aber richtig …«

»… indem du die Handbremse anziehst, den ersten Gang einlegst und den Motor ausmachst, den Schlüssel abziehst und das Lenkradschloss einrasten lässt – denn das war es schon für heute!«, vollendete ich seinen eigentlich anders gemeinten Satz. Ihm fielen vor Verblüffung und Scham fast die Augen raus, als der Prüfer und ich ihm sagten, dass die Prüfungsfahrt hier und jetzt nach gerademal zwei Metern und 15 Sekunden beendet sei. Die kürzeste Prüfungsfahrt meiner Karriere, dachte ich mir – und sollte so was von falsch liegen.

Sieben Monate später …

… nein, kein Druckfehler, geschlagene sieben Monate später und natürlich für mich zum unpassendsten Zeitpunkt im April, wo die Motorradschüler schon mit den Hufen scharren, stand Sebastian während meiner Mittagspause bei uns im Büro. Er wolle es jetzt noch mal mit der Prüfung probieren, sagte er, er habe in den letzten Monaten seine Ausbildung erfolgreich abgeschlossen und stehe jetzt kurz vor dem Wechsel in die amerikanische Dependance seiner Versicherung – und zwar schon in eineinhalb Wochen. Schön. Es geht doch nichts über ein ordentliches Zeitmanagement. Eigentlich hätte ich ihn jetzt mit den Worten »Das fällt dir aber früh ein« aus der Fahrschule hinauskatapultieren müssen. Eigentlich. Nachdem mir der sympathische Kerl aber während der Ausbildung ans Herz gewachsen war, setzte ich alle Hebel in Bewegung, auf dass er noch vor seiner Abreise in die USA den deutschen Lappen in der Tasche habe. Ich quetschte ihn mit ein paar wenigen Fahrstunden in meinen übervollen Terminkalender, um das Erlernte wieder aufzufrischen (Fahren konnte er ja, wenn er es denn mal aus dem Parkplatz raus geschafft hatte), und verschaffte ihm, mit Hängen und Würgen und Bitten und Betteln bei unserer Bürokraft Noemi, noch einen Platz auf der Prüfungsliste.

Hat ein Schüler oder eine Schülerin in der ersten fahrpraktischen Prüfung das gewünschte Resultat nicht erreicht, so ist es die Aufgabe des Fahrlehrers, genau diese Unzulänglichkeit durch zusätzliche Wiederholung abzustellen. Und so staunten einige Gäste eines benachbarten Cafés nicht schlecht, als Sebastian und ich im Rahmen unserer Auffrischungsstunden eine Dreiviertelstunde lang nichts anderes machten, als jeden vorhandenen Querparkplatz vor unserer Fahrschule anzufahren, einzuparken und wieder zu verlassen. Ich ließ Sebastian, sei es zur Übung oder aus Strafe für die Dummheit, die zu meiner kürzesten Prüfung of all time geführt hatte, so lange ein- und ausparken, bis der arme Kerl fast am Kotzen war. »Zu meiner Zeit hat man das Autofahren noch auf der Straße und nicht in Parklücken gelernt«, spielte ein Rentner im Vorbeigehen den Clown. Sehr, sehr witzig, hahaha …

Und schon wieder war ein Prüfungstag gekommen, DER Prüfungstag für Sebastian. Die Sonne strahlte mit mir um die Wette. Hatte heute volles Programm, drei Schülerinnen und zwei Schüler, einer davon war eben Sebastian, der als Letzter drankommen sollte. Wir hatten Herrn Müller als Prüfer, ein feiner Kerl, und die ersten vier Prüfungen waren laut Herrn Müller »summa cum laude« bestanden und erledigt. Wieder mal waren die für unsere Fahrschule reservierten Parkplätze okkupiert, was uns dazu zwang, auf einem der Querparkplätze an der Hauptstraße zu parken. Während der Prüfer mit meinem vierten Schüler im Büro noch den Papiermarathon hinter sich brachte (Führerschein aushändigen, Erhalt bestätigen lassen etc.), ging ich raus zu Sebastian und händigte ihm den Fahrzeugschlüssel aus, damit er sich schon mal den Sitz und die Spiegel einstellen konnte. Ich zog ihn noch schnell zur Seite und raunte ihm zu: »Sebastian, du siehst, dass wir wieder genauso dastehen wie beim letzten Mal – lenk also bloß nicht zu früh ein!«

Er grinste mich mit einem breiten Lächeln an und sagte: » Keine Sorge, das passiert mir nicht noch einmal!« Dein Wort in Gottes Gehörgang, dachte ich mir, während ich wieder zurück ins Büro ging, um Herrn Müller abzuholen und mich meines Kaffees zu entledigen.

Nach einer kurzen Pinkelpause ging es auf zum letzten Gefecht. Wir standen, wie schon gesagt, in der exakt selben Position wie bei Sebastians erster Prüfung, nur eben ein paar Lücken weiter, wieder mit der Fahrzeugfront in Richtung Hauptstraße.

»Ich sehe in meinen Unterlagen, dass Sie heute bereits Ihre zweite Prüfung haben; Sie sind mit dem Ablauf solch einer Prüfung also vertraut. Wenn Sie keine Frage an mich haben, können wir auch schon loslegen – wir fahren bitte nach links!«, startete Herr Müller die Prüfung.

Sebastian legte den ersten Gang ein, löste die Handbremse, setzte den Blinker nach links und tastete sich nach vorne gen Hauptstraße – glücklicherweise ohne zu lenken! Bestens. Sebastian erspähte sodann eine Lücke im von links und rechts kommenden Verkehr, drehte den Motor hoch auf 4.000 Umdrehungen, preschte aus der Parklücke – und kam mit dem Lenken nicht hinterher!

»Piiiiiiiiiiiiep« ertönte es im Auto, nachdem ich dieses mit einer Vollbremsung zum Stillstand gebracht hatte und damit verhinderte, dass Sebastian den auf der anderen Straßenseite geparkten BMW rammte.

Ich schlug die Hände vor mein Gesicht und schrie: »DAS KANN DOCH NICHT WAHR SEIN, DAS KANN DOCH EINFACH NICHT WAHR SEIN!«

Ich hörte den Prüfer etwas murmeln wie: »Tja, da brauchen wir jetzt gar nicht weiterzumachen, fahren Sie bitte wieder genauso rein, wie Sie rausgefahren sind.« Wir kamen diesmal circa fünf Meter weit; die Prüfung dauerte exakt 20 Sekunden. Immerhin ein Fortschritt im Vergleich zur letzten Prüfung, wenn auch nur minimal.

»Sebastian erspähte sodann eine Lücke im von links und rechts kommenden Verkehr, drehte den Motor hoch auf 4.000 Umdrehungen, preschte aus der Parklücke – und kam mit dem Lenken nicht hinterher!«

Nachdem ich das Fahrschulauto wieder zurück in die Lücke bugsiert, Prüfer Müller noch im Auto verabschiedet und mich einigermaßen beruhigt hatte, wandte ich mich meinem Rohr-, äh, Roadkrepierer Sebastian zu, der apathisch ins Leere blickte.

»Was mach ich denn jetzt mit dir?«, fragte ich ziemlich ratlos.

»Mir einen guten Flug und Aufenthalt in den Staaten wünschen – ohne Führerschein«, seufzte der arme Kerl.

»Vielleicht kannst du deinen Lappen ja irgendwann jenseits des großen Teiches machen«, tröstete ich ihn und tätschelte ihm die Schulter.

»Irgendwann vielleicht ... da sind die Straßen und Parkplätze auch größer«, bewies Sebastian Galgenhumor. Ich musste kurz auflachen und verabschiedete mich dann von ihm.

Zwei Tage später flog er in die Staaten. Ich sollte ihn nie wiedersehen, da er dort nun heimisch geworden ist und, trotz seiner jungen Jahre, schon Frau und Kinder hat – und mittlerweile sogar einen Führerschein, wie mir seine Schwester mitteilte, als sie bei mir den Motorradführerschein machte.

Mir wird Sebastian in stetiger Erinnerung als Roadkrepierer bleiben, der es, wenn überhaupt, nur wenige Meter auf die Straße schaffte und bei mir in der Hitliste der kürzesten Prüfungen aller Zeiten die Plätze eins und zwei belegt ...

Nachtrag: Lieber Sebastian, sollten dich diese Zeilen im fernen Amerika erreichen, so darf ich dir mitteilen, dass du dich nicht weiter grämen musst – man hat dich vom Podest gestoßen und auf die Plätze zwei und drei der kürzesten Prüfungen aller Zeiten verwiesen!

Ich schreibe diesen Nachtrag genau eine Stunde und 55 Minuten nach meiner letzten praktischen Prüfung des heutigen Tages. Mein Prüfling hat es heute geschafft, dich vom Thron zu stoßen.

Nachdem alle Parkplätze des Innenhofes mal wieder dicht waren, standen wir mit Prüfungsbeginn auf einem der Längsparkplätze vor der Fahrschule – genau, du erinnerst dich richtig, gegenüber den Querparkplätzen, wo du zum Roadkrepierer mutiertest. Eine ewig große Lücke, in der wir da standen: Nach vorne hatten wir zwar nur einen Meter Spielraum, dafür nach hinten geschätzte 100 Meter. Der Schüler musste also nichts anderes machen, als ein paar Meter zurückzustoßen, um die Parklücke möglichst bequem verlassen zu können. Leider verwechselte er den Rückwärtsgang mit dem ersten Gang. Und so schaute er zwar artig nach hinten, das Auto schoss aber mit dem eingelegten ersten Gang nach vorne. Mittels Bremseingriff konnte ich gerade noch verhindern, dass wir die Stoßstange unseres Vordermanns ramponierten. Die zurückgelegte Wegstrecke betrug aberwitzige 70 Zentimeter, die Prüfungszeit nicht mehr als drei Sekunden. Und ich Trottel denke noch immer, dass ich als Fahrlehrer schon alles erlebt habe …

14. KAPITEL

ANDRÉ

DIE LÄNGSTE PRÜFUNG

Automatikgetriebe sind eine feine Sache, befreien sie den Fahrer doch vom lästigen Kuppeln und Schalten und machen ihre Sache oftmals besser und effizienter als Menschen. Kein Automobilhersteller dieses Planeten kann es sich heutzutage mehr leisten, eine Modellreihe ohne diese Schalthilfe auf den Markt zu bringen, im Gegenteil! Versuchen Sie mal, ein Fahrzeug der Luxusklasse mit Schaltgetriebe zu ordern – Sie werden vom Autoverkäufer kritisch beäugt werden und als Antwort bekommen, dass das nicht geht.

Während sich das automatische Getriebe also auf dem Siegeszug befindet, gibt es nur wenige Fahrschüler, die sich dafür entscheiden, ihre Ausbildung auf einem Fahrzeug mit Automatikgetriebe zu machen. Der Grund dafür liegt auf der Hand: Macht man seinen Führerschein nicht auf einem Fahrzeug mit Schaltgetriebe, so darf man damit auch nicht fahren. Besser ist es, seinen Lappen mit der Handschaltung zu machen und dann auf ein Automatikfahrzeug umzusteigen, als der Einfachheit halber die vermeintlich einfachere Variante zu wählen und dann lebenslänglich dazu gezwungen sein, nie ein Auto mit Schaltgetriebe fahren zu dürfen – und zu können!

Und soll ich Ihnen was sagen (auch auf die Gefahr hin, dass mich der ein oder andere Leser am liebsten teeren und federn möchte):

Wer nicht dazu fähig ist, ein Schaltgetriebe samt Kupplung zu bedienen, ist mit der Technik anscheinend so überfordert, dass er meiner Meinung nach auch nicht auf die Straße gehört.

Nichtsdestotrotz bieten viele Fahrschulen die Ausbildung auf Automatikfahrzeugen an, so auch mein Arbeitgeber. Und auch wenn es mir gegen den Strich geht, Fahrschüler nicht von der Pike auf auszubilden, so bleibt mir manchmal doch nichts anderes übrig, als in den sauren Apfel zu beißen und so eine weich gespülte Ausbildung zu machen.

Eine dieser Ausbildungen endete mit der längsten Prüfung aller Zeiten. Nein, wir standen während der Prüfungsfahrt nicht im Stau, auch hatte der Prüfer nicht die Orientierung verloren und nicht wieder zur Fahrschule zurückgefunden – nein, etwas anderes war der Grund dafür, dass die Prüfungsfahrt von André den üblichen zeitlichen Rahmen sprengte.

»Stellen Sie das Fahrzeug bitte parkfertig ab«, wies Jörg, der Prüfer, André am Ende der Prüfungsfahrt an. André stellte den Wählhebel auf »P«, zog die Handbremse an und drehte seinen Kopf in Erwartung des Prüfergebnisses zu Jörg.

»Sind Sie schon fertig?«, fragte Jörg überrascht.

»Ja – hab ich bestanden?«, antwortete André selbstsicher.

»Bevor ich das Ergebnis verkünde, stellen Sie das Fahrzeug bitte parkfertig ab«, bremste Jörg André.

»Hab ich doch!«

»Würden Sie ihr Fahrzeug so verlassen?«

»Ähm … ich glaub schon …«, stand André auf dem Schlauch. Was für ein Blackout!

»Glauben kannste in der Kirche«, schaltete ich mich in das Rätselraten ein.

»Ach, du meine Güte, ich hab das Lenkradschloss nicht einrasten lassen«, schlug sich André mit der flachen Hand auf die Stirn und drehte danach das Lenkrad energisch hin und her, um das Lenkradschloss einrasten zu lassen – was ihm nicht gelang.

»Ist was kaputt?«, sah er mich fragend an.

»Nö. Mit dem Auto ist alles okay«, antwortete ich.

»Hm, komisch …«, rätselte André und drehte fleißig weiter am Lenkrad – und zwar volle zwei Minuten. Ich weiß, dass sich zwei Minuten jetzt nicht sonderlich lange anhören, aber versetzen Sie sich mal in die Situation, dass sie jemandem 120 Sekunden dabei zusehen, wie er verzweifelt versucht, endlich seine Prüfung mit dem ordnungsgemäßen Abstellen des Fahrzeuges zu beenden! Nachdem Andrés Blackout anhielt, gab ihm Jörg einen Tipp: »Überlegen Sie doch mal, warum sich das Lenkrad so leicht lenken lässt …«

»Wegen der Servolenkung!«, kam es von André wie aus der Pistole geschossen.

»Der Kandidat hat 100 Punkte! Und wann funktioniert diese Servolenkung nur?«

»Wenn …«, überlegte André – für weitere 60 Sekunden. SECHZIG SEKUNDEN! Volle drei Minuten waren wir jetzt schon über der Zeit! Ich war kurz vorm Explodieren, André kurz vorm Selbstmord – nur Jörg fand Gefallen an diesem Rätselraten.

»Jetzt schließen Sie mal kurz die Augen und lauschen Ihrer Umgebung«, gab er einen weiteren Hinweis. André machte die Augen zu, horchte – und checkte es nach weiteren 60 Sekunden immer noch nicht!

Das Ganze entwickelte sich langsam zur Folter.

»Junge, sperr die Lauscher auf – was stimmt hier nicht?«, knurrte ich André ungeduldig an.

»Keine Ahnung, ich weiß es nicht!«, war er kurz vorm Losflennen.

»Noch ein Hinweis: Schauen Sie doch mal auf den Drehzahlmesser …«, empfahl Jörg André.

»900 Umdrehungen …«, murmelte dieser.

»UND DAS HEISST?«, herrschte ich Mr Blackout an.

»Dass der Motor noch läuft?«

»Genau«, erlöste Jörg André und mich, »und jetzt schalten Sie einfach mal den Motor aus, ziehen den Schlüssel ab und lassen dann das Lenkradschloss einrasten, okay?«

Es geschah wie befohlen, und André hatte seine Prüfung bestanden – und ich die längste meines Lebens hinter mir.

15. KAPITEL

ASTRID

DIE LUSTIGSTE PRÜFUNG

Für Heiterkeit ist in einer Fahrprüfung eigentlich wenig Platz. Zu konzentriert und auch angespannt sind sowohl der Fahrschüler als auch der Fahlehrer und der Prüfer. Aber manchmal kann man sich vor lauter Lachen auch fast wegschmeißen. Fahrschüler, die während der Prüfungsfahrt lauthals zu singen anfangen, Selbstgespräche führen, ans Handy gehen, statt der Fahrertür den Kofferraumdeckel öffnen, weil sie auf den falschen Knopf bei der Funkfernbedienung des Schlüssels drücken – solche filmreifen Highlights hat jeder Fahrlehrer schon mal erlebt und mit Sicherheit in Gedanken eine subjektive Hitliste lustiger Verfehlungen und Verhaltensweisen angefertigt.

In meinen persönlichen Charts steht die Story ganz weit oben, in der sich Prüfer Brahms und meine Wenigkeit bei einer Motorradprüfung im Auto sitzend vor Lachen krümmten, während meine Fahrschülerin Astrid (mit circa 60 Kilo Lebendgewicht) mit dem Fahrschulmotorrad (welches geschätzte 220 Kilo Trockengewicht auf die Waage bringt) vor folgendem Verkehrsverbot stehen blieb, in der Annahme, sie dürfe dort nicht reinfahren, da sie den dort angegebenen Wert überschreiten würde:

Mit Sicherheit fahren da draußen einige Kollegen herum, die diese Story kaltlässt, weil sie schon lustigere Sachen erlebt haben – für mich war es jedoch der lustigste Moment in einer praktischen Prüfung – zumindest bis jetzt. Morgen steht ja schon wieder 'ne Prüfung an …

»In meinen persönlichen Charts steht die Story ganz weit oben, in der sich Prüfer Brahms und meine Wenigkeit bei einer Motorradprüfung im Auto sitzend vor Lachen krümmten«

16. KAPITEL

PAUL UND PAULINE

WAHRE LIEBE

Ich weiß ja nicht, wie es Ihnen geht, wenn Sie einen Blick in die Klatschblätter werfen, aber ich schüttle jedes Mal den Kopf, wenn ich sehe, wer mit wem in der sogenannten High Society verbandelt ist. Bildhübsche Models sind mit millionenschweren Gesichtskrapfen verbandelt, und Frauen, die über Jahre hinweg auf die Frage, wie alt sie denn seien, mit einem inbrünstigen »39!« antworten (ihr Aussehen aber vermuten lässt, dass die letzte »39«, die sie gesehen haben, das Jahr 1939 war), ziehen mit Toy Boys von Party zu Party. Was in Interviews dann immer als »wahre Liebe« hingestellt wird, entpuppt sich bei genauerem Hinsehen oftmals als nichts anderes als ein Geschäft: Der von Gott zwar mit Geld, aber nicht mit gutem Aussehen gesegnete Millionär erhält von der Laufstegschönheit körperliche Zuwendung, wofür die Liebesgöttin wiederum finanziell dermaßen ausgestattet wird, dass die Schneiderinnen bei Gucci, Versace und Dior Überstunden machen müssen, um des Kaufrausches der jungen Dame Herr zu werden. Und während sich die für immer und ewig 39-jährige Lady beim Brunch von ihren Freundinnen beneiden lässt, hofft der feurige, aber noch nach Pausenbrot stinkende Liebhaber auf eine Nebenrolle in irgendeiner zweitklassigen TV-Serie, die ihm der Cousin seiner Holden verschaffen könnte.

Bevor ich mir hier aber den Ruf eines unromantischen, kaltherzigen Zynikers erarbeite, will ich festhalten, dass es natürlich auch genügend Pärchen gibt, die unter die Rubrik wahre Liebe fallen, auch wenn man das erst mal so nicht zu glauben vermag. Nehmen Sie mich als Beispiel. Wenn man meine Frau und mich so über den Markt schlendern sieht, dann muss man sich unweigerlich die Frage stellen, was diese Frau an so einem Honk wie mir toll findet. Nachdem ich aber weder eine Penis-Prothese auf vier Rädern noch eine Villa mit sieben Schlafzimmern und Pool mein Eigen nenne, muss es wohl wahre Liebe sein …

So wie bei Paul und Pauline. Ob die Namensgleichheit der beiden ein Wink des Schicksals oder eine Laune der Götter war, werde ich wohl nie erfahren, genauso wenig wie den Grund, warum die beiden überhaupt ein Paar wurden, denn die Unterschiede zwischen ihnen waren nicht nur physisch, sondern auch psychisch eminent.

Da war auf der einen Seite Pauline. Machen wir es kurz: ein echter Feger, sowohl mental als auch körperlich. Eine klassische Schönheit mit den Maßen 90-60-90, wunderschönes blondes Haar, vor einem Jahr das Abitur mit einem Schnitt von 1,0 gemacht und danach das Projekt Führerschein bei mir angegangen. Die beiden Prüfungen der Klassen A und B zog sie trotz meiner Bedenken, dass so was ganz schön tough sei, an ein und demselben Tag durch – und zwar summa cum laude (ich zitiere den Prüfer: »Leck mich doch am Arsch, mit der wird's ja richtig langweilig – gibt's was, was die nicht kann?«). Nach dem erfolgreichen Erwerb des Motorrad- und Autoführerscheins machte sie sich erst mal mit einer guten Freundin auf den Weg durch Europa, kehrte dann nach einigen Monaten zurück nach Hause, um ihr Studium zu beginnen – und verliebte sich Hals über Kopf in Paul, den neuen Nachbarsjungen, der mit seinen Eltern und seiner Katze ganz frisch in das Haus auf der anderen Straßenseite eingezogen war.

Böse Zungen behaupten ja bis heute, dass dieser Umzug nicht ganz freiwillig war, sondern eher eine Flucht zum Wohle des Jungen. Sagen wir es klipp und klar: Paul war das, was man heutzutage an den Schulen ein Opfer nennt. Ein Körper, für dessen Beschreibung das Wort »Spargeltarzan« kreiert wurde, ein Gesicht, das für die Pharmaindustrie als Testgelände für Pickelwässerchen geeignet gewesen wäre, eine Frisur, die an einen Wischmopp mit Locken erinnerte, pseudo-coole Gangsta-Klamotten, die ihm Mami und Papi zur Steigerung seines Images gekauft hatten (wobei der Wunsch der Vater des Gedankens blieb), kurzum: Quasimodo hatte einen legitimen Nachfolger. Und als ob das noch nicht genug wäre, tat sich Paul auch intellektuell etwas schwer, bei seinen Mitschülern Boden gutzumachen. Auf die Frage, ob der Papst denn katholisch sei, durfte man von ihm keine aus der Hüfte geschossene Antwort erwarten. Nachdem er aufgrund seiner Minderbemitteltheit bereits zwei Ehrenrunden auf dem örtlichen Gymnasium drehen durfte, wurde er zu Beginn der Oberstufe in eine Privatschule verfrachtet und seine Eltern engagierten auf den letzten Metern vor dem Abitur noch eine Heerschar von Nachhilfelehrern, damit der Bub es auch ja schaffen würde (»Unschätzbar wichtig für sein Ego«, haben sie damals gesagt). Und, welch Wunder – er packte es sogar (dass eine nigelnagelneue, von seinen Eltern gesponserte Schulbibliothek was damit zu tun hatte, darf natürlich aufs Heftigste bezweifelt werden).

Seinem Ego half das Abitur trotzdem nicht. Er fühlte sich aufgrund seiner Opferrolle weiter so, wie mein Garten, der von den Nachbarskatzen als öffentliche Toilette genutzt wird: beschissen.

Unterschiedlicher konnten die beiden also kaum sein, weder vom Aussehen noch von der Intelligenz. Wie und warum es zu der Liaison zwischen Paul und Pauline kam, darüber bin ich nicht informiert, dafür umso mehr verwundert. Aber wie heißt es so schön – Gegensätze ziehen sich an. Und so bummelten die beiden Frischverliebten Händchen haltend und das Getuschel hinter ihrem Rücken (»Boah, haste das geile Bunny gesehen? Aber den Typen kannst du dir ja nicht mal schön saufen!«) ignorierend eines Tages zu mir in die Fahrschule, um Paul für den Motorradführerschein der Klasse A2 anzumelden. Pauline hatte beschlossen, dass das Fahren eines Feuerstuhls für Pauls Ego wahnsinnig hilfreich sein würde und ihn auf einer Cool-Skala von minus eins auf zehn hieven würde. Und da saßen die beiden nun.

Während ich Pauline die Unterschiede zwischen den alten und neuen Motorradklassen erklärte, blätterte Paul emsig in einer mitgebrachten Motorradzeitschrift.

»Schau mal, Paulinchen, das Ding würde mir doch gut stehen!«, strahlte er und deutete auf das Foto einer Chopper.

»Oh ja, Paulchen, die ist sehr cool – Andi, hast du nicht auch so eine?«

»So ähnlich, ja. Paul, so ein Ding muss man aber auch halten können, gell!?«, gab ich den beiden Herzchen (jetzt fang ich auch schon mit diesem »-chen« an, verdammt!) zu bedenken.

»Wie meinst du das?«, fragten beide wie aus der Pistole geschossen.

»Hallo? Das Ding wiegt über 300 Kilo! Und Paulchen, äh, Paul, so was muss man im Stand auch halten können. Nimm es mir nicht übel, aber aufgrund deiner Statur würde ich dir eher so 'ne leichte Motocross empfehlen, weißt du?«

Bevor Sie sich jetzt irritiert das Autorenfoto ansehen – lassen Sie es sein. Ich stimme Ihnen vollumfänglich zu, dass ich selbst nicht gerade die Statur eines Bodybuilders habe. Aber den Genen meiner Verwandtschaft mütterlicherseits ist es zu verdanken, dass ich auf der einen Seite wie ein Essgestörter so viel futtern kann, wie ich will, ohne auch nur ein Gramm zuzunehmen (ganz schön ungerecht, oder?) und gleichzeitig mit einer sehr sehnigen Muskulatur und ordentlicher Ausdauer ausgestattet bin, will heißen: Ich bin nicht der Typ, bei dem kein Gras mehr wächst, wenn er irgendwo hinschlägt, sondern der Typ, der so lange zuschlägt, bis der ganze Garten umgepflügt ist, wenn Sie verstehen, was ich meine. Und die zusätzlich regelmäßig absolvierte hohe zweistellige Anzahl von Liegestützen und Kniebeugen führt eben zu der Tatsache, dass ich im Gegensatz zu Paulchen, sorry, Paul, so ein stählernes Ross zu halten vermag.

Und nicht nur, dass ich wirklich Bedenken hatte, dass Paulchen, verdammt, Paul sich mit so einer Wuchtbrumme von Motorrad verheben würde – ich persönlich bin auch der Meinung, dass so ein Bike auch zu seinem Besitzer passen sollte. Ein Strich in der Landschaft hat somit nichts auf einem Power-Cruiser verloren, genauso wenig wie ein Fleischklops mit drei Zentnern die zulässige Gesamtmasse eines Supersportlers ausreizen sollte. Wie gesagt, meine subjektive Meinung, aber das Schöne an meinem Job ist, dass diese Meinung fast immer Gültigkeit hat.

Die beiden nickten sich zustimmend zu und Paul blätterte ein paar Seiten zurück und deutete wieder auf ein Foto: »Und was ist mit dieser Maschine?«

Ich warf einen kurzen Blick in die Zeitung und erkannte ein britisches Retrobike der Marke Triumph.

»Schon eher. Wiegt fast 100 Kilo weniger als die Chopper, sieht aber trotzdem stylish aus.«

»Oh, die sieht wirklich gut aus, die würde zu dir passen, Häschen«, war Pauline entzückt und flüsterte mir zu: »Gut für sein Ego!«

»Ob Mami und Papi dafür die Geldbörse zücken würden?«, grübelte Paul halblaut.

»So, bevor wir uns über das passende Motorrad zur Ego-Steigerung und dessen Finanzierung Gedanken machen, würde ich sagen, dass wir erst mal den Ausbildungsvertrag unterschreiben und dann dafür sorgen, dass Paulchen, äh, Paul die notwendige Voraussetzung für so ein Bike hat – nämlich den Führerschein!«, unterbrach ich die Tagträumereien der beiden Turteltäubchen und machte ein wenig Druck – ich hatte schließlich nicht den ganzen Tag Zeit.

Paul unterschrieb also den Ausbildungsvertrag und machte sich dann mit seinem Mädchen vom Acker.

»Wo die Liebe halt hinfällt«, murmelte ich in meinen Fünftagebart, als ich Paul und Pauline hinterherschaute, und verspürte den

Drang, umgehend meine Frau anzurufen, um ihr zu sagen, dass ich sie liebe …

Eine Woche später begann Pauls Motorradausbildung. Der Junge erschien in Begleitung seiner geliebten Pauline und, alle Achtung, in den hochwertigsten Klamotten, die der Handel hergab: wasserdichte und knöchelhohe Bikerstiefel, Rindlederjacke und -hose mit Schulter-, Ellenbogen-, Knie- und Rückenprotektoren, Integralhelm aus Fiberglas, Handschuhe mit Handballen- und Knöchelpolstern (ebenfalls aus Rindleder), Nierengurt, Sturmhaube – Respekt, an der Ausrüstung sollte das Unterfangen wohl nicht scheitern!

Ich legte Paul noch den Nierengurt mit der Aufschrift »FAHRSCHULE« um, in dem sich auch das Funkgerät befand, über welches ich ihm künftig Anweisungen erteilen und Hinweise zuflüstern würde, und half ihm mit den Ohrstöpseln, welche mit dem Funkgerät verbunden waren. Und schon konnte es, nach einer kurzen Einweisung am Fahrschulmotorrad und über das richtige Verhalten als Sozius, zum Übungsgelände gehen.

Eine gute Stunde war vergangen, und Paul hatte schon 'ne ganze Menge gelernt. Nach den Balance-Übungen ging es gleich weiter mit Anfahr- und Anhalteübungen sowie Übungen im instabilen Bereich (wie beispielsweise Stop and Go, Fahren mit Schrittgeschwindigkeit, Slalom Schrittgeschwindigkeit etc. …). Die Aufgaben meisterte er gut, wenn auch nicht schön. Etwas verkrampft saß er da auf der Kawasaki, von Lockerheit oder gar Geschmeidigkeit war wenig zu sehen, aber was soll's, es war seine erste Fahrstunde auf dem Bock, und da hat noch jeder die Hosen gestrichen voll gehabt.

Das besserte sich jedoch von Fahrstunde zu Fahrstunde. Paul wurde immer lockerer, und einige Zeit später war das, was er da so machte, wirklich ansehnlich. Übungen wie Slalom- und Kreisfahren sowie das Ausweichen und die Vollbremsung gelangen diesem hageren Burschen, was neidlos anzuerkennen ist, wirklich gut. Vielleicht sogar einen Tick zu gut.

Als wir nämlich den Übungsplatz fürs Erste verlassen hatten (vor der praktischen Prüfung würde uns der Platz noch mal zu Gesicht bekommen, da wir dort noch mal die Grundfahraufgaben wiederholen würden) und im Realverkehr zu Gange waren, wurde Paul ein wenig übermütig, um nicht zu sagen schlampig. Der Kerl donnerte mir im Rausch der Freiheit und Geschwindigkeit an fast jedem Tempolimit vorbei, ohne ernsthafte Anstalten zu machen, diese penibel einzuhalten. Vielleicht hatte er ein bisschen zu viel Selbstvertrauen getankt, aber das, was er auf der Straße ablieferte, spottete jeder Beschreibung. Mal flitzte er mit 40 Sachen durch die 30er-Zone, mal raste er mit 70 in die Ortschaft, mal gab er auf der Landstraße Gas bis 120 – Geschwindigkeitsbegrenzungen schienen für ihn nur eine unverbindliche Empfehlung zu sein!

»Paul, jetzt reiß dich mal am Riemen! Du sollst nicht *in* der Ortschaft langsamer werden, sondern *vor* der Ortschaft! Hast du denn das Ortsschild überhaupt gesehen?«, tadelte ich ihn in meiner Karre sitzend übers Funkgerät und erntete ein zustimmendes Nicken von dem vor mir fahrenden Paul.

»Umso schlimmer! Du weißt, dass du nur 50 fahren darfst, und fährst trotzdem zu schnell! Schau gefälligst auf den Tacho!«, platzte mir der Kragen.

Wir kamen wieder bei der Fahrschule an, und es war Zeit für ein intensives Schüler-Lehrer-Gespräch: »Hast du registriert, dass du heute kein einziges Mal das Tempolimit eingehalten hast?«, begann ich das Gespräch.

»Ich verlass mich da immer auf mein Gefühl«, gab er kleinlaut zu.

»Gefühl kannst du noch gar keines haben! Das Gefühl für die Geschwindigkeit kommt mit der Erfahrung. Du glaubst, langsamer zu werden, wenn du den Gasgriff zurücknimmst, weil der Motor durch die sinkende Drehzahl leiser wird und der Winddruck nachlässt. Und natürlich wirst du langsamer, aber nicht so stark, dass du gleich 50 Sachen draufhast, wenn du zehn Meter vor dem

Ortsschild bei Tempo 100 den Gasgriff loslässt; entweder gehst du früher vom Gas, oder du musst die Verzögerung mit der Fuß- und Handbremse unterstützen! Und vor allem auf den Tacho gucken!«, belehrte ich Paulchen, äh, Paul.

Mitten in das Lehrgespräch platzte Pauline, nachdem sie ihren Fiat im Innenhof abgestellt hatte, um Paul turnusmäßig von der Fahrstunde abzuholen. Als sie in die Fahrschule reinkam und sah, dass ihr Schatzilein etwas bedröppelt aus der Wäsche guckte, nahm sie ihn sogleich in den Arm und drückte ihm einen langen Kuss auf die Lippen.

»Egal was war, du schaffst das schon«, hauchte sie ihm zur Motivation ins Ohr. »Geh doch schon mal zum Auto, ich muss mal kurz mit deinem Fahrlehrer schnacken.«

Paul verkrümelte sich raus zu Paulines Fiat.

»Tut er sich schwer?«, fragte Paulinchen, äh, Pauline besorgt.

»Nichts Dramatisches. Ein bisschen laxer Umgang mit den Tempolimits, weil er sich zu sehr auf sein Gefühl und zu wenig auf den Tacho verlässt, halb so tragisch. Das kriegen wir schon noch hin. Bei dir war es am Anfang ja genauso, und du hast es auch gepackt«, beruhigte ich sie.

»Stimmt«, pflichtete Pauline mir bei, »ich hab am Anfang auch immer gedacht, dass ich einen Bremsschirm geworfen hätte, wenn ich vom Gas gegangen bin – aber sonst macht er sich gut, oder?«

»Zweifelsohne, sonst wären wir ja noch auf dem Übungsplatz.«

»Gut, das werde ich ihm jetzt so sagen. Bisschen das Ego aufbauen …«

Ich weiß nicht, ob es meiner Ansprache oder Paulines Seelenmassage zu verdanken war, aber die Tempoüberschreitungen von Paul gingen so rapide nach unten wie seinerzeit Dotcom-Aktien. Ein paarmal klappte es mit dem zielgenauen Bremsen nicht, aber die meiste Zeit funktionierte es gut. So gut, dass wir uns nach den absolvierten Sonderfahrten und der Wiederholung aller Grundfahraufgaben kurz vor der praktischen Prüfung befanden (vor der theoretischen Prüfung hatte sich Pauline bei Kerzenschein zu ihm gesetzt und ihm beim Lernen geholfen – süß, gell?).

Es war die letzte Fahrstunde vor der Prüfung. Die Grundfahraufgaben waren zu meiner vollsten Zufriedenheit absolviert, und wir fuhren noch ein paar Runden in unserer Hood.

»Paul, magst du mich eigentlich?«, fragte ich ihn mittels Funk.

Er nickte.

»Warum quälst du mich dann so?«

Er zuckte mit den Schultern, weil er wohl nicht wusste, auf was ich hinauswollte.

»Musst du einen Tag vor deiner Prüfung wieder in denselben Trott verfallen wie zu Beginn deiner Ausbildung?«

Er zuckte wieder mit den Schultern.

»Wir sind hier in einer 30er-Zone und du fährst fast 40 Sachen! Brems doch endlich gescheit runter! Das ist jetzt schon das zweite Mal innerhalb von zehn Minuten! Reiß dich zusammen, morgen ist Prüfung!«

Paul tat wie ihm befohlen und bremste runter. Ich sinnierte noch ein wenig darüber, warum es Fahrschüler in ihrer letzten Fahrstunde ihren Fahrlehrern und sich selbst immer so schwer machten, an einen Erfolg in der Prüfung zu glauben. Eine 100-prozentige Antwort wird es darauf wohl nicht geben, ich vermute jedoch, dass das einfach Lampenfieber ist. Aber lieber eine verpatzte Generalprobe als eine misslungene Uraufführung, nicht wahr?

Wir fuhren zurück zur Fahrschule, wo Pauline in aufreizender Pose an ihrem Fiat lehnte und auf ihren Paul wartete. Paul stellte das Motorrad und ich mein Auto ab, und wir stiegen aus respektive ab. Paul eilte sogleich zu seiner Holden.

»Üff glaup, üff chaff daff morgen nüff!«

»Schnuckelchen, du musst Helm und Sturmmaske abnehmen, sonst versteh ich dich nicht!«

»Ich glaub, ich schaff das morgen nicht!«, jammerte er, nachdem er seinen Helm und die Haube abgenommen hatte.

»Wieso denn nicht? Was war denn los?«, erkundigte sie sich bei ihm und mir.

»Meine Güte, er ist halt zweimal zu schnell unterwegs gewesen. Hab dich nicht so, das war ein kleiner Ausrutscher vor der Prüfung, nicht mehr und nicht weniger. Morgen konzentrierst du dich, dann klappt das schon«, versuchte ich, ihn zu motivieren.

»Eben, Schatzi, du schaffst das schon. Ich hab in meiner letzten Fahrstunde auch ein Stopp-Schild übersehen, und ich hab es auch gepackt«, pflichtete mir Pauline bei. »Komm, du schaffst das schon!«

Beide verabschiedeten sich von mir und gingen ihres Weges. Paul winselte im Fortgehen ununterbrochen: »Ich schaff es nicht, ich schaff es nicht, ich schaff es nicht«, während Pauline versuchte, sein Ego aufzupäppeln, und ihm immer wieder aufmunternd über den Kopf streichelte – und ich meinen ob dieses ungleichen Pärchens wieder einmal schüttelte …

Nächster Tag. Es ist 7.30 Uhr. Ich stehe mit Paul (und komischerweise ohne Pauline) bei der Prüforganisation, um den Prüfer abzuholen. Dieser wird heute Jörg sein, was meine Laune an diesem bewölkten Morgen ziemlich hebt. 60 Minuten Prüfungsdauer (bei den Motorrädern dauern die Prüfungen immer ein bisschen länger als bei den Autos), die mit diesem witzigen Kerl jedoch wie im Fluge vergehen würden. Als ich ihn kommen sah, klopfte ich Paul aufmunternd auf die Schulter.

»Komm, Junge, reiß dich zusammen, wird schon werden!«

»Ja. Da bin ich mir sehr sicher«, grinste er mich vielsagend an. So viel Selbstvertrauen hatte ich von diesem »Opfer« nicht erwartet, deswegen blieb ich auch stumm.

Jörg, unser Prüfer, nahm neben mir Platz, und ich machte noch einen kurzen Funkgerät-Check mit Paul.

»Eins, zwei, drei, Test, eins, zwei, drei …«, nuschelte ich ins Mikro, und Paul gab mir mit einem Nicken zu verstehen, dass er meine Anweisungen laut und deutlich hörte. Die Reise konnte beginnen.

»Erzähl, mit wem haben wir es da vorne zu tun?«, bat mich Jörg um ein kurzes Briefing, welches er auch bekam.

»Der Junge ist ein Mauerblümchen, das zeitlebens von Mutti und Vati und neuerdings von seiner Freundin gepudert und gepäppelt wird. Den Lappen macht er aus Imagegründen, um seine Opferrolle endlich hinter sich zu lassen und cooler zu sein – zumindest ist das die Denke von seiner Freundin.«

»Haben wir es also mit einem Poser zu tun?«, hakte Jörg nach.

»Nee, Poser ist er keiner, der kann eigentlich was. Ab und an bummelt er ein wenig beim Bremsen, aber sonst …«

»Dann gucken wir uns den Burschen mal an …«, beendete Jörg das Briefing.

Und so fuhren wir gemütlich in der Gegend spazieren. Alles war in Butter. Paul hatte die erste Viertelstunde, inklusive aller Tempolimits, gut gemeistert. Es folgten die Grundfahraufgaben auf dem Übungsplatz, und Paul machte das echt klasse. Meine Brust schwoll vor Stolz richtig an. Nach der letzten Übung sammelte ich die Hütchen wieder ein und verfrachtete sie im Kofferraum, während Jörg Paul mitteilte, dass die Aufgaben zu seiner vollsten Zufriedenheit absolviert wurden. Paul strahlte durch sein Visier, als ob er schon die Prüfung bestanden hätte. Äußerst selbstsicher, was mich ein wenig verwunderte. Vor den Grundfahraufgaben musste er ja wirklich keine Angst haben, eher davor, dass er bei den Tempolimits zu lax verzögerte. Aber gut …

Jörg und ich saßen wieder im Auto und ließen Paul vorweg fahren. Eine halbe Stunde lag noch vor uns. Wir fuhren und fuhren, und ich checkte bei wechselnden Tempolimits immer wieder meinen Tacho als Referenz für Pauls Geschwindigkeit. Alles okay, wunderbar!

»Ich komme mir gerade vor wie in der Formel 1«, unterbrach Jörg die Stille im Auto.

»Wieso? Er fährt doch nicht zu schnell!«, stellte ich nach einem kurzen Blick auf den Tacho verwundert fest.

»Ich meine auch nicht wegen der Geschwindigkeit, sondern wegen des Safety Cars vor uns«, deutete Jörg auf einen vor uns fahrenden Fiat.

»Ich glaub, ich spinne! Das ist die Freundin von unserem Prüfling!«, informierte ich Jörg nach einem Blick auf das Kennzeichen des Fiats.

»Der Fiat ist mir schon vorhin aufgefallen. Der fährt immer in dieselbe Richtung wie wir. Das kann kein Zufall sein …«, kombinierte Jörg, aber er wollte auf Nummer sicher gehen.

»Sag ihm mal, dass er bei der nächsten Kreuzung nach rechts abbiegen soll, danach wieder nach rechts, dann wieder nach rechts und dann nach links«, befahl mir Jörg, und ich gehorchte.

»So, Paul, wir wollen die nächste Straße nach rechts abbiegen, dann wieder nach rechts, dann noch mal nach rechts und dann nach links – wir kehren also um den Häuserblock um«, gab ich Paul via Funk das neue Fahrmanöver bekannt. Er blinkte, ich blinkte, und der Fiat vor uns blinkte. Der Fiat bog ab, Paul bog ab, Jörg und ich bogen ab. Dieses Spielchen wiederholte sich noch dreimal. Jetzt war jeder Zweifel ausgeräumt. Pauline spielte Safety Car und sorgte mit ihrer exakt gefahrenen Geschwindigkeit dafür, dass ihr Herzblatt auf den Punkt genau die richtige Geschwindigkeit einhielt. Famose Idee.

Bevor Sie jetzt glauben, dass Pauline hellseherische Fähigkeiten hatte, weil sie immer wusste, wo wir langfahren wollten, und somit stets vor uns blieb und ihren Paul einbremsen konnte, will ich Ihnen einen besonderen Umstand in der Motorradausbildung erklären:

Beim Autoführerschein ist das mit den Kommandos eine recht einfache Sache. Wenn man möchte, dass der Fahrschüler abbiegt oder den Fahrstreifen wechselt, dann sagt man ihm das einfach so früh, dass der Schüler rechtzeitig den Blinker setzen und die entsprechende Verkehrsbeobachtung durchführen kann. Bei Motorradschülern muss man die Kommandos wesentlich früher geben, was technische Gründe hat. Störgeräusche, Funklöcher, ein Wackelkontakt oder ein schwacher Akku des Funkgeräts könnten für Übertragungsfehler sorgen. Um sicherzustellen, dass der Fahrschüler den Kommandos trotzdem Folge leisten kann (sollte es zu einer Störung im Funkverkehr kommen), muss man die Anweisungen so früh geben, dass man sie als Fahrlehrer im Notfall noch mal wiederholen kann. Wenn mit der Funkverbindung jedoch alles in Ordnung ist, dann ist der Motorradschüler halt einfach früher auf der anderen Spur als der Autoschüler, was ja in der Praxis niemanden juckt.

Diese verfrühten Richtungsangaben des Fahrlehrers und damit verbundene frühzeitige Benutzung des Blinkers durch den Motorradfahrschüler machen es natürlich sehr einfach, jemanden zu verfolgen, obwohl man vor ihm ist; man hat ja, wenn der Funkverkehr störungsfrei funktioniert, genügend Zeit und Platz, im Rückspiegel zu erkennen, wohin das nachfolgende Motorrad blinkt, um dann vor ihm einzuscheren.

Pauline war also mitnichten eine Mentalistin, sondern konnte sich einfach noch an ihre eigene Motorradausbildung erinnern. Und dieses Wissen nutzte sie nun kackdreist aus, um ihrem Paulchen zu helfen.

»Und was machen wir jetzt? Da wird ja die ganze Prüfung zur Farce!«, fragte ich Jörg.

»Ganz einfach – wir machen dasselbe wie vorhin, nur ein bisschen fieser«, grinste Jörg.

»Wie meinst du?«

»Du lässt ihn jetzt bis zum Stillstand abbremsen. Und auf Kommando soll er auf der Fahrbahn wenden, die Straße ist dafür breit genug. Und bis seine Freundin gewendet hat, sind wir dank des Überraschungsmoments schon weg – und vor allem *vor* ihr«, verriet mir Jörg seinen brillanten Plan.

Gesagt, getan. Ich drückte die Sprechtaste auf dem Funkgerät: »Paul, bleib mal bitte rechts am Fahrbahnrand stehen.«

Paul blieb stehen, Jörg und ich blieben stehen, und Pauline blieb circa 20 Meter vor uns auch stehen.

»Jetzt setzt du den Blinker nach links – UND WENDEST AUF DER FAHRBAHN!«

Den letzten Teil sprach ich etwas lauter, um bei Paul eine Initialzündung hervorzurufen, damit der Vorgang ohne großes Überlegen zügig vonstattengehen konnte. Und er gehorchte. Er blinkte nach links, schaute nach hinten, machte den U-Turn, und ich tat es ihm gleich. Die Überraschung war gelungen. Jörg und ich konnten im Rückspiegel sehen, wie Pauline hektisch und in mehreren Zügen versuchte zu wenden, was ihr aber nicht so flott gelang wie Paul, Jörg und mir.

Als wir wieder auf der Hauptstraße waren, konnte ich sehen, wie Paul schon weniger selbstbewusst die Schultern hängen ließ. Ich sprach ihm ein wenig Mut zu und ließ durchblicken, dass wir ihn und Pauline bei ihrer List ertappt hatten: »Paul, du schaffst das schon – und zwar ganz alleine, okay? Ist auch fürs Image besser, wenn man so was ohne fremde Hilfe packt, gell?«

Ich erntete ein Nicken. Und Paul fuhr am Ende der etwas verlängerten Prüfung (Jörg hatte die ersten 15 Minuten, in denen Pauline schon das Safety Car gegeben hatte, zu Recht nicht gelten lassen) auch seine Ernte ein, sprich seinen Lappen. Keine Tempoüberschreitungen, nichts, was Anlass zum Tadel oder zum Nichtbestehen gegeben hätte. Während er und Jörg im Büro die Formalitäten erledigten, stand ich draußen im Hof und schob das Motorrad auf seinen Stellplatz, als Pauline angebraust kam.

»Ich hab hier die ganze Zeit auf euch gewartet und gerade nach euch zu suchen begonnen, ihr wart ja 15 Minuten länger weg als geplant – hab mir schon Sorgen um euch gemacht!«, log sie wie gedruckt.

Ich legte meine Stirn, ihrer Lüge Einhalt gebietend, in Falten, was zur Folge hatte, dass sie wie ein ertapptes Kind im Gesicht rot anlief und dann pikiert zu Boden schaute.

»Ich glaube, du weißt, dass wir es wissen, oder?«, sprach ich sie auf ihre und Pauls Trickserei an. Sie nickte, ohne aufzusehen.

»Und jetzt nimmst du deinen Paul, der da gerade kommt, und machst dich mit ihm still und leise vom Hof, bevor dich der Prüfer wegen dieser Posse noch ins Kreuzverhör nimmt, okay?«

Sie nickte, nahm Paulchen an der Hand und ging. Dann rief ich Paul noch etwas hinterher, von dem ich hoffte, dass es ihn für die Zukunft bestärken würde: »Paul – den Lappen hast du ganz alleine geschafft. Du ganz alleine. Merk dir das ein Leben lang!« Ich konnte noch ein zartes Nicken erkennen, bevor die beiden um die Ecke verschwanden.

Trotz seiner erfolgreichen Motorradprüfung, seines neuen Motorrads der Marke Triumph und seines vermeintlich cooleren Image hat sich Pauline von Paul getrennt.

Pauline erinnerte sich daran, dass sie erst mit 30 Mutter werden und eigentlich nur ihren Kindern den Popo pudern und das Ego stärken wollte – aber nicht ihrem Freund.

Paul lebt wieder wie sein Ahne Quasimodo: zurückgezogen im heimatlichen Schoß.

Sein(e) Triumph steht mit einer Laufleistung von 137 Kilometern abgemeldet in der Garage.

17. KAPITEL

MAREN

WIE VIELE FAHRSTUNDEN BRAUCHE ICH DENN NOCH?

Es ist immer dasselbe. Wenn du als Fahrlehrer in deiner knapp bemessenen Freizeit zu einer Party eingeladen wirst, und das meistens von Leuten, mit denen du deine Freizeit am allerwenigsten verbringen willst (aber trotzdem hingehen musst, weil deine Frau beweisen möchte, dass sie nicht alleinerziehend ist), fühlen sich die Gastgeber immer dazu befleißigt, dich zu einem Lehrer, einer Lehrerin oder jemandem, der mal Lehramt studiert hat und heute von Beruf Demonstrant ist, in die Runde zu stellen. »Ihr habt ja denselben Beruf – könnt euch ja viel erzählen!«, ist dann der Satz, der immer gerne zur Begründung fällt. Aber: Lehrer ist nicht gleich Lehrer. Damit meine ich jetzt nicht die Unterschiede in Charakter, Aussehen und Vorgehensweise bei der Vermittlung von Unterrichtsinhalten, sondern eher die Eigenheiten einer staatlichen Schule und einer Fahrschule, denen ein Lehrer dort begegnen muss. Und der Vergleich zwischen einem Schullehrer und einem Fahrlehrer ist in etwa so passend wie der Vergleich von Äpfeln mit Birnen – aber wir versuchen es trotzdem mal.

Geht schon bei den Arbeitszeiten los: Wenn der Lehrer am Nachmittag Feierabend macht und die Schüler aus seiner Obhut entlässt, wartet der Fahrlehrer draußen vor dem Schulgebäude und beginnt dann erst mit seiner Arbeit. In der auftragsmäßigen Hochzeit des Fahrlehrers, sprich in den Frühlings- und besonders Sommermonaten, hat der Lehrer in den Oster-, Pfingst- und Sommerferien die Möglichkeit, von den Rabauken abzuschalten, während der Fahrlehrer bei der Nachtfahrt, die dann meistens erst gegen 22 Uhr beginnen kann, neidisch in die übervollen Biergärten glotzt und gleichzeitig nach Besoffenen Ausschau hält, die vor ihm auf die Straße stürzen. Also 1:0 für die Schullehrer.

Die Auftragslage kann einem Schullehrer eigentlich wurscht sein – sein Gehalt bekommt er in jedem Fall. Anders als der Fahrlehrer, der in der Regel kein Fixgehalt, sondern eine Entlohnung in Form von Stundenpauschalen hat. 2:0 für die Schullehrer.

Wetterkapriolen tangieren einen Schullehrer nur peripher. Schneit es wie verrückt, sitzt er mit seinen Schülern in einem warmen Klassenzimmer, während sich der Fahrlehrer mit seinem Fahrschüler durch Blechlawinen quält, weil es für die meisten Autofahrer überraschend kam, dass im Dezember Schnee fällt, und versucht seinem Schüler panisch und mit Angstschweiß auf der Stirn zu erklären, dass man die zulässige Höchstgeschwindigkeit heute mal besser nicht ausreizen sollte, was dieser trotz zentimeterdicker Schneedecke gar nicht verstehen will oder kann, weil er im Theorieunterricht bei dem Thema »angepasste Geschwindigkeit an die Witterungsverhältnisse« gerade mit seiner Freundin per SMS Schluss gemacht hat.

Wenn die Wüstenwinde Einzug ins Land halten, kann der Schullehrer sich berechtigte Hoffnungen auf »Hitzefrei« machen, während der Fahrlehrer bei brütender Hitze im Auto sitzt und die Klimaanlage nicht einschalten darf, weil die Mutter der neben ihm sitzenden Schülerin gesagt hat, dass man davon ja schnell einen grippalen Infekt kriegen kann! 3:0 für die Schullehrer.

Bei der Schülerschaft, na ja, da gibt es eigentlich keine wirklichen Unterschiede. Schüler bleibt Schüler, und diejenigen, die in der Schule gute Noten schreiben, sind in der Fahrschule auch meistens diejenigen, die Zusammenhänge im Straßenverkehr am besten begreifen. Natürlich keine Regel ohne Ausnahme: Ich hatte schon hochintelligente Schüler, denen ich zutraute, dass sie eines Tages den Nobelpreis bekommen würden, die sich beim Lenken jedoch dermaßen ungelenk anstellten, dass ich auch damit rechnete, dass ihnen ein Schwerbehindertenausweis zugeteilt wird. Und als Gegenpol hatte ich auch schon das Vergnügen, Schüler ausbilden zu dürfen, die scheinbar nur auf die Welt gekommen sind, um richtig gut Auto zu fahren, von denen man aber auf die Frage »Wie lange dauerte der Dreißigjährige Krieg?« keine spontane Antwort erwarten durfte.

Bei den renitenten Schülern ist der Lehrer gegenüber dem Fahrlehrer jedoch klar im Nachteil: Während er sich ein oder mehrere Schuljahre, und zwar täglich, mit einem Arschlochkind abgeben muss, so kann der Fahrlehrer so einen Typen auch an den nächstbesten Kollegen abgeben (sofern der noch nicht gespannt hat, dass der Schüler eben ein sogenannter »Arschlochschüler« ist) oder ihn alternativ im Schnelldurchgang abfertigen, sodass die sonst durchschnittliche Verweildauer von drei bis vier Monaten in der Fahrschule gehörig unterschritten wird und die Pappnase schnell wieder weg ist. Und sollte dies aus terminlichen Gründen nicht gehen, so hat man die Möglichkeit, ihm in so homöopathischen Dosen Fahrstunden zu verabreichen, dass die eigene Qual auf ein erträgliches Maß schrumpft. Anschlusstreffer für die Fahrlehrer, 3:1.

Doch jetzt können die Schullehrer ihren Vorsprung uneinholbar ausbauen und auf 4:1 erhöhen: Denn ein weiterer Vorteil ist, dass die Vermittlung des Lehrstoffes in einen vorgegebenen Zeitrahmen erfolgt, nämlich dem Schuljahr. Was der Schüler bis dahin gelernt hat, ist ihm überlassen mit allen dazugehörigen Konsequenzen wie Sitzenbleiben oder Erreichen eines Numerus clausus. Hat er oder sie gelernt, wird das Schuljahr von Erfolg gekrönt sein, wenn nicht, dann eben nicht. Obwohl, hatte ich nicht kürzlich etwas von der steigenden Klageflut gegen Lehrer und schlechte Zensuren gelesen? Hm, bei dieser Frage vielleicht doch unentschieden …?

Aber halt, immerhin bleibt der Schullehrer von der Frage verschont »Wie viele Latein-Stunden benötigt meine Tochter denn noch, bis sie ihr Latinum hat?«.

Und von einer weiteren Sache hatte ich auch noch nicht gehört: Dass Eltern, nur weil sie mal Mathe hatten, sich automatisch zu Mathematiklehrern berufen fühlten.

Als Fahrlehrer ist die Frage »Wie viele Fahrstunden brauche ich oder braucht meine Tochter/mein Sohn/meine Enkelin/mein Enkel denn noch?« eine der am häufigsten gestellten Fragen.

»So viele wie nötig, so wenig wie möglich«, säuselt man dann als Fahrlehrer in einem sanften Tonfall, obwohl man eigentlich lieber »BIS ER/SIE ES ENDLICH KANN!« brüllen würde.

Denn komischerweise wird diese Frage nie von talentierten Schülern oder deren Eltern gestellt, sondern nur von denen, die bei der Verteilung des Autofahrer-Gens ganz hinten in der Schlange standen, oder von Erziehungsberechtigten, die aufgrund ihrer eigenen vorhandenen Fahrerlaubnis sich zu Herrschern über die Ausbildung ihrer Kinder machen.

So war es auch bei Maren. Maren war an sich ein ganz liebes Ding. Brünette, nackenlange Haare, zierlich gebaut, von der Statur her relativ klein (die Sitzeinstellung verlief immer nach einem einfachen Muster: ganz nach vorne und ganz nach oben). An ihrem rechten und linken Armgelenk baumelten Armbänder, an denen eine beträchtliche Anzahl von klitzekleinen Figürchen hing, was bei jedem Schalt- und Lenkvorgang zu einer Art Glockenspiel führte. An Maren war also so ziemlich alles klein, leider ebenfalls ihr Gedächtnis. Das soll jetzt nicht heißen, dass sie dumm gewesen wäre (ihre gymnasialen Leistungen waren angeblich ausgezeichnet, im Notendurchschnitt eine Eins vor dem Komma), aber ihre Merkfähigkeit in Bezug auf die Verkehrsregeln ließ doch sehr zu wünschen übrig. Besonders in Erinnerung blieb mir die äußerst ungenügende Verkehrsbeobachtung bei Fahrmanövern wie dem Vorbeifahren an Hindernissen, dem Fahrstreifenwechsel und dem Abbiegen.

Auf ihre sparsamen Blicke über die Schulter und in den Innen- und Außenspiegel angesprochen, kokettierte Maren mit ihrer eigenen Schusseligkeit; sie würde auch oft zum Shoppen gehen und komme dann mit ganz anderen Sachen nach Hause, als sie eigentlich gebraucht hätte, was jedes Mal zu einem zusätzlichen Shopping-Marathon führen würde. Abgesehen davon, dass ich ihr in diesem Zusammenhang nicht Schusseligkeit, sondern nach ihren immer wieder neuen Outfits eher Kalkül unterstellte (nach dem Motto: »Jetzt hab ich das Top schon gekauft, dann kann ich es ja auch gleich behalten – Papi, hast du noch mal ein bisschen Kohle für mich, damit ich mir die Jeans kaufen kann?«), waren Fahrstunden mit Maren für mich immer durch einen sehr hohen Konsum von Hustenbonbons geprägt, um meine Stimme am Laufen zu halten, da ich irgendwann nach dem uralten Sprichwort »Steter Tropfen höhlt den Stein« (oder in diesem Fall das Gedächtnis) jedes Fahrmanöver, wie zum Beispiel das Abbiegen, kommentieren musste.

Die erstmalige Erläuterung »in den Innenspiegel schauen, in den Außenspiegel schauen, Blinken nicht vergessen, Schulterblick« hatte, man glaubt es kaum, ja nur eine Haltbarkeit bis zur nächsten Kreuzung, wo wir einfach mal so nach rechts in die Straße reinschossen, ohne nur im Ansatz eine ordnungsgemäße Absicherung durch Verkehrsbeobachtung zu betreiben. Auf meine Vorhaltung, was ich ihr denn gerade wort- und gestenreich zum Abbiegen erklärt habe, antwortete sie: »Wie, muss ich beim Abbiegen denn wirklich IMMER schauen, ob jemand kommt?«

»Ja, das musst du immer!«, klärte ich sie auf, mittlerweile schon leicht genervt ob der Dutzenden, aber überwiegend fruchtlosen, Versuche. Fast wollte ich ihr in Anspielung auf ihre windige Blickführung sagen, dass die Bevölkerung dieser schönen Stadt bald sehr dezimiert sei, wenn sich ihre Beobachtungsgabe nicht bessern würde; nachdem meine Worte zuvor aber schon im Nirwana verhallt waren, versuchte ich es etwas eindrucksvoller, indem ich sie bei jedem zweiten Manöver (wo wir die Verkehrsbeobachtung mal wieder vergessen hatten) anhalten ließ, meine Beifahrertür öffnete und nach unten blickte.

»Was machst du denn da die ganze Zeit?«, fragte sie mich verstört.

»Och, ich schau nur, ob der Radfahrer und das Kleinkind noch am Leben sind, die du gerade unter unserem Auto begraben hast!«

»Oh Mist, ich hab schon wieder nicht geschaut, oder?«

»Wenn du geschaut hättest, würdest du ja wissen, dass wir niemanden erwischt haben, weil ja keiner kam!«

So oder so ähnlich verliefen also sämtliche Fahrstunden. Ich kam mir vor wie ein Bauarbeiter, der für die Instandhaltung einer Straße abkommandiert war: Erst bessert ich ein Schlagloch aus, gehe dann zum nächsten, und als ich damit fertig bin, muss ich feststellen, dass das erste schon wieder ramponiert ist.

Daraus resultierend hatten wir mittlerweile eine stattliche Anzahl von Fahrstunden erreicht, die aber immer noch nicht so exorbitant hoch war, dass man Maren ein Langzeitprojekt nennen konnte. Maren jedoch verzweifelte zusehends ob ihrer Fahrstundenanzahl, was ihre in meinen Augen ohnehin dürftigen Leistungen noch weiter schmälerte.

»Was glaubst du denn, wie viele Fahrstunden ich noch brauche?«, fragte sie mich am Ende einer der vielen Fahrstunden.

»So viele wie nötig, so wenig wie möglich – aber warum fragst du?«

»Ja, weißt du, mein Papa macht Stress, was der Führerschein mittlerweile alles kostet.«

»Geht euch das Geld aus?«

»Nö, nö, gar nicht, aber der Papa will die Kohle halt eher für 'nen Urlaub ausgeben als für so was wie den Führerschein.«

Es ist schon ein Faszinosum unserer Zeit, welche Prioritäten Eltern bei ihren Kindern setzen.

Da werden Versicherungen für jeden erdenklichen Quatsch abgeschlossen, damit die Kinder stets abgesichert sind, der Gegenwert eines Kleinwagens wird in Nachhilfestunden investiert, damit das Kind ja das Abitur schafft (was für mich die

Frage aufwirft, ob mein Auto künftig von Mechatronikern mit Abitur repariert wird – Leute, ein guter Abschluss der Haupt-, Mittel- oder Realschule ist auch nicht zu verachten!), es werden Unsummen für Eliteuniversitäten ausgegeben, damit es das Kind im Leben zu etwas bringt. Und wenn es aber dann darum geht, sein Kind auf etwas wirklich Schwieriges und, mit Blick auf die Unfallstatistiken, auch Gefährliches vorzubereiten, dann setzt die Sparwut ein.

Diese Bergpredigt erst mal für mich behaltend, verfuhr ich also wie immer, wenn mir die Frage ob der Anzahl der noch zu fahrenden Stunden gestellt wird – ich fragte einfach zurück: »Wie oft haben wir denn heute beim Abbiegen den Schulterblick vergessen?«

»Oft, sehr oft«, antwortete Maren.

»Wie oft musste ich bremsen, damit wir Fußgänger oder Radfahrer nicht über den Haufen fahren?«

»Viermal.«

»Wie oft hast du ›rechts vor links‹ beachtet?«

»Ein paar Mal …«

»Und wie viele Male hätte es fast gescheppert, weil du es nicht beachtet hast?«

»Ich hab irgendwann aufgehört zu zählen …«

»Wir erinnern uns auch an den Smart im toten Winkel beim Fahrstreifenwechsel?«

»Ja, schon. Der hat ja auch laut genug gehupt.«

Die Fehler waren aufgezählt. Nun hielt ich Maren einen Vortrag über die Konsequenzen, die der Bußgeldkatalog und die Prüfungsrichtlinie für diese Fehler vorsahen (Punkte, Bußgelder und erneutes Antreten zur Prüfung), sowie über die körperlichen und materiellen Folgen ihres Tuns (schwere Verletzungen und enorme Fahrzeugschäden).

»Willst du denn unter den Aspekten wirklich schon alleine auf die Straße?«

»Nein, ich weiß ja selbst, wie ich fahre, aber …«

»Aber was? Willst du dich derartig demoralisieren, wenn du so zur Prüfung antrittst und ein halbes Dutzend Mal hintereinander durchfällst? Ist erstens nicht gerade toll für die Psyche und zweitens nachteilig für den Geldbeutel – rechne mal mehrere Prüfungsgebühren gegen ein paar Fahrstunden auf!«

»Ja, du hast ja recht, aber der Papa meint, ich kann es schon!«

»Wie kommt er denn darauf?«

»Na, der fährt jedes Wochenende mit mir zu so einem Übungsplatz und übt mit mir anfahren und anhalten und lenken und kuppeln und schalten …«

»Hast du deinem Papa schon mal versucht zu verklickern, dass du diese Sachen bereits seit der dritten Fahrstunde fehlerfrei beherrschst und wir hier ganz andere Probleme haben?!« (Es sei eine kurze Anmerkung in Richtung aller übermotivierten Erziehungsberechtigten gestattet: Mit einem durchschnittlich talentierten Fahrschüler nach den ersten in einer Fahrschule absolvierten Fahrstunden noch das Anfahren, Kuppeln, Schalten und Lenken zu üben, macht in etwa so viel Sinn, wie einem Fisch das Schwimmen beibringen zu wollen.)

»Ja, ich weiß, dass ich das schon kann, aber mein Papa meint immer, dass …«

»Maren, ICH bin dein Fahrlehrer, und nicht dein Vater. Du gehst ja auch aufs Gymnasium und lässt dir da nicht vom Papa dreinreden, oder?«

»Leider schon …«, erwiderte sie geknickt.

»WIE BITTE???«

»Nicht bei allen Fächern, aber in Wirtschaftslehre, weil der Papa sagt immer, er sei ja schließlich Kaufmann und hätte ja viel mehr Erfahrung als so ein dahergelaufener Wirtschaftslehrer … und bei Biologie, da sagt er immer …«

… dass er drei Bäume im Garten stehen habe, die im Herbst unterschiedliches Laub abwerfen würden, ein Vogelhäuschen dort aufgestellt sei, an dessen Futtertrog sich alle erdenklichen Vogelarten, vom Spatz bis zum Kranich, laben würden. Außerdem hätte er ja ein Kind gezeugt und wäre somit DER Experte für Genetik und Zellteilung. So oder so ähnlich konnte ich mir die Eingriffe in die Schullaufbahn von Maren vorstellen – armes Ding.

Aber so sind sie, diese Pappenheimer, die in der Fachsprache auch »Klugscheißer« genannt werden. Menschen, die es in ihrer Jugend gerade mal auf die Reservebank einer Fußballmannschaft geschafft haben, sich aber für die Optimalbesetzung für den Posten des Bundestrainers halten. Einmal was selber gemacht und zack – schon ein Experte!

Ich unterbrach Maren, als sie bei dem Fach Erdkunde angekommen war: »Soll ich mal mit deinem Papa sprechen?«

»Wenn du dich traust …?«

Was sie mit »trauen« meinte, verstand ich erst mal nicht. Und sowieso brauchte ich jetzt erst mal ein Hustenbonbon, weil ich meine Stimme wieder arg strapaziert hatte.

Nachdem diese wieder beruhigt war, versuchte ich, Maren nicht ganz zu desillusionieren, denn es gab ja viele Dinge, die sie wirklich gut beherrschte: Sämtliche Arten von Parken gehörten dazu, Tempolimits erkannte sie auf Anhieb, und auch die Schaltzeitpunkte waren wie bei einem Automatikgetriebe.

Ich ordnete Maren dort ein, wo sie hingehörte: Es gab Schüler, die bei dieser Menge von Fahrstunden noch nicht mal an die Sonderfahrten denken durften, und andere, die damit schon längst ihre Fahrerlaubnisprüfung geschafft hatten. Sie lag also irgendwo in der Mitte, und ich hatte irgendwas zwischen zehn und 16 Fahrstunden (also fünf bis acht Doppelstunden) vor meinem geistigen Auge, die wir noch bis zur Prüfung investieren mussten. Und dies würde ich Marens Vater bei nächster Gelegenheit in einem persönlichen Gespräch verklickern, damit seine Tochter von dem finanziellen Druck befreit sein würde und wir unser Augenmerk auf die Beseitigung der Mängel bei der Verkehrsbeobachtung richten konnten.

Ich bat Maren, am nächsten Tag zusammen mit ihrem Vater kurz vor Beginn des Theorieunterrichtes in der Fahrschule bei mir vorbeizuschauen. Und das taten sie auch, jedoch schon weit vor Beginn der Theorie. Als ich das Büro betrat, schlug mir ein enormes Gekreische entgegen.

»Ich frage mich ja ernsthaft, was an den Fahrstunden so teuer geworden ist! Zu meiner Zeit haben wir dafür noch 20 Mark bezahlt!«, fauchte Marens Vater Noemi an.

»Tja, damals hat ein VW Käfer halt auch noch 5.000 Mark gekostet und die Breze bei Bäcker zehn Pfennig – willkommen im neuen Jahrtausend«, antwortete Noemi geduldig, wobei an dem Zittern in ihrer Stimme, um es vorsichtig auszudrücken, eine gewisse Erregung rauszuhören war.

Dies lag ganz klar an der scheinbar schon länger anhaltenden Diskussion mit diesem Ewiggestrigen, nicht jedoch an seinem Erscheinungsbild. Dieses ähnelte im Grundsatz dem seiner Tochter, also klein und zierlich, jedoch war sein Haarscheitel recht breit, was Friseurbesuche überflüssig machte. Seine hysterisch piepsige Stimme trug auch dazu bei, jegliche Konversation mit ihm auf ein Minimum zu beschränken.

Und dies versuchte ich dann auch nach Leibeskräften, nachdem Noemi meine Wenigkeit dem Vater von Maren als den Fahrlehrer seiner Tochter vorgestellt hatte.

»Aha, Sie sind also der Fahrlehrer meiner Tochter?!«, begann er das Gespräch, »dann können Sie mir ja wohl sagen, wie viele Fahrstunden meine Tochter noch braucht!«

»Ja, kann ich!«, antwortete ich.

»Ja, und? Ich höre!«, piepste er mich an.

»Bis sie es kann!«

»Also hören Sie mal, ich war erst gestern mit meiner Tochter auf einem Übungsgelände. Sie machte auf mich einen durchweg talentierten Eindruck! Anfahren, abbremsen, kuppeln, schalten … das alles ging ihr locker von der Hand, und das mit einem P-O-R-S-C-H-E!«, echauffierte er sich ungehalten über meine vage Einschätzung und deutete zum Fenster raus, wo ein sehr edler 911 GT 2 parkte.

»Guter Mann, dass man ein Fahrzeug bedienen kann, was ihre Tochter zweifelsohne kann, heißt aber noch lange nicht, dass man Auto fahren kann! Da gehören auch so ein paar andere Sachen wie Verkehrsregeln und Verkehrsbeobachtung dazu«, belehrte ich ihn, mit einem Auge zu dem wirklich geilen Stück Blech aus Zuffenhausen schielend.

»Das lernt sie dann alles bei mir, ich bin ja dann immerhin Begleitperson. Man hat ja auch mal den Führerschein gemacht, man weiß ja, wie der Hase hoppelt …«

Genau wegen solchen, zu maßloser Selbstüberschätzung neigenden Hobbyfahrlehrern plädiere ich schon seit ewig und drei Tagen dafür, dass die von jeder Fahrschule angebotene, jedoch freiwillige Vorbereitungs- und Informationsschulungen verpflichtend werden. Dort würde so ein Laienfahrlehrer lernen, dass die Begleitperson keine Ausbildungsfunktion hat, sondern lediglich Rat und Hinweise erteilen soll. Denn im Gegensatz zu einem Fahrlehrer, der eine professionelle Ausbildung hat und deswegen auch professionell ausbildet, dürfen Begleitpersonen nicht in die Fahrzeugbedienung eingreifen, und deswegen auch sitzen, wo sie wollen, also auch auf der Rückbank. Nur leider nicht im Kofferraum, wo ich Marens Vater aufgrund seines wirren Verständnisses über den Sinn des begleiteten Fahrens ab 17 Jahren und seiner nachfolgenden, »realistischen« Fehleinschätzung gerne hin verfrachtet hätte.

»… und ich selbst war ja so gut, dass ich nur neun Stunden, jawohl, n-e-u-n S-t-u-n-d-e-n gebraucht habe!« Seine Stimme überschlug sich fast vor lauter Begeisterung über sich selbst. Und als er zum Finale seiner Ausführung ausholte, klang sie schrill wie eine Kreissäge: »Und mein Fahrlehrer hat sogar gesagt, dass ich mir Gedanken über eine Karriere als Fahrlehrer machen sollte, so ein Talent sei ich!«

Ich hatte mir ja vorgenommen, die Konversation auf ein Minimum zu beschränken. Und diesen Vorsatz musste ich aus mehreren

Gründen nun auch konsequent in die Tat umsetzen. Erstens, weil ich mittlerweile einen regelrechten Tinnitus hatte. Zweitens, weil ich ernsthaft um die Gesundheit von Marens Vater bangte, der sich so in Rage redete, dass der Herzinfarkt im Galopp auf ihn zukam, oder zumindest seine Stimmbänder reißen würden. Apropos Herzinfarkt: Werde Maren bei Gelegenheit mal fragen, was denn der letzte Wille ihres Vaters ist – könnte mir gut vorstellen, dass er testamentarisch die Inschrift seines Grabsteines verfügt hat:

Hier ruht
Marens Vater
Fahrlehrer h. c.
Sein Talent zu Lebzeiten verkannt.
Möge sein Wirken
allen Fahrlehrern auf ewig
zum Vorbild gereichen.
✞

Drittens, weil es einfach keinen Sinn ergab, ihn mit sachlichen Argumenten davon zu überzeugen, dass seine Tochter noch nicht so weit war – denn immerhin konnte sie ja schon »perfekt lenken und schalten« und war somit schon zu 99,9 Prozent für den Straßenverkehr gewappnet (ich hoffe, man konnte jetzt meinen Sarkasmus herauslesen).

»Stopp, stopp, stopp«, unterbrach ich ihn, »ich mache Ihnen jetzt mal folgenden Vorschlag: Fahren Sie doch einfach mal mit bei so einer Fahrstunde, und dann sehen Sie Ihre Tochter in Aktion!«

»Ja, wenn das geht …?« Hätte nicht gedacht, dass er sich darauf einlässt.

»Aber natürlich geht das! Dann nehmen Sie auf dem Prüfersitz Platz, da gehören Sie ja auch hin, bei Ihrem Talent!«, schleimte ich ihn voll, natürlich mit einem süffisanten Lächeln verbunden.

»Gut, dann mach ich das!«, freute er sich wie ein Schnitzel.

Wir verabredeten die nächste Fahrstunde und verabschiedeten uns voneinander, und ich hatte jetzt verstanden, was Maren mit »wenn du dich traust« gemeint hatte.

Zwei Tage später war der große Tag gekommen. Ich wartete vor der Fahrschule, als Maren mit ihrem Vater um die Ecke bog. Leider zu Fuß und nicht mit seinem Schwabenpfeil. Ich begrüßte Maren mit echter, ihren Vater mit aufgesetzter Herzlichkeit. Ich übergab Maren den Autoschlüssel und bat sie, sich schon mal Sitz und Spiegel einzustellen, während ich mit ihrem Vater noch kurz draußen verweilte.

Als Maren die Fahrertüre geschlossen hatte, zog mich ihr Vater konspirativ zur Seite und nuschelte mir zu: »Also, ich war gestern noch mit meiner Tochter auf einem Übungsgelände, und ich kann nur nochmals wiederholen, dass sie nach meiner fachmännischen Meinung super Auto fahren kann! Kuppeln, Schalten, Lenken … alles erste Sahne!« Und dann fügte er noch hinzu, scheinbar um mir zu unterstellen, dass ich nicht mein Menschenmögliches tun würde: »Wissen Sie, meine Tochter ist schon ganz geknickt, weil sie angeblich noch so viele Fahrstunden nehmen muss, ihre beste Freundin hat ja viel weniger Fahrstunden und nächste Woche Prüfung!«

Eisern hielt ich an meinem Gelübde fest, jegliches Gespräch mit ihm so kurz wie möglich zu halten. Und deswegen erwiderte ich nichts. Ich erwiderte nicht, dass mir die Fahrstundenanzahl ihrer besten Freundin scheißegal war. Ich ging nicht auf die Sinnlosigkeit eines Besuches des Übungsgeländes in diesem fortgeschrittenen Ausbildungsstadium ein.

Ich behielt es für mich. Ich wollte ihn zum Schweigen bringen und seine Tochter die Antworten geben lassen. Als wir Platz nahmen, teilte ich ihm noch seine Rolle als stiller Beobachter zu und ermahnte ihn, sich nicht mit Kommentaren jeglicher Art in die Ausbildung einzumischen; dies könne er ja demnächst auf dem Übungsplatz nachholen.

Damit war er weniger einverstanden, denn er protestierte: »Na, hören Sie mal, wenn ich etwas anmerken möchte, werde ich das ja wohl noch dürfen …«

»Papa, halt endlich die Klappe und misch dich nicht ständig ein, sonst erzähl ich dem Andi, warum wir heute nicht mit dem Porsche da sind!«, schrie Maren in Richtung Rückbank und wendete sich dann mir zu: »Papas Liebling ist nämlich nicht in der Werkstatt, weil eine Inspektion ansteht …«

Das hatte gesessen. Maren grinste und ihr Vater schwieg beleidigt, während ich mir klammheimlich überlegte, ob der Porsche einem missglückten Fahrstreifenwechsel zum Opfer gefallen war – wie die Tochter, so der Vater …

Im Verlauf der Fahrstunde schwieg Marens Vater weiter. Vielleicht lag dies an der Bloßstellung durch seine Tochter, vielleicht, und das hielt ich für viel wahrscheinlicher, lag es aber auch an Marens (mir bestens bekannter) Fahrweise, die er nun live miterleben durfte. Das Einzige, was während der Fahrt von ihm zu hören war, waren undefinierbare Laute wie »Umpf«, »Arghh«, »Huhhhh«, »Tsss« und »Oio«, wenn Maren mal wieder einen ihrer berühmt-berüchtigten Fahrstreifenwechsel oder ein Abbiegemanöver machte, ohne nur ein einziges Mal in die Spiegel oder über die Schulter zu schauen. Nur mein beherzter Griff ins Lenkrad und energische Tritte aufs Bremspedal sorgten dafür, dass alle in den jeweiligen Situationen Beteiligten, wie beispielsweise Fußgänger, Radfahrer, Autofahrer oder Motorradfahrer, mit dem Schrecken davonkamen.

Wir waren mit der Fahrstunde am Ende. Maren stellte das Fahrzeug parkfertig ab und es herrschte – Stille. Absolute Stille. Maren sagte nichts, weil sie wusste, wie diffus sie wieder mal unterwegs gewesen war. Und ihr Vater sagte nichts, weil er von der Erkenntnis geschockt war, dass das Lenken, Kuppeln und Schalten für das Fahren im öffentlichen Straßenverkehr alleine nicht ausreichen, der nächste Urlaub wohl nicht all-inclusive sein würde und er seine Karriere als Laienfahrlehrer mangels ausreichender Kenntnis der

»Ich mache Ihnen jetzt mal folgenden Vorschlag: Fahren Sie doch einfach mal mit bei so einer Fahrstunde, und dann sehen Sie Ihre Tochter in Aktion!«

Materie wohl an den Nagel hängen musste. Er stieg wortlos aus, ging ins Büro, zückte seine Geldbörse, holte ein paar große Scheine heraus und knallte sie Noemi auf den Schreibtisch mit den Worten: »Und wenn ich im Urlaub in einer Jugendherberge pennen muss – so darf die nicht auf die Straße, koste es, was es wolle!«

Viel sollte es nicht mehr kosten, denn Maren fuhr in den nächsten Wochen wie von einer Last befreit. Ihr Vater verschonte sie mit weiteren Ausflügen auf den Übungsplatz und machte ihr keine Vorhaltungen mehr, wie viel Geld der Lappen denn schon gekostet hätte.

Wir nahmen uns noch etwas Zeit, intensivierten unser Training bezüglich der Verkehrsbeobachtung bei Fahrmanövern und – Trommelwirbel bitte – bestanden die Prüfung auf Anhieb!

Ach ja, ihre Freundin, die ja anfangs wesentlich weniger Fahrstunden auf dem Kerbholz hatte als Maren, fiel zweimal durch. So was nennt man dann »teuer gespart«.

18. KAPITEL

DAVID

EILE …

Solche Väter wie der von Maren sind noch harmlos. Ein bisschen wichtig machen, ein bisschen klappern (die leersten Dosen klappern übrigens immer am lautesten), ein bisschen wegen der Kosten jammern – letztlich richten sie jedoch nicht allzu großen Schaden an.

Aber es geht auch anders, so wie bei David. Der Junge, und das muss man einfach neidlos anerkennen, konnte fahren wie ein junger Gott. Während seiner gesamten (!) Ausbildung unterliefen ihm gerade mal zwei Fehler: Einmal würgte er den Motor bei der Gefahrenbremsung ab, und einmal vergaß er bei einer abknickenden Vorfahrtsstraße zu blinken. Das war's auch schon. Ungelogen. Ob er als Säugling statt Muttermilch Benzin zu trinken bekommen hatte, seine gesamte Kindheit dem Studium des Straßenverkehrssystems gewidmet hatte oder jahrelang schwarz (also ohne Fahrerlaubnis) gefahren war – ich weiß es nicht. Was ich aber weiß: Der Junge war das wohl talentierteste und begabteste Stück Frischfleisch, das ich je neben mir sitzen hatte. Wie gesagt, dem Kerl unterliefen in all seinen Fahrstunden nur zwei Fehler, der Rest saß. Fahrzeugbedienung, Erkennen und Einhalten von Verkehrsvorschriften, partnerschaftliche, verantwortungsvolle, sichere und umweltbewusste Fahrweise – alles kein Problem für den lieben David! Und so verwundert es nicht, dass dieses Naturtalent bis zum heutige Tag die niedrigste Fahrstundenanzahl all meiner bisherigen Fahrschüler hat (19 Stück, inklusive der zwölf Sonderfahrten!) und mir als solcher auch noch gut in Erinnerung geblieben ist.

Im Fahrlehrerjargon nennt man solche Schüler »eine sichere Bank« und setzt sie in der Regel als Kavallerie ein. (Kurz zur Erklärung: Wenn man an einem Prüfungstag mehrere Schüler hat, von denen einige weniger schön fahren, kommt zwischendurch die Kavallerie, also Schönfahrer, zum Einsatz, damit der Prüfer nicht den Glauben und die Hoffnung verliert.)

Und wenn David nicht für die Kavallerie geeignet war, wer dann?

Tja, wahrscheinlich jeder andere. Als Jörg, unser Prüfer, das Startsignal gegeben hatte, schoss David los wie von der Tarantel gestochen. Bei erlaubten 50 km/h fuhr er mit 60 durch die Ortschaft, auf der Landstraße bretterte er mit 110 Sachen bei zulässigen 100 Stundenkilometern entlang, auf der Autobahn gab er Gas bis Tempo 130 (bei erlaubten 120 km/h), und in der 30er-Zone ließ er es mit 40 Sachen krachen. Ich dachte, ich sehe nicht richtig, als ich immer wieder einen Blick rüber zum Tacho warf – was lief denn hier für ein Film ab?

»Okay, jetzt habe ich die Schnauze voll, wir fahren zurück zur Fahrschule«, resignierte Jörg, nachdem David die Schallmauer in der 30er-Zone durchbrochen hatte und von mir eingebremst wurde (sorry, aber die lange Leine gebe ich wirklich nur dann, wenn keine Gefahr für spielende Kinder, Fußgänger oder Fahrradfahrer herrscht; und davon gibt es in 30er-Zonen zu viele …).

»Warum fahren wir schon wieder zurück? Wir sind doch erst ’ne halbe Stunde unterwegs!«, wunderte sich David.

»Weil du durchgefallen bist!«, klärte ich ihn auf.

»WIESO?«, brüllte er empört.

»WEIL DU DIE GANZE ZEIT ZU SCHNELL WARST!«, brüllte ich zurück.

»Und das darf ich nicht, oder was?«, fragte er in einer wieder entspannten Tonlage.

»Sag mal, willst du mich verarschen? Du darfst die zulässige Höchstgeschwindigkeit selbst unter günstigsten Umständen nicht überschreiten«, zitierte ich die StVO. »Das hast du doch in der Ausbildung bei mir auch kein einziges Mal gemacht!«

»Aber … ich dachte … wegen der Prüfung?«, stammelte David.

»Wie – wegen der Prüfung?«, entfuhr es Jörg und mir gleichzeitig.

»Mein Papa hat zu mir gesagt, dass ich in der Prüfung immer 10 km/h schneller fahren soll als erlaubt …«

»Wieso das denn?«, staunte ich nicht schlecht und erntete von David eine Antwort, die mir bis heute genauso in Erinnerung geblieben ist wie seine Fahrstundenanzahl: »Damit der Prüfer sieht, dass ich mich traue!«

Ich sah Hilfe suchend nach hinten zu Jörg, der mit weit aufgerissenen Augen und einer in Falten gelegten Stirn dasaß. Er überlegte kurz und hatte dann das passende Schlusswort parat, dem nichts mehr hinzuzufügen war: »Gut. Dann gehen Sie jetzt zu Ihrem Vater nach Hause und sagen ihm, dass ich registriert habe, wie waghalsig Sie unterwegs sein können, und dass Sie der Held des Tages sind, aber trotzdem nicht bestanden haben. Und mit Verlaub: Er ist der Depp des Tages!«

19. KAPITEL

JONAS

... MIT KEILE!

Ich glaube, dass man mit Fug und Recht von Sabotage, oder noch besser, Torpedierung sprechen kann, wenn man das Verhalten von Marens und Davids Vätern näher betrachtet. Der eine betrieb diese durch unerträgliches Einmischen in die Ausbildung seiner Tochter, der andere durch hirnrissige Tipps für die Prüfung seines Sohnes. Das Thema Führerschein kann man zwar auch noch auf andere Art und Weise torpedieren, doch dazu später mehr. Kommen wir erst mal zu den Menschen, welche die zügige Ausbildung von Fahrschülern am häufigsten torpedieren – nämlich zu den Schülern selbst!

Und damit meine ich nicht die Schüler, welche ein volles Jahr benötigen, um ihren Theorieunterricht abzusitzen (selbst schuld!), auch nicht die, die der Meinung sind, von Hunderten Fragen nur ein paar üben zu müssen, um die Theorieprüfung zu bestehen (selten dämlich!), und auch nicht diejenigen, welche durch einen Blackout in der praktischen Prüfung ihren Aufenthalt in der Fahrschule verlängern (hey, kann passieren!), nein, ich spreche von den Fahrschülern, bei denen es an der einfachsten aller Übungen scheitert: nämlich der Abgabe des Antrages auf Erteilung einer Fahrerlaubnis.

Die Teilnahme an einem Erste-Hilfe-Kurs, ein Sehtest, ein biometrisches Passfoto – das war's eigentlich schon an Notwendigkeiten, die so einem Führerscheinantrag beigefügt werden müssen. Wenn man das alles zusammenrechnet und noch die Wartezeit bei der Führerscheinstelle hinzuaddiert, dann kommt man alles in allem auf nicht mal einen Arbeitstag, den das ganze Zeug in Anspruch nimmt. Diese paar Stunden für ihren Führerschein zu investieren fällt vielen Fahrschülern jedoch schwer. Sehr schwer. Fragen Sie mich jetzt bitte nicht, woran das liegt; die Antworten auf diese Frage sind so unterschiedlich wie skurril: Mal ist eine Party wichtiger als der Besuch eines Erste-Hilfe-Kurses, mal hat man einen Bad-Hair-Day und kann sich so unmöglich fotografieren lassen, mal hat Mama den Sehtest in der Jeans mitgewaschen …

Sie glauben mir das nicht? Sie finden, dass ich maßlos übertreibe? Nun gut, lassen Sie mich den Gegenbeweis mit zwei Zahlen antreten: Während ich diese Geschichte zu Papier bringe, befinden sich in meinem Fundus 27 Fahrschüler, wovon allerdings nur 16 fahren; mit dem Rest muss ich kurz vor der Zielgeraden (der Prüfung) pausieren, weil der Führerscheinantrag noch nicht abgegeben wurde. Das hat natürlich zur Folge, dass nach einer ewig langen Fahrpause die erlernten Fähigkeiten und das erworbene Wissen erst mal wieder aufgefrischt werden müssen, was unter Umständen äußerst zeit- und kostenintensiv werden kann – rausgeschmissenes Geld, wenn man bedenkt, dass man sich diese zusätzlichen Fahrstunden zur Auffrischung hätte sparen können, wenn man nur mal seinen Arsch in Bewegung gesetzt hätte. Noch mal, liebe Fahrschüler: Es geht nur um einen Sehtest, ein biometrisches Foto, ein paar Stunden im Erste-Hilfe-Kurs und einen Gang zur Führerscheinstelle!

Jonas hatte diesen Gang bereits erfolgreich hinter sich gebracht, wenn auch mit etwas Anlaufzeit. Sage und schreibe ein halbes Jahr war zwischen der Anmeldung in der Fahrschule und der Abgabe der erforderlichen Papiere bei der Führerscheinstelle verstrichen, und jetzt sollte alles natürlich ganz schnell gehen. Jonas hatte vor, mit ein paar Surf-Kumpels und dem von seinem Vater zur Verfügung gestellten Camper die Küste Frankreichs unsicher zu machen, was natürlich nur mit einem Führerschein in der Tasche ging. Aus dem Bummelzug Jonas wurde sodann ein rasender ICE beziehungsweise (in Anspielung auf sein Reiseziel) TGV, denn der Junge bombardierte mich geradezu mit Terminanfragen für Fahrstunden. Für mich damals kein Problem, da ich zwar viele Fahrschüler auf meiner Liste stehen hatte, der Großteil jedoch auf Stand-by war, da deren Führerscheinanträge … na ja, Sie werden es sich denken können.

Und so füllte ich die Lücken in meinem Terminplan mit Jonas. Drei Wochen lang fuhren wir jeden Tag miteinander, und die Fahrstunden begannen immer mit demselben Ritual, nämlich der Frage, ob seine Papiere (Anmerkung des Autors: der Prüfauftrag von der Führerscheinstelle an die Prüforganisation, also die Erlaubnis zur Ablegung der theoretischen und praktischen Prüfung) schon da seien.

»Stand von gestern: Nein!«, teilte ich ihm bei unserer Nachtfahrt mit, so wie schon die anderen Fahrstunden zuvor.

»Boah, wie lange dauert das denn noch?«, stöhnte er.

»Also in der Regel dauert so was schon ein paar Wochen«, belehrte ich ihn.

»Diese Scheiß-Beamten bei der Führerscheinstelle! Was brauchen die denn so lange?«, fluchte er.

»Na ja, die müssen dort zum Beispiel allerhand überprüfen …«, verteidigte ich die Staatsmacht in den Amtsstuben.

»Was müssen die denn da groß überprüfen? Ich denke, der Prüfer prüft mich in den Prüfungen, das müssen diese Sesselfurzer doch nicht übernehmen!«, echauffierte sich Jonas.

»Stimmt schon, aber vorher wird beispielsweise geprüft, ob irgendwelche Faktoren gegen deine Eignung zum Führen eines Kraftfahrzeuges sprechen …«

»Hä?«, wunderte er sich.

»Wohl im Theorieunterricht die Lauscher nicht aufgesperrt, was? Seitens der Behörde wird beispielsweise überprüft, ob du charakterlich und körperlich dazu geeignet bist, am Straßenverkehr teilzunehmen«, half ich seinem Gedächtnis auf die Sprünge.

»Und wie machen die das?«

»Die werfen unter anderem einen Blick in dein polizeiliches Führungszeugnis …«, holte ich aus und wurde jäh von dem nicht begeistert klingenden Jonas unterbrochen.

»Oh, oh …«

»Was heißt denn bitte schön ›oh, oh‹? Hast du etwa eine Leiche im Keller?«, hakte ich nach.

»Wenn es denn nur *eine* wäre …«, gab er mir zerknirscht zur Antwort.

»Spuck es aus!«, forderte ich ihn auf – und das tat er: »Ich hab mal auf dem Frühlingsfest ’ne Keilerei mit zwei Typen gehabt, die mein Mädchen angebaggert haben, und dafür ’ne Anzeige wegen schwerer Körperverletzung kassiert …«

»Toll – charakterlich schon mal nicht geeignet!«, warf ich ein.

»… dann haben mich die Cops mal von meinem Fahrrad mit 1,9 Promille runtergezogen …«

»Wird ja immer besser!«

»… und ein paar Tage später wieder mit 2,3 Promille …«

»Holla die Waldfee!«

»… da hatte ich aber auch noch ein bisschen gekifft …«

»GEHT’S NOCH?«

»… und den Cops noch ein paar unschöne Worte vor den Latz geknallt …«

»Ich werd verrückt …«

»… und ein bisschen in der Zelle randaliert …«

»WAR’S DAS JETZT?«

»Hm, na ja, an meinem Mofa hab ich noch ein bisschen rumgeschraubt …«

»UND?«

»Statt der 25 km/h lief das Ding dann 70 Sachen – konnte doch nicht ahnen, dass die Bullen auch am Sonntag vor der Schule stehen, als ich mich da mit meinen Kumpels getroffen habe …«

»Jonas, hör bitte auf mit deinen Erzählungen, ich kann nicht mehr«, schlug ich die Hände vor den Kopf.

»Krieg ich jetzt wegen dem alten Scheiß echt ein Problem mit dem Führerschein?«, bohrte er nach und bekam von mir als Antwort einen Blick, der Bände sprach, und einige Tage später einen Brief von der Führerscheinstelle, der dasselbe tat.

Im Grunde genommen reichte jedes einzelne Vergehen, Zweifel an Jonas' Eignung für den Erwerb einer Fahrerlaubnis zu haben: Wer schon im »normalen« Leben zu Aggressionen mittels Körperverletzung und Beleidigung neigt, wird dieses Verhalten auch im Straßenverkehr nicht unterlassen; wer sein Mofa frisiert und somit ohne Versicherungsschutz und ohne gültige Fahrerlaubnis unterwegs ist, wird auch künftig einen laxeren Umgang damit haben; und wer Alkohol im exorbitanten Maße und/oder sogar Drogen konsumiert, wird die Finger auch nicht davon lassen, wenn er am Steuer sitzt. So zumindest die (nicht unberechtigte) Denke der Führerscheinstellen dieses Landes, die bei den beiden letzteren Vergehen (wenn jemand mit über 1,6 Promille auf dem Fahrrad sitzt oder beim Drogenkonsum, auch außerhalb des Straßenverkehrs, erwischt wird) erbarmungslos – und zu Recht – eine Medizinisch-Psychologische Untersuchung, kurz MPU, anordnen. Bei der ganzen Latte von Vorstrafen, die Jonas mit seinen jungen Jahren aufweisen konnte, war natürlich klar, dass man ihn nicht ohne Weiteres auf die mobile Menschheit loslassen konnte, und so erhielt Jonas, wie schon gesagt, einen netten Brief von der Führerscheinstelle mit der Anordnung einer MPU. Und was soll ich sagen: Jonas nahm nicht den Camper seines Vaters, sondern den Flieger nach Frankreich – negativer Bescheid bei der MPU.

Tja, klassischer Fall von »ins eigene Knie geschossen«, oder um im Duktus zu bleiben: Torpedo Numero drei gezündet – und – Treffer!

»Bei der ganzen Latte von Vorstrafen, die Jonas mit seinen jungen Jahren aufweisen konnte, war natürlich klar, dass man ihn nicht ohne Weiteres auf die mobile Menschheit loslassen konnte.«

20. KAPITEL

JEANETTE

ROUTENPLANUNG

»Papa, wann sind wir denn endlich da?« So lautet die Todesstoß-Frage für jeden Familienvater, der sich mit Sack und Pack auf den Weg in den Jahresurlaub macht. Und jeder Vater eines Kindes im Alter zwischen Pampers und Pubertät weiß, dass seine Antwort, egal wie sie ausfällt, eigentlich vollkommen sinnlos ist. Denn ob es jetzt noch zehn Minuten oder zehn Stunden dauert, bis man vollkommen erschöpft in einem italienischen Hotel mit deutschem Essen und englischen Zimmernachbarn angekommen ist und sein Auto zwischen holländischen Wohnanhängern geparkt hat, nachdem man sich um diese letzte freie Lücke mit einem schwedischen Typen im Format einer Schrankwand gestritten hat, macht für die Kids überhaupt keinen Unterschied – wenn diese Frage einmal gestellt wurde, wird sie im 60-Sekunden-Takt wiederholt, da Kinder in diesem Alter kaum ein Zeitgefühl haben oder haben wollen. Und ebendiese Frage steht bei mir auf einer Nerv-Skala von eins bis zehn bei neun, gleichauf mit der Frage »Kann ich was Süßes haben?«. Sollte es jetzt Leser unter Ihnen geben, die der Meinung sind, ihre Kinder könnten mit dieser Frage auf Ihrer Nerv-Skala locker die Zehn erreichen, denen entgegne ich jetzt, dass es tatsächlich eine Steigerung dieser Frage gibt, die man nämlich ab und an von Fahrschülern gestellt bekommt: »Wo fahren wir denn heute hin?«

Aus zweierlei Gründen ist diese Frage vollkommen überflüssig. Erstens ist es nicht wichtig, wo ein Fahrschüler etwas lernt, sondern was er lernt. Ob ich als Fahrlehrer beispielsweise das Abbiegen mit dem Schüler im Westen oder Osten der Stadt übe, ist für den Schüler ohne Belang – nicht aber, dass er das Abbiegen erlernt. Zweitens kann der Schüler mit den Stadtvierteln und den Gegebenheiten vor Ort sowieso nichts anfangen. Denn wenn man tatsächlich auf die Frage eingeht, welche Stadtviertel und Straßen man heute zu befahren gedenkt und dann den Schüler fragt, ob er denn wisse, wo das sei, erntet man von den Schülern nur ein Achselzucken und ein »Nö«. Die Rückfrage, warum sie dann überhaupt wissen wollen, wohin es geht, wird meistens mit einem »nur so« beantwortet. Auch so kann man die Luft mit Worten füllen …

Aber keine Regel ohne Ausnahme. Bei meiner Schülerin Jeanette stand hinter der Frage, wo es denn in der Fahrstunde hingehen sollte, wirkliches Kalkül – aber der Reihe nach.

Jeanette war eine adrette Endzwanzigerin, von Beruf Bankerin, frisch verlobt und bisher auch ohne Führerschein glücklich. Diesen hatte sie bislang aus einem so simplen wie einleuchtenden Grund noch nicht erworben: Weil sie ihn nämlich nicht brauchte. Umweltbewusst legte sie längere Distanzen, wie zum Beispiel den Weg zu ihrer Arbeit bei der Filiale einer deutschen Großbank mit den öffentlichen Verkehrsmitteln zurück. Mittelgroße Strecken wurden mit dem Fahrrad, Kurzstrecken zu Fuß gemeistert. Bei ihrer Beförderung zur Filialleiterin wurde ihr nahegelegt, endlich mal den Führerschein zu erwerben, da sie in ihrer gehobenen Position künftig vermehrt zu Meetings und Kundenbesuchen fahren müsse und dies, im Sinne der Spontanität und Unabhängigkeit von Störungen beim ÖPNV, besser mit dem Auto zu bewerkstelligen sei. Und schon war Jeanette bei mir in der Fahrschule gelandet, um das Thema Führerschein abzuhaken.

Das Wort »unspektakulär« beschreibt die Fahrstunden mit Jeanette eigentlich am besten. Sie war eine von den Fahrschülern, deren Namen man schon vier Wochen nach der Prüfung wieder vergessen hatte, weil alles eben recht unspektakulär lief. Ich erklärte ihr in den jeweiligen Situationen, was zu tun sei, und sie tat es – Punkt, aus, Ende, amen. Wie gesagt, unspektakulär. Wenn da nicht in jeder, wirklich jeder Fahrstunde ein gewisses Muster zum Vorschein getreten wäre …

Nach der obligatorischen Begrüßung zu Beginn der Fahrstunde folgte genauso obligatorisch die Frage, wo wir denn heute überall langfahren würden. Da Jeanette, wie schon erwähnt, auch ohne Auto viel in der Gegend herumgekommen war, sagten ihr alle Straßennamen, Stadtteile und Ortschaften etwas, in denen wir zu Ausbildungszwecken herumcruisen würden. So weit, so gut. Befremdlich wurde diese Fragerei jedoch, als Jeanette nach den ersten Fahrstunden jedes Mal einen Abstecher von der ursprünglichen Tour machen wollte.

Mal fragte sie mich, ob wir denn nicht kurz beim Biergarten des Wirtshauses »Zum reihernden Hirschen« vorbeifahren könnten. Da dieser nur drei Querstraßen entfernt war, schlug ich ihr diesen Wunsch nicht ab. Dort angekommen, bat sie mich um eine kleine Fahrpause – sie müsse mal kurz nach etwas schauen.

»Meinetwegen – solange du mir nicht ins Bierglas schaust …«, flachste ich.

»Quatsch, muss nur kurz was schauen – bis gleich«, lächelte sie und war im Trubel der Menschenmassen verschwunden. Knappe fünf Minuten später kehrte sie wieder zurück und die Fahrt ging weiter. Ich fragte nicht großartig, wonach sie geschaut hatte, weil es mich erstens nichts anging, zweitens auch nicht interessierte, und es drittens auch nicht so sonderlich seltsam war, dass wir die Fahrt kurz unterbrochen hatten. Passiert einfach mal, dass ein Fahrschüler eine Fahrstunde mit einer kurzen Erledigung kombiniert, wie zum Beispiel Konzerttickets abholen oder 'ne Briefmarke kaufen. Dauert vielleicht ein paar Minuten, in denen ich eine bezahlte Pause habe und sich der Schüler eine ellenlange Besorgungsfahrt mit dem

Bus oder dem Rad sparen kann. So what? Komisch wurde es in der nächsten Fahrstunde. Da bat sie mich, ob wir denn nicht bei einer bestimmten Autowerkstatt vorbeifahren könnten. Diese lag fernab meines Ausbildungsgebietes, was an sich nicht tragisch gewesen wäre, wenn dort auch Straßenbahnen verkehren würden – Ausbildungsinhalt der Fahrstunde wäre nämlich gewesen, das Abbiegen über Gleise zu üben.

»Jeanette, das ist jetzt ein wenig suboptimal«, beschied ich ihr. »Ich wollte mir heute mit dir das Abbiegen über Gleise und das Verhalten am Andreaskreuz üben.«

»Können wir das vielleicht aufs nächste Mal verschieben? Ich müsste dort dringend etwas nachschauen!«, flehte sie mich an.

»Von mir aus – ist ja deine Zeit. Sonderlich viel wirst du auf dem Weg dorthin aber nicht lernen, weil es mehr oder minder nur geradeaus geht«, gab ich zu bedenken.

»Ach, das geht schon in Ordnung«, erwiderte sie und nahm Kurs in Richtung der Autowerkstatt. Eine halbe Stunde später sollten wir unser Ziel erreicht haben. Wieder stieg Jeanette aus und kam nach ein paar Minuten wieder, um die Fahrstunde fortzusetzen. Die Frage, was jemand ohne Auto in einer Autowerkstatt zu suchen hatte, behielt ich (aus heutiger Sicht mir unverständlichen Gründen) für mich.

Die Autowerkstatt sollte ich zum letzten Mal zu Gesicht bekommen haben, nicht jedoch die vielen anderen Biergärten und Kneipen, die mich Jeanette bat, anfahren zu dürfen, um »mal kurz was zu schauen«. Hatte ich bisher stets meine Klappe gehalten und diese Fahrtunterbrechungen geduldet, so wurde es mir langsam, aber sicher zu bunt. Jeanette erdreistete sich sogar bei der Autobahnfahrt, mich zu fragen, ob wir denn nicht einen kurzen Schlenker in die Stadt machen könnten, da sie in einer Lokalität etwas nachschauen müsste.

»Jetzt mal Butter bei die Fische: Was um alles in der Welt hat es mit diesen ständigen Biergarten- und Kneipenintermezzos auf sich? Ich komm mir ja langsam vor wie bei meinem Junggesellenabschied!«, fragte ich etwas ungehalten.

»Na, du weißt doch, dass ich verlobt bin und bald heirate. Und da muss ich mich jetzt mal langsam um eine Lokalität für die Hochzeitsfeier bemühen«, bekam ich von ihr als Antwort.

Okay, das ließ ich gelten. Nicht jedes Brautpaar hat ad hoc eine gute Location für das Fest der Feste parat, da gilt es in der Tat, sich ein wenig umzusehen – ich war beruhigt. Hatte ich doch schon heimlich den Verdacht gehegt, dass sich meine liebe Bankerin bei ihren Abstechern in die Ausschankbetriebe einen geruchlosen Wodka reinkippt …

Die Wochen vergingen, die Barbesuche blieben – bis zu unserer Nachtfahrt. Ich hatte sie zu Hause aufgegabelt und wir hatten die eineinhalbstündige Fahrt bereits zu einem guten Drittel hinter uns, als mich Jeanette anstupste: »Du, könnten wir umkehren und wieder zu mir nach Hause fahren?«

»Wieso das denn?«

»Weil … weil … weil ich den Herd nicht ausgeschaltet habe!«, entfuhr es ihr nach einigem Zögern.

»Boah ey, ich möchte mal eine Fahrstunde mit dir erleben, wo ich meinen Ausbildungsplan so durchziehen kann, wie ich es geplant habe – los, kehr schon um«, seufzte ich.

Eine halbe Stunde später waren wir vor ihrer Haustür angekommen.

»Dauert nur 'ne Minute«, säuselte sie mir entschuldigend zu und verschwand schnurstracks im Hausflur.

Ich nutzte die sich mal wieder ergebende Pause, um im Geiste eine neue Route zu planen, in deren Verlauf ich den restlichen Stoff mit ihr noch abfahren konnte. Damit fertig, warf ich einen Blick auf die Uhr; die versprochene Minute zog sich ganz schön in die Länge. Geschlagene sechs Minuten später erschien Jeanette wieder zur Fahrstunde – aber wie! Zerzauste Haare, eine blutige Unterlippe, zwei abgebrochene Fingernägel, die Halskette und ein Ohrring fehlten – du meine Güte, hatte sich der Herd gegen das Ausschalten gewehrt?

»Ich muss die Fahrstunde an dieser Stelle leider abbrechen, werde es dir beim nächsten Mal erklären. Ich ruf dich zwecks eines neuen Termins an«, keuchte sie und verschwand wieder im Hausflur, noch bevor ich sie (überflüssigerweise) fragen konnte, ob denn alles in Ordnung sei. Etwas verdattert schwang ich meinen Hintern auf den Fahrersitz und fuhr meinem frühzeitigen Feierabend entgegen.

Erklären musste mir Jeanette jedoch nichts mehr. Gar nichts mehr. Denn das tat die Lokalpresse am übernächsten Tag:

»IN FLAGRANTI BEIM SEITENSPRUNG ERTAPPT – POLIZEI MUSS EINSCHREITEN! – München: In flagranti wurde der Automechaniker Thorsten R. (30) in der Nacht von Dienstag auf Mittwoch von seiner Verlobten Jeanette T. (28) bei einem Seitensprung mit der Aushilfskellnerin Daniela S. (23) ertappt. Der Polizei zufolge hatte die als äußerst eifersüchtig geltende Jeanette T. ihre Nebenbuhlerin, welche sie schon seit Langem verdächtigte, mit ihrem Verlobten ein Verhältnis zu haben, über geraume Zeit verfolgt und ausgespäht, in welchen Etablissements sie als Kellnerin aushalf. Über Wochen hinweg kontrollierte sie sodann, ob ihr Verlobter sein Feierabendbier ebenfalls dort konsumieren würde. Doch nicht in einer der unzähligen Kneipen, sondern im heimischen Bett wurde die Affäre von der Verlobten aufgedeckt. Die Auseinandersetzung zwischen den drei Personen wurde alsbald handgreiflich und uferte so aus, dass besorgte Nachbarn die Polizei riefen, welche die Parteien beruhigte und voneinander trennte. Die drei Streithähne fügten sich gegenseitig leichte Verletzungen zu, welche auch zur Anzeige gebracht wurden. In der Wohnung entstand beträchtlicher Sachschaden.«

PS: Geheiratet haben die beiden Turteltäubchen (oder sollte man besser Kampfhähne sagen?) einige Zeit später trotzdem. In welchem Lokal die Feierlichkeiten stattfanden, entzieht sich bis jetzt meiner Kenntnis. Vielleicht fährt Jeanette mit mir mal dort vorbei, damit ich es mir näher anschauen kann.

21. KAPITEL

JENNIFER UND ALESSANDRA

VERKEHRSZEICHEN

Die Geschichte beginnt in der beschaulichen Gartenstraße, einer Straße, wo Fahrzeuge ohne Stern, Ringe, Propeller, Katze, Stier oder Pferd im Logo nichts verloren haben, die Kriminalitätsrate bei null Prozent liegt, die Männer ständig auf Dienstreisen sind und der Briefträger mit Krawatte und frisch gewienerten Budapestern an den Füßen die Post noch persönlich an der Tür abgibt und ab und an ein Käffchen mit der Dame des Hauses trinkt.

Dort wurden zwei elitäre Damen fast gleichzeitig schwanger. Ob dies etwas mit dem Postboten zu tun hatte, sei dahingestellt. Auf jeden Fall kamen dort im Jahre 1994 zwei kleine Mädchen namens Jennifer und Alessandra zur Welt.

Die fast gleichzeitige Empfängnis und Geburt dieser beiden Wonneproppen hatte zur Folge, dass sich sowohl die Eltern als auch die beiden Mädchen miteinander anfreundeten und so manche Tea-Time mit ihren Puppen veranstalteten. Man wuchs also gemeinsam auf, und so verwunderte es nicht, dass die zwei Mädchen mit den Jahren zu einem eingeschworenen Double wurden und man sie alsbald »die Zwillinge« nannte. Diesen Spitznamen hatten sie sich aus zweierlei Gründen erworben.

Der erste Grund war ihre verblüffende Ähnlichkeit. Entweder war dies eine Laune der Natur, oder meine Theorie mit dem Postboten war doch nicht so verkehrt. Beide hatten lange brünette Haare, elfengleiche Gesichter mit viel zu viel Make-up und eine

Figur – tja, wie soll man dazu sagen? Skelett, Zahnstocher, Gerippe, Hungerhaken … es gibt wohl viele Synonyme für diese knabenhaften Figuren, die Jennifer und Alessandra hatten. Der Hintergrund dafür war nicht das Erbgut des ebenso hageren Postboten, sondern der Berufswunsch der beiden Girls: Topmodel!

Man musste kein Prophet sein, um Jennifer und Alessandra diesen Berufswunsch anzumerken. Ihr Gang glich einem Training für den Catwalk, und outfitmäßig war das Beste, Teuerste und Aktuellste gerade gut genug. Somit konnte ich Trend-, Style- und Modeberichte in den bei uns zu Hause herumliegenden Magazinen getrost überblättern, da ich ja zu jeder Theoriestunde eine kostenlose Modenschau bekam.

Der zweite Grund für den Spitznamen »die Zwillinge« war – na ja, dass sie halt immer zu zweit waren. Wo die eine war, konnte die andere nicht weit weg sein. Alles, wirklich alles wurde gemeinsam gemacht. Party, Chillen, die Schule besuchen, die Schule schwänzen – und eben in die Fahrschule gehen. Und natürlich war es unsere Fahrschule, die sich Jennifer und Alessandra ausgesucht hatten, um das Projekt Führerschein anzugehen.

Ich betrat die Fahrschule um 18.50 Uhr, zehn Minuten vor Beginn des theoretischen Unterrichts. Noemi, unsere Bürokraft, sortierte gerade noch als letzte Amtshandlung des heutigen Tages die Anwesenheitslisten der letzten Theorieunterrichte, um diese morgen in den Computer einzugeben. Solche Anwesenheitslisten liegen in jeder Fahrschule aus und sind der Nachweis dafür, ob, wann und bei welchem Thema ein Schüler anwesend war.

»Hi, wie geht's?«, begrüßte ich sie.

»Danke, gut! Habe in 600 Sekunden Feierabend, im Gegensatz zu dir!«, neckte sie mich. Doch da wusste sie noch nicht, dass dieser Plan um 18.58 Uhr von Jennifer und Alessandra jäh durchkreuzt werden sollte.

Das Anmeldeprozedere in einer Fahrschule, inklusive sämtlicher auftretender und sich immer und immer wieder wiederholender

Fragen, dauert in der Regel 15 bis 20 Minuten. In so einem Gespräch wird dem Schüler erklärt, welche Unterlagen er bei der Fahrerlaubnisbehörde einreichen muss (Sehtest, Bescheinigung über die Teilnahme an einem Erste-Hilfe-Kurs, biometrisches Passfoto etc.), welche Kosten auf ihn zukommen (Grundgebühr, Prüfungsgebühren, Fahrstundenpreise für Übungsfahrten und Sonderfahrten und so weiter und so fort), wann die Unterrichtszeiten für die Theorie sind, bla, bla, bla …

Wenn allerdings SMS lesen und schreiben, Nachrichten bei Facebook einstellen, Twittern (*Bin in der Fahrschule! Nice! LOL*) oder Telefonieren zum Informationsgespräch dazukommen, kann dieses Prozedere etwas länger dauern.

»Tschuldigung, war grad 'ne wichtige SMS, wie ist das mit den Prüfungsgebühren?«

»Sorry, musste nur schnell ein Taxi klarmachen, wir müssen dann noch in 'nen Club – also, wann ist immer Theorieunterricht?«

Und so konnte Noemi erst zeitgleich mit mir um 20.30 Uhr ihren Feierabend antreten.

»Wow, da kommt auf euch Fahrlehrer was zu!«, raunte sie mir zu, während ich die Stühle zusammenrückte.

»Wieso?«

»Die peilen ja gar nichts – oder es interessiert sie nicht! Ich habe noch nie so lange für 'ne Anmeldung gebraucht wie bei denen!«

Während mir Noemi ihr Leid klagte, erhaschte ich rein zufällig einen Blick auf die Anwesenheitsliste des Theorieunterrichtes. Heute hatte ich zwölf Leute gezählt, aber jetzt standen da zwei Namen mehr drauf! Ich nahm die Liste in Augenschein: Eine gewisse Jennifer und eine gewisse Alessandra hatten sich noch auf der Liste verewigt.

»Moment mal, das sind doch die zwei, die sich gerade erst bei dir angemeldet haben!«, rief ich empört aus.

Noemi war verblüfft: »Das ist ja dreist! Das hab ich gar nicht mitgekriegt, dass die ihre Namen da draufgesetzt haben … verdammt, ich war zwischenzeitlich mal auf 'm Klo … warte mal!«

Sie nahm aus dem Ablagekorb die oben aufliegenden Anwesenheitslisten der letzten drei Wochen, und siehe da – die zwei Gören hatten sich auch dort rotzfrech eingetragen, um allzu häufigen Theoriebesuchen zu entgehen!

Natürlich strichen wir ihre Namen wieder von der Liste, und als sie das erste Mal offiziell dem Unterricht beiwohnten, erhielten sie erst mal von mir eine Standpauke, die sich gewaschen hatte.

»Versteh uns halt, immer wenn der Theorieunterricht stattfindet, läuft zeitgleich im Fernsehen *EISFAFM* und *IMDH!*«, winselten Jennifer und Alessandra.

»*EISFAFM*? *IMDH*?«, rätselte ich.

»Sag bloß, das kennst du nicht! *Europe Is Searching For A Fucking Model* und *Ich Model – Du Hässlich*! Noch nie was davon gehört?«, starrten mich die beiden künftigen Models ungläubig an.

»Ihr wollt mir also sagen, dass ihr wegen TV-Shows nicht in den Unterricht kommen könnt, ist das richtig?«

»Ja«, antworteten beide unisono, »ist doch sowieso überflüssig – wir lernen ja ohnehin vor der Theorieprüfung alle Fragen auswendig. Kannst du da keine Ausnahme machen und uns mit dem öden Unterricht verschonen?«, versuchten sie, mich mit einem erotischen Augenaufschlag zu bezirzen. Ohne weiter auf die Absurdität ihres Anliegens einzugehen, beschied ich ihnen: »Nein, kann ich nicht. Ihr kommt 14-mal für 90 Minuten hierher, basta!«

Mit diesem uncoolen Lehrergehabe hatte ich jetzt bei den Zwillingen verkackt, und das wollten sie mich spüren lassen.

Dass sie den Unterricht für völlig sinnlos hielten und jetzt eigentlich lieber *EISFAFM* und *IMDH* glotzen würden, anstatt sich von Verkehrsregeln volldröhnen zu lassen, demonstrierten sie sehr eindrucksvoll. Dementsprechend verlief mein Unterricht in etwa so: »Das Halten ist verboten an engen und unübersichtlichen Straßenstellen – Jennifer, hör bitte auf, dich zu schminken –, im Bereich von scharfen Kurven – Alessandra, könntest du bitte die Kopfhörer aus deinen Ohren nehmen und deinen iPod ausschalten –, auf Ein- und

Ausfädelungsstreifen – Jennifer, weg mit dem iPhone –, auf Fußgängerüberwegen sowie bis zu fünf Meter davor – Alessandra, auch du legst dein Handy bitte weg –, auf Bahnübergängen ist das Halten auch verboten – Alessandra und Jennifer, haltet bitte die Klappe –, wenn es durch folgende Verkehrszeichen verboten ist – ICH SAGTE KLAPPE HALTEN!«

Erst als ich damit drohte, ihre technischen Gerätschaften vor mein Auto zu legen, drüber zu fahren und es wie einen Unfall aussehen zu lassen, ihre Münder mit Panzertape zu schließen und/oder ihre Namen von der Anwesenheitsliste zu streichen, weil sowohl die körperliche als auch geistige Anwesenheit im Unterricht erforderlich ist, kehrte etwas Ruhe ein. Um diese Ruhe zu bewahren, bezog ich sie derart stark in den Unterricht mit ein, dass ich das frisch vermittelte Wissen des Unterrichts ausschließlich an den beiden Grazien testete, indem ich sie immer wieder aufrief, das zu wiederholen, was ich ihnen gerade beigebracht hatte. Erwartungsgemäß kam nicht viel mehr als ein »Hä?« oder »Weiß nich« als Antwort von Jennifer und Alessandra zurück, was für massive Erheiterung bei der restlichen Schülerschaft sorgte und das Rouge in den Gesichtern der beiden aus peinlicher Berührung noch intensiver werden ließ.

Mit Hängen und Würgen hatten die beiden Gören irgendwann alle 14 Lektionen hinter sich gebracht.

Sichtbar erleichtert und freudestrahlend standen sie am Ende ihrer letzten Unterrichtseinheit (es ging um Verkehrszeichen) bei mir am Pult und schnatterten gleichzeitig (wie könnte es anders sein) los: »Ich will meine erste Fahrstunde, ich will meine erste Fahrstunde!«

Und das natürlich bei mir Glückspilz. Allerdings standen die Mädels jetzt vor einem Problem. Obwohl sie alles gemeinsam machten, konnten sie nicht bei ein und demselben Fahrlehrer ihren Führerschein machen – ich hatte schlichtweg so viel um die Ohren, dass ich gerade mal so viel Luft hatte, um vielleicht eines der beiden Models ausbilden zu können. Zerknirscht nahmen sie diese Information zur Kenntnis und entschieden nach ausgiebiger Beratung, dass Jennifer bei mir und Alessandra bei meinem Boss Hans fahren sollte. Ihn kannten sie auch aus dem Theorieunterricht, wollten aber anfänglich nicht bei ihm fahren, weil er einmal einen Eimer Wasser vor sie hingestellt hatte und ankündigte, ihre Smartphones und Schminktäschchen darin zu versenken, wenn sie jetzt nicht endlich konzentriert dem Unterricht folgen würden.

Gott sei Dank, ich hatte nicht alle beide an der Backe! Aber wie sich zeigen sollte, war selbst die eine der beiden schon eine zu viel. Ich hatte die Unlust respektive Unaufmerksamkeit der beiden Grazien ja nun mal hautnah miterlebt. Also war ich auch darauf gefasst, dass ich das nicht vorhandene Wissen aus dem Theorieunterricht in mühsamer Kleinarbeit im praktischen Teil der Ausbildung erneut vermitteln musste. Wird ein Höllenjob, dachte ich mir, und sollte damit noch untertrieben haben.

Machen wir es kurz: Nachdem die anfänglichen Schwierigkeiten mit der Handhabung des Fahrzeuges behoben waren, ging es in der zweiten praktischen Doppelstunde um die Thematik Vorfahrts- und Ampelregelungen. In einem Wohngebiet, dessen Straßen die Ausmaße amerikanischer Boulevards hatten und somit ein Übersehen derselben quasi unmöglich machten und deswegen von mir stets als lockerer Einstieg in die Schulung der Grundregel »rechts vor links« gewählt wurde, hatte Jennifer eine Erkennensquote von mageren 20 Prozent, das heißt, dass sie bei lediglich jeder fünften Kreuzung langsamer wurde und schaute, ob jemand kam. Dafür bremsten wir auf Vorfahrtsstraßen immer wieder schön ab, um zu schauen, ob von links jemand kam, was ja überhaupt keinen Sinn machte und zu einem wilden Hupkonzert der hinter uns befindlichen Fahrzeuge führte.

»Warum hupen die denn wie wild? Ich check's halt noch nicht so!«, entfuhr es Jennifer

»Tja, das kommt halt davon, wenn man im Unterricht nicht aufpasst!«, erklärte ich ihr den Missmut der anderen Verkehrsteilnehmer.

»Aber ich hab doch aufgepasst!«

»So? Was heißt denn dieses Verkehrszeichen?«

»Äh, also, hm, Scheiße – was war das gleich wieder …«

Quiiiieeetsch – das war eine Vollbremsung von mir. Denn das Schild hieß »Ende der Vorfahrtsstraße« und bedeutete für uns, dass wir den erschrockenen Taxifahrer passieren lassen mussten.

So ging das pausenlos in den ersten sechs Doppelstunden bei Jennifer. Bei einem halbwegs talentierten Schüler sagt man in der Regel, dass man jetzt mit den Sonderfahrten beginnen kann, aber ich war ja nicht lebensmüde!

Wir bogen am Ende der Fahrstunde in die Gartenstraße ab, um Jennifer zu Hause abzusetzen, und ich sah das Auto von Hans vor der Haustür von Alessandra stehen. Als wir direkt hinter ihnen eingeparkt hatten, konnte ich durch seine Heckscheibe erkennen, wie er wild mit den Armen herumfuchtelte und Alessandra damit anscheinend einzelne Fahrmanöver erklären wollte. Auch ich behielt mit Jennifer noch Platz im Auto und begann eine nicht ganz so gestenreiche, aber trotzdem ellenlange Nachbesprechung ihrer einzelnen Fauxpas (Positives hatte ich ja leider nicht anzumerken). Auf einmal klopfte es an meiner Seitenscheibe. Hans stand draußen und fragte mit hochrotem Kopf und einer angeschwollenen Halsschlagader im Umfang eines Gartenschlauchs: »Haste mal 'ne Minute für mich?«

»Jo!«, antwortete ich ihm und bat Jennifer, noch einen Moment zu warten. Ich stieg aus, ging mit Hans ein paar Schritte aus der Hörweite der beiden Grazien in den Wagen weg und lehnte mich erschöpft gegen den Gartenzaun eines Anwesens.

»Und, wie ergeht es dir mit deiner Schülerin?«, fragte Hans niedergeschlagen.

»Na ja, schade, dass es im Schulsystem nicht die Note Sieben gibt – die würde sie nämlich von mir bekommen«, antwortete ich vielsagend.

»So ist das bei meiner Alessandra auch. Die hat ja von Tuten und Blasen gar keinen Schimmer!«

»Mit meiner Jennifer ist das so, als würde ich einen fahrenden Theorieunterricht abhalten …«

»Dito!«

»… und das, obwohl sie schon alle Lektionen besucht haben!«

»Krass, oder?«

»Gruselig trifft es eher!«

»Waren die bei dir in der Theorie auch so unaufmerksam wie bei mir?«

»Ständig, und Ermahnungen haben auch immer nur fünf Sekunden lang gehalten.«

»War bei mir genauso.«

»Habe ja gehofft, dass irgendetwas hängen bleibt, aber ein Sieb ist ja eine Betonmauer im Vergleich zu deren Hirnen.«

»Tja, stellt sich wirklich die Frage ob sie ihr Hirn im Unterricht auf Durchzug geschaltet haben oder ob sie überhaupt eines haben?«

»Hmm …« Ich wusste hierauf wirklich keine 100-prozentige Antwort, obwohl ich eher auf Letzteres tippte.

»Was machen wir jetzt mit denen? Die brauchen ja 2.000 Fahrstunden, wenn das so weitergeht!«, verzweifelte Hans.

»Eigentlich darf man mit denen gar nicht mehr fahren, sondern müsste sie zum nochmaligen Besuch aller Theoriestunden verdonnern!«, murmelte ich in meinen Dreitagebart.

»Stimmt eigentlich …«, grübelte Hans.

Wir standen ein paar Sekunden wortlos da. Dann sahen wir uns an, nickten uns zu und gingen wieder zu unseren Autos.

»Steig mal aus«, befahl jeder von uns beiden seiner Schülerin.

Sie standen vor uns und Hans übernahm chefmäßig das Wort: »Also, der Andi und ich haben bei euch wirklich eklatante Wissenslücken bezüglich der Verkehrsregeln festgestellt …«

»… und das ist noch freundlich ausgedrückt – denn bei einer Lücke hab ich ja noch etwas links und rechts, was die Lücke bildet.

Und das ist ja bei euch nicht der Fall. Ich würde eher von einer Wissens-Wüste sprechen …«, unterbrach ich ihn.

»… und deswegen haben wir beschlossen, mit euch erst mal keine weiteren Fahrstunden zu vereinbaren, bis diese Lücken durch einen erneuten Besuch der für euch relevanten Unterrichtseinheiten geschlossen sind!«

Jennifer und Alessandra guckten sich entsetzt an.

»Und was heißt das jetzt?«, fragten sie.

»Das heißt, dass ihr uns noch mal zum Theorieunterricht in der Fahrschule besuchen dürft!«, klärte Hans die Mädels auf.

»Waaas?«, protestierten die beiden Gören. »Nee, wir sind so froh dass wir den Scheiß hinter uns haben! Wir haben wegen dieses Theorie-Mülls so oft den Anfang von *EISFAFM* und *IMDH* verpasst, das machen wir nicht noch mal mit!«

Jetzt platzte mir der Kragen und ich gab meine vornehme Zurückhaltung auf: »Jetzt hört mal zu, ihr Möchtegern-It-Girls, mal ein kurzes Zitat aus der Fahrschüler-Ausbildungsordnung: Paragraf 2, Art und Umfang der Ausbildung, Absatz 1 besagt, dass die Ausbildung in einem theoretischen und einem praktischen Teil erfolgt und die beiden Teile in der Konzeption aufeinander bezogen und im Verlauf der Ausbildung miteinander verknüpft werden sollen …«

»… man nennt so was auch die Verzahnung von Theorie und Praxis …«, übersetzte Hans mein Amtsdeutsch.

»… und von einer Verzahnung kann bei euch gar keine Rede sein, weil ihr zahnlos seid, kapiert? Hättet ihr euch alles sparen können, wenn ihr von Anfang an im Unterricht aufgepasst hättet! So, wir sehen uns dann heute Abend pünktlichst um sieben Uhr zur Lektion über Verkehrszeichen, bums, aus, Ende, amen!«, sagte ich und verkrümelte mich mit Hans, um gar keine weiteren Diskussionen aufflammen zu lassen. Im Rückspiegel sah ich die beiden noch wie begossene Pudel dastehen, und ich war jetzt schon gespannt, ob sie den Ernst der Lage begriffen hatten oder doch lieber spindeldürren Models im Fernsehen bei peinlichen Challenges zusehen würden. Vorher aber musste ich erst mal schnell nach Hause, denn ich wollte mich noch pädagogisch wirkungsvoll vorbereiten.

Zu Hause angekommen, nahm ich mir erst mal zwei DIN-A4-Blätter und schrieb fett »RESERVIERT« darauf. Im Keller fand ich nach kurzer Suche noch einen Schuhkarton.

»Du, den Karton brauch ich eigentlich für die Bastelsachen unserer Kinder!«, protestierte meine Frau.

»Geht nicht, Schatz, habe ein wirklich wichtiges pädagogisches Projekt am Laufen!«, konterte ich.

»Jetzt spinnst du aber komplett!«, hörte ich sie noch beim Hinausgehen sagen.

Keine Zeit für Diskussionen und Erklärungen, jetzt schnell die Sachen ins Auto verfrachtet und ab zum Theorieunterricht.

Ich positionierte die Reservierungsschilder auf den Tischen unmittelbar vor und den Schuhkarton direkt auf meinem Lehrerpult. Nach und nach trudelten die Schülerinnen und Schüler ein und betrachteten skeptisch die Szenerie. Wie gewohnt erschienen Alessandra und Jennifer als Letzte und wollten sich wie immer in die letzte Reihe setzen. Bevor ihre in Gucci und Prada gehüllten Hintern Platz nehmen konnten, befehligte ich sie mit einer Handbewegung zu mir: »Hierher, meine Damen, hier vor zu mir!«

Sie sahen sich an und trotteten missmutig zu mir.

Ich nahm die Reservierungsschilder vor mir weg und erklärte: »So, für unsere heutigen Ehrengäste, die eine Ehrenrunde drehen dürfen, gibt es natürlich auch Ehrenplätze!«

Pikiert nahmen sie Platz, als ich ihnen den Schuhkarton unter die Nase hielt: »Und damit wir uns heute ganz und gar auf den Unterricht konzentrieren können, dürft ihr jetzt eure Spielsachen da reintun!«

»Was für Spielsachen denn?«, fragten sie im Kanon.

»iPod und …«

»Waaas?«, empörten sie sich.

»… iPhone …«, fuhr ich unbeirrt fort.

»Nein, bitte nicht, ich kann ohne Facebook nicht leben!«, winselte Jennifer.

Während ich überlegte, ob es bereits eine Entzugsklinik für Facebook-Süchtige und iPhone-Abhängige gab, machte ich weiter: »... und Schminkzeug!«

»Oh Mann, Andi, bitte, bitte, wir gehen nach *EISFAFM* noch auf 'ne Party, wir müssen uns stylen!«, winselten die Zwillinge.

»Rein mit dem Scheiß!«, herrschte ich sie an, das Flehen und Betteln unterbindend.

Missmutig gaben sie ihre Sachen ab und wollten sich als Trotzreaktion mal wieder schlafend stellen (ihre Köpfe wanderten bereits synchron in Richtung Tischplatte), als ich ihnen drohte:

»Und wer von euch jetzt ein Nickerchen machen möchte, muss damit rechnen, einen Schwall Wasser aus meiner Flasche über sein Haupt gegossen zu bekommen – schlecht für die Frisur und die Party danach!«

Ruck, zuck waren ihre Köpfe wieder in Habachtstellung. Und somit konnte der Unterricht beginnen. Lektion drei, Schwerpunkt Verkehrszeichen, stand auf dem Programm.

Bevor ich den Verlauf und Inhalt der nachfolgenden 90 Minuten wiedergebe, darf ich nochmals dran erinnern, dass Jennifer und Alessandra dieselbe Lektion bereits vor einigen Wochen besucht, sich bereits einige Fahrstunden lang im öffentlichen Verkehrsraum getummelt und somit auch von mir und Hans eigentlich fast jedes Verkehrszeichen in der Realität erläutert bekommen hatten. Dies sei nur noch mal gesagt, damit die mir mit aller Wucht von der ersten Reihe entgegengeschleuderte Dummheit jedem Leser in seiner Dimension bewusst wird.

Nach einer kleinen Einführung über den Sinn von Verkehrszeichen (ja, die haben wirklich einen!) legte ich mit der Erklärung und Erläuterung jedes Schildes los. Welche geistreichen Ideen meine beiden Lieblingsschülerinnen dazu hatten, sei nachfolgend wiedergegeben:

Ich: »Wer weiß denn, was dieses Verkehrszeichen bedeutet?«
Jennifer: »Vorfahrt!«
Ich: »Du verwechselst das jetzt wohl mit diesem Zeichen«

Jennifer: »Oh, ja!«
Ich: »Also, was bedeutet dann dieses Zeichen?«

Jennifer: »Vorfahrt geändert!«
Ich: »Nein!«
Jennifer: »Aber wir sind doch mal an so einem Schild vorbeigefahren, und da stand drunter: Vorfahrt geändert!«
Ich: »Richtig, da war dieses Zusatzschild drunter, welches allerdings nicht die Erläuterung für das obere Schild ist. Das heißt, dass früher eine andere Vorfahrtsregelung bestand und jetzt eine neue besteht, nämlich …?«
Jennifer: »Dass wir Vorfahrt haben!«
Ich: »Hm, und warum hab ich dann für dich gebremst und den Radfahrer von rechts durchfahren lassen?«
Jennifer: »Weil wir doch nicht Vorfahrt haben?«
Ich: »Genau. Das Schild steht nämlich für ›rechts vor links‹.«
Jennifer: »Oh!«

»Missmutig gaben sie ihre Sachen ab und wollten sich als Trotzreaktion mal wieder schlafend stellen.«

Ging ja schon mal gut los mit der Verzahnung von Theorie und Praxis. Und mir schwante Böses, denn wenn wir jetzt für jedes Verkehrszeichen fünf Minuten zur Besprechung brauchten, würde es mit meinem Zeitplan eng werden …

Ich: »Wovor könnte uns denn dieses Schild warnen?«
Alessandra: »Vielleicht vor Wellen oder so?«
Ich: »Den Gedanken musst du mir jetzt kurz erklären.«
Alessandra: »Ja, wenn halt eine Stadt nah am Meer liegt wie zum Beispiel … Bielefeld …«
Ich: »Bielefeld liegt aber nicht am Meer!«
Alessandra: »Dann halt … Leipzig.«
Ich: »Bevor es jetzt geografisch ganz abstrus wird – wollen wir uns einfach auf ›unebene Fahrbahn‹ einigen?«
Alessandra: »Oder so …«
Ich: »Jetzt will ich deine Idee ja nicht komplett in die Tonne treten, es gibt wirklich ein Schild, das vor einem Ufer warnt, nämlich dieses hier …«

Alessandra: »Aber wer ist denn so blöd, dass er ins Wasser fährt?«
Leute, die so blöd sind, dass sie Bielefeld und Leipzig am Meer vermuten und Vorfahrtsschilder mit Rechts-vor-links-Schildern verwechseln, dachte ich mir und blieb eine Antwort schuldig, um nicht eine Anzeige wegen Beleidigung zu bekommen.
Weiter im Text, ich warf das nächste Verkehrszeichen auf die Leinwand:

Jennifer: »Die Dinger stehen an Flughäfen, oder?«
Ein Treffer, juchhe, ein Treffer! Schnell nach der Gefahrenlehre weitermachen, ich glaube, ich bin auf eine Wissensader gestoßen:

Ich: »Wovor warnt dieses Schild?«
Jennifer: »Vor einem Bahnübergang!«
Mann, jetzt haben wir einen Lauf.
Ich: »Richtig.«
Alessandra: »Und wer hat da Vorfahrt?«
Ich: »Na ja, wäre ja blöd, wenn so ein ICE von 300 Stundenkilometern auf null runterbremsen müsste, nur weil wir mit unserem Auto kommen. Deswegen stehen an Bahnübergängen auch immer …«

… diese Kreuze. Weiß jemand, wie die heißen?«
Dass nicht nur die beiden künftigen Topmodels anwesend waren, merken Sie jetzt daran, dass nun Florian antwortete: »Andreaskreuze!«
Ich: »Richtig, Florian, und warum heißen die so?«

Schweigen im Walde, erst recht natürlich seitens Jennifer und Alessandra.

Ich: »Das Andreaskreuz ist nach dem heiligen Andreas benannt, der auf diese Art gekreuzigt wurde.«

Jennifer: »Mitten auf dem Bahnübergang?«
Ich glaube, die Wissensader ist versiegt.
Florian: »So ein Bahnübergang wird doch auch immer irgendwie angekündigt, oder?«
Ich: »Richtig, mein Junge. Und zwar durch folgende Zeichen ...«

Ich: »Jeder rote Balken steht für 80 Meter. Ergo ist der Bahnübergang jetzt noch wie weit weg?«
Jetzt meldete sich Peter: »240 Meter!«
Ich: »Jawohl!«

Ich: »Und wie weit ist der Bahnübergang jetzt noch entfernt, Alessandra?«
Alessandra: »Bitte? Ich hab gerade nicht zugehört!«
Ich: »Wenn jeder rote Balken für 80 Meter steht, wie weit ist dann der Bahnübergang noch entfernt?«
Alessandra: »320 Meter!«
Ich: »Wieso das denn?«
Alessandra: »Links sind zwei Balken und rechts sind zwei Balken – 4 mal 80 ist 320, brauchst du 'nen Taschenrechner?« Jetzt auch noch schnippisch werden ...
Ich: »Die Schilder stehen zwar doppelt da, nämlich links und rechts von der Fahrbahn, zählen aber nicht doppelt – also 160 Meter, okay? Und wie weit ist es jetzt noch bis zum Bahnübergang?«

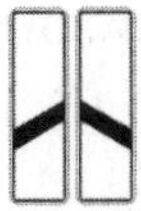

Jennifer: »Was ist gleich wieder ein roter Strich?«
Mein Kopf knallte kurz aufs Lehrerpult und verharrte dort für ein paar Sekunden der Verzweiflung. Aber vielleicht brächten uns die nächsten Zeichen wieder auf Kurs, denn die hatten Jennifer und Alessandra mittlerweile dutzendfach in ihrer praktischen Ausbildung passiert.

Jennifer: »Muss ich da erst halten und dann stehen bleiben oder umgekehrt?«
Ich: »?«
Jennifer: » Na, du weißt schon, was ich meine!«
Ich: »Ehrlich gesagt – nein!«
Langsam bekam ich ernsthafte Zweifel, ob wirklich die Mädels die Doofen waren oder ob ich nicht mehr alle Latten am Zaun hatte. Man kennt das ja: Ein Geisterfahrer glaubt auch erst mal, dass er alles richtig macht und die anderen die Geisterfahrer sind. Ich wandte mich Hilfe suchend den anderen Schülern zu: »Versteht ihr, was sie meint?« Kopfschütteln allerseits. Hurra, ich war doch kein Fall für die Klapse, zumindest jetzt noch nicht (der Unterricht dauerte ja noch 46 Minuten …).
Jennifer: »Also, wenn … ach, ist auch egal!«
Alessandra: »Schreibt man ›Stop‹ jetzt nicht eigentlich mit Doppel-P nach der neuen Rechtschreibung?«
Ich: »Stimmt. Schreib doch mal dem Bundesverkehrsministerium einen Brief, sie sollen das bei allen Schildern korrigieren. Wirst sicher berühmt …«

Das passte: erst mal alle Schilder im Straßenverkehr übersehen und sich dann über die Rechtschreibung mokieren (die übrigens hier nicht zum Tragen kommt, weil das »Stop« im Stopp-Schild international gehalten ist). Als Nächstes kamen die Verkehrsverbote. Wir hatten bereits ohne große Zwischenfälle (also hochintelligente Beiträge seitens der beiden Grazien) die Schilder

 und 

hinter uns gebracht, welche besagen, dass ein Verbot für alle oder die jeweiligen abgebildeten Fahrzeuge oder Personen herrscht. So weit, so gut. Jetzt dürfte das folgende Schild eigentlich keine größeren Rätsel aufgeben, so weit man eins und eins zusammenzählen kann:

Alessandra: »Da üben der Hans und ich immer die Gefahrenbremsung!«

Ich: »Wie bitte?«

Alessandra: »Besser gesagt, der Hans zeigt mir, wie die Gefahrenbremsung geht, weil er ja immer bremst.«

Ich: »Mädchen, der Hans übt da nicht die Gefahrenbremsung mit dir, weil wenn er sie üben würde, dann müsstest ja du bremsen – er kann es ja schon!«

Alessandra: »Und warum bremsen wir dann da immer?«

Das letzte Mal, dass ich Tränen in den Augen hatte, war bei meiner Hochzeit, gebe ich ganz offen und ehrlich zu. Allerdings waren es damals Tränen des Glücks und nicht so wie heute Tränen der Verzweiflung.

Ich: »Der gute Mann bremst da immer, WEIL DU DA NICHT REINFAHREN DARFST!!!«
Weiter mit dem nächsten Schild:

Jennifer: »Gefahr wegen Lkw.«
Ich: »Jennifer, wir sind doch schon seit einer gefühlten Ewigkeit bei den Verbotszeichen, also den runden Schildern, und haben wir vorhin nicht gesagt, dass Gefahrzeichen immer dreieckig sind und mit der Spitze nach oben zeigen?«
Jennifer: »Aber da ist doch Orange drinnen, also irgendwie gefährlich …«
Ich: »Und deswegen heißt es auch ›Verbot für kennzeichnungspflichtige Kraftfahrzeuge mit gefährlichen Gütern‹!«
Jennifer: »Also dürfen die da nicht rein …?«
Ich: »You got it!«
So. jetzt noch schnell die anderen Vorschriftszeichen durchziehen und dann zu den Richtzeichen, da dürfte nicht mehr allzu viel schiefgehen.

Ich: »Und immer wenn ihr das Ortsschild seht, gilt Tempo 50.«
Jennifer: »Und wo ist dieses Wilster?«
Ich: »Was weiß ich, wo dieses Scheiß-Wilster liegt, du sollst da einfach bei diesem Schild 50 fahren!«
Jennifer: »Aber nur bei Wilster, oder?«
Ich: »Nein, bei diesem gelben Schild mit irgendeinem Ortsnamen drauf!«

Jennifer: »Ach so, steht da nicht immer ›Wilster‹ drauf?«
Ich: »Wir kommen zum nächsten Verkehrszeichen …«

Ich: »Und dieses Schild bedeutet, dass ihr in …«
Alessandra: »… einer Spielstraße seid!«
Ich: »Das heißt nicht Spielstraße, sondern verkehrsberuhigter Bereich!«
Jennifer: »Aber da spielen doch welche!«
Ich (den Zwischenruf demonstrativ überhörend): »Und wie schnell dürfen wir in einem verkehrsberuhigten Bereich fahren?«
Alessandra: »Schrittgeschwindigkeit!«
Ich: »Korrekt. Und wie schnell wäre das in Stundenkilometern?«
Alessandra: » Ja, hm, so circa 20 bis 30 km/h?!
Ich: »Wohl mit Usain Bolt verwandt, was?!«
Alessandra: »Mit wem?«
Ich: »Schon gut … also schau mal: Die Geschwindigkeit, mit der du immer in den Theorieunterricht schlurfst, liegt etwas unter der Schrittgeschwindigkeit. Also, wenn du eine Stunde lang so spazieren gehst, wie weit kommst du denn da in etwa?«
Amelie: »Keine Ahnung. Vielleicht 500 Meter?«
Ich: »Nicht so pessimistisch, etwas mehr!«
Alessandra: »Keine Ahnung, hab ja keinen Tacho an meinem Fußgelenk!« Stimmt, da hing ein Schlampenkettchen.
Ich: »Vier bis sieben Stundenkilometer wären es, herrje …«

Ich: »Dieses Schild kündigt einen Tunnel an. Hier solltet ihr beachten …«

Jennifer zu Alessandra: »So groß wie ein Tunnel ist die Schlampe Julia untenrum mittlerweile auch. Hast du gewusst, dass die jetzt mit dem Vincent rumvögelt?«

Ich: »Hat euer Talk etwas mit dem Straßenverkehr zu tun? Alle anderen Arten von Verkehr bitte später ausdiskutieren!«

Jennifer: »Aber ich wollte doch nur …«

Florian und Peter unisono: »JETZT HALTET DOCH MAL DIE FRESSE, VERDAMMT NOCH EINS!«

Totenstille. Jennifer und Alessandra öffneten gerade ihre Mäuler, um den beiden Jungs eine Replik vor den Latz zu knallen, als ein unüberhörbares Stühlerücken begann. Alle anderen Schülerinnen und Schüler standen auf und spendeten Florian und Peter für ihr Handeln tosenden Applaus – ach, wie ich sie alle liebe, die im Unterricht noch was lernen wollen! Werde ihnen allen eine Fahrstunde spendieren, Florian und Peter sogar zwei …

Alessandra: »Ich denke 240 Meter!«

Ich: »240 Meter?«

Alessandra: »Vorhin hast du doch gesagt, dass jeder Balken für 80 Meter steht, und jetzt steht da oben 300 Meter! Was erzählst du uns denn hier für einen Senf!«

Ich (um Fassung bemüht): »Das Schild eben war bei Bahnübergängen aufgestellt, weiß und mit roten Balken. Dieses Schild steht auf Autobahnen und hat rein gar nichts mit einem Bahnübergang zu tun, verstanden?«

Alessandra: »Das ist aber alles schon ganz schön kompliziert …«

Wir zogen noch die letzten Verkehrszeichen durch, und ich beendete nach 90 Minuten dieses Trauerspiel. Nachdem ich den Unterricht für beendet erklärt hatte und sich der Rest der Schülerschaft getrollt hatte, kamen Jennifer und Alessandra noch auf mich zu.

»Also, Entschuldigung, wie soll ich mir denn die ganzen Verkehrszeichen merken und darauf achten?! Das sind ja so viele, das schaff ich ja nie!«

»Und genau deswegen wird es noch seeehr lange dauern, bis du ohne einen Fahrlehrer fahren darfst …«, seufzte ich in Anbetracht ihrer Ignoranz.

In der Tat sollte es noch ein langer Kampf werden, bis die beiden ihre Führerscheine in den Händen hielten. Hans und ich haben seit den Fahrstunden mit den beiden Topmodels ordentliche Geheimratsecken – und eine Idee: Wir bieten irgendeinem TV-Sender das Format *GMSF* (*Germany's Most Stupid Fahrschüler*) an. Wird ein Brüller!

22. KAPITEL

LUCA

AUFTANKEN

W-O-L-K-E-N. Wenn man als Fahrlehrer einen Schüler hat, der jetzt nicht instinktiv gen Himmel blickt, sondern brav »Wasser, Öl, Luft, Kraftstoff, Energie, Notfallset« aufzählt und sich anschickt, diese Punkte der Betriebssicherheit am Fahrzeug zu überprüfen, hat man schon mal gewonnen. Und wenn dieser Schüler dann noch die für die Verkehrssicherheit relevanten Punkte wie Bremsen, Bereifung, Beleuchtung, Lenkung, Ladung, Sicht, Spiegel, Signaleinrichtungen und Kennzeichen runterrattern kann, dann haben Sie es in der Regel nicht mit einem auszubildenden Mechatroniker (die heutzutage kaum mehr können als den Fehlerspeicher auszulesen), sondern mit einem technisch interessierten und versierten jungen Menschen zu tun, der sich wirklich um den ordnungsgemäßen Zustand eines Fahrzeuges schert.

Aber leider gibt es von der Sorte nur noch wenige Leute. Im Regelfall kann man als Fahrlehrer schon froh sein, wenn das Einstellen der Spiegel und die Bedienung des Start-Stopp-Knopfes reibungslos funktioniert. In trauter Fahrlehrerrunde ließ ich mich mal zu fortgeschrittener Stunde zu dem Satz hinreißen, dass mein neues Fahrschulauto um ein Vielfaches intelligenter sei als so mancher Fahrschüler. Und ich sollte recht behalten, wie sich einige Monate später herausstellte, als ich mit Luca unterwegs war.

»Holla die Waldfee, heute ist der Diesel aber günstig! Fahr mal da bei der Tankstelle rein!«

Es war die erste Fahrstunde des noch jungen Tages und ich war mit Luca und einem Anhänger hinter meinem Fahrschulauto unterwegs. Luca musste aufgrund des Hobbys seiner Freundin (Reiten, und zu seinem Missfallen leider nur Pferde) die Fahrerlaubnis der Klasse BE (glücklicherweise nicht der unsäglichen Klasse B96), im Fachjargon der »Hängerschein« genannt, erwerben, nachdem er das Thema Führerschein nach einer durchwachsenen Prüfung der Klasse B eigentlich für immer abgeschlossen haben wollte.

Die Fahrstunde verlief bisher ohne nennenswerte Probleme, abgesehen von dem Fußgänger, der, als wir im morgendlichen Verkehrsstau standen, über unsere Deichsel hinweg die Fahrbahn überqueren wollte und sich dabei laut fluchend sein Schienbein anstieß.

Luca fuhr also an der Tankstelle raus und begann mit dem Befüllen des fast leeren Tanks unseres Autos.

»Hey, was machst du denn hier?«, erklang es von Weitem.

Ich drehte mich um und erblickte Moritz, einen ehemaligen Fahrschüler von mir (ja genau, der Typ, der mir auf mein frisch gewaschenes Auto gekotzt hatte), der gerade im Begriff war, sein nigelnagelneues Cabrio zu betanken.

»Ich schätze mal dasselbe wie du!«, antwortete ich auf diese so rhetorische wie hohle Frage.

»Du schaffst das Tanken ohne mich?«, fragte ich Luca, der mit einem leicht abschätzigen »Logo!« antwortete.

Ich fachsimpelte mit Moritz ein wenig über sein neues Cabriolet. Nach einiger Zeit blickte Moritz über meine Schulter und verzog seine Miene kritisch. Im Flüsterton raunte er mir zu: »Du, was hat dein Schüler denn da vor?«

Ich drehte mich um und sah Luca, wie er mit der Zapfpistole in der rechten Hand den Anhänger in Augenschein nahm.

»Kann ich dir helfen, Luca?«, fragte ich leicht irritiert.

»Ja. Sag mir mal, wo der Tankstutzen vom Anhänger ist!«

»Tankstutzen?«

»Na, damit wir den Hänger nicht in ein paar Kilometern auch noch auftanken müssen!«

Moritz und ich schauten uns ungläubig an. Verarschte uns der Bub jetzt nach Strich und Faden oder war er wirklich ein dermaßen technischer Vollhorst, dass er allen Ernstes der Meinung war, dass ein Anhänger einen separaten Motor habe, welchen man auch betanken müsse? Der Sache war auf den Grund zu gehen. »Luca, bevor wir den Anhänger volltanken, check doch mal kurz seinen Ölstand«, befahl ich ihm mit einem leicht ironischen Unterton.

»Okay, mach ich – wo ist der Motor? Auf der Ladefläche?«, antwortete er mit einem Gesichtsausdruck, der all meine Zweifel in Luft auflöste – der Typ meinte das wirklich ernst!

Ich verabschiedete mich von Moritz, der sich vor lauter Lachen auf dem Boden wälzte, packte Luca am Schlafittchen und schob ihn ins Auto, nicht ohne ihm die berechtigte Frage zu stellen, ob seine Eltern denn Geschwister seien …

23. KAPITEL

SABRINA

WIESN!

Einmal im Jahr herrscht in meiner Geburtsstadt Ausnahmezustand. Die Tage, Stunden, Minuten und Sekunden, die der Countdown auf dem extra für dieses Event kreierten Bildschirmschoner anzeigt, werden immer weniger, bis an einem besonderen Samstag im September ein schnauzbärtiger Mann in Tracht ein Bierfass anzapft und unter dem tosenden Gebrüll Tausender durstiger Kehlen »Ozapft is! Auf eine friedliche Wiesn!« ins Bierzelt schreit. Die Umsätze von Trachtenmodehäusern schnellen nach oben wie das männliche Geschlechtsteil nach der Einnahme von blauen Pillen, U- und S-Bahnen bereiten sich auf den größten Ansturm des Jahres vor, Polizisten und Rettungssanitäter trainieren schon Wochen vorher in Krafträumen, um Störenfrieden und Alkoholleichen Herr zu werden, und die Fahrschulen in dieser schönen Stadt – sind wie ausgestorben. Keine Fahrschüler weit und breit zu sehen. Und ich übertreibe wirklich nicht. Letztes Jahr bin ich zweimal unverrichteter beziehungsweise ununterrichtender Dinge nach Hause marschiert, weil keine Sau Zeit und Bock auf Theorieunterricht hatte, sondern sich alle lieber auf der Wiesn dem eigenen Promille-Rekord näherten. Wenn's hochkommt, hast du ab und zu vielleicht drei oder vier Leute im Theorieunterricht sitzen, wo sich sonst 20 bis 30 mehr oder minder wissbegierige Führerscheinaspiranten tummeln. Und die paar Anwesenden, denen man dann etwas von Vorfahrtsregeln oder zulässigen Anhängelasten erzählt, sind auch nur deswegen da, weil sie entweder vom letzten Wiesn-Besuch noch zu verkatert oder zu abgebrannt sind, um für einen Liter Bier knappe zehn Euro zu berappen.

Termine für Fahrstunden muss man um Reservierungen für einen Wiesn-Tisch herum schustern, und die sonst so begehrten Prüfungsplätze gibt man ungenutzt wieder an die Prüforganisation zurück – bis auf einen. Den hatte sich meine Schülerin Sabrina schon vor einigen Wochen sichern lassen und mir in einem militärisch-zackigen Ton beschieden, dass sie genau an dem Tag ihren Führerschein erwerben wolle, um ihre Auswanderung nach Spanien mitsamt Dogge, Surfbrett, Gitarrenkoffer und noch zu erwerbendem Bulli selbst und ohne Zuhilfenahme von Flug- oder Bahngesellschaften zu bewerkstelligen.

Kein Problem, ich hatte genügend Zeit, Sabrina genügend Geld, und so sollte der Käse innerhalb von drei Wochen gebissen sein.

Am elften Tag ihrer Ausbildung, pünktlich zur Halbzeit der Wiesn, standen für Sabrina die Nachtfahrten an. Ich hatte gerade meinen Frontalunterricht (so nennt man einen Theorieunterricht, wo sich der Fahrlehrer und der einzig anwesende Schüler frontal gegenübersitzen) beendet und gab Sabrina schon mal die Autoschlüssel mit der Bitte, sich Sitz und Spiegel einzustellen und freundlicherweise nicht ohne mich zu fahren. Die letzte Aufforderung hätte ich mir sparen können, wie ich zu meinem Leidwesen bemerkte, als ich mich meinem Schulungsfahrzeug näherte – an freie Fahrt war nicht zu denken.

Wir waren kolossal zugeparkt. Und wenn ich zugeparkt sage, dann meine ich wirklich zugeparkt! Die ohnehin schon erhebliche Knappheit an Parkplätzen in der Stadt erfuhr durch die zugereisten Wiesn-Touristen eine neue Dimension, und ein Opfer davon war ich beziehungsweise Sabrina. Vor uns parkte ein Landei aus der tiefsten Provinz mit einem Abstand von 18 Zentimetern zu unserer Stoßstange, und den Raum hinter uns hatten sich einige italienische

Biertouristen als Stellplatz für ihr Wohnmobil auserkoren – mit einem Abstand, der nicht mehr in Zentimetern, sondern nur noch in Millimetern gemessen werden konnte.

»Kommen wir da überhaupt raus?«, fragte Sabrina nicht ganz unberechtigt.

»Ich nicht, und du erst recht nicht«, teilte ich ihr wenig schmeichelhaft mit. »Da müssen wir jetzt die Kavallerie rufen – scheiße, wegen solchen Park-Trotteln muss ich schon wieder Überstunden machen«, fluchte ich, während ich die 110 anrief. Die Herren von der Polizei sollten sich ein Bild von der Situation machen und dann gefälligst Abhilfe schaffen, indem sie einen Abschleppdienst herbeorderten.

»Als hätten wir mitten zum Suff-Festival nichts Besseres zu tun«, stöhnte die Telefonistin der Ordnungsmacht ins Telefon. »Sei's drum, ich schicke Ihnen einen Streifenwagen vorbei!«

Anscheinend hatten sie doch nichts Besseres zu tun, denn gerade mal vier Minuten später rollte eine Limousine mit lustigen blauen Rundumleuchten zu uns.

»Haben Sie uns wegen der Parkplatzsituation gerufen?«, fragte der eine Uniformierte überflüssigerweise, während der Zweite losprustete: »Hahaha, die haben sie ja geradezu eingemauert, ganze Arbeit, muss man schon sagen!«

Der erste und, nach dem hämischen Kommentar des anderen, mir sympathischere Polizeibeamte stieg aus, begutachtete die Situation und kam zu dem Schluss, dass hier schon fast der Tatbestand der Nötigung erreicht war, und forderte einen Abschleppwagen an, während der Komiker in Uniform Beweisfotos schoss.

»Sorry Kollegen, die gelben Jungs räumen gerade die Halteverbote rund um die Wiesn leer, ihr müsst euch noch gedulden«, krächzte es laut hörbar aus dem Funkgerät der grünen Freunde, und mich beschlich so ein Gefühl, dass ich meinen Feierabend wohl erst einläuten könnte, wenn die Datumsanzeige in meinem Wagen auf den nächsten Tag umsprang …

Eine Dreiviertelstunde später wurde es den Polizisten, Sabrina (»da hätte ich ja doch auf die Wiesn gehen können«) und mir zu bunt und wir beschlossen eine für mich schweißtreibende Maßnahme – das Unmögliche möglich zu machen. Ein Beamter positionierte sich an der Front, der andere am Heck, während ich am Steuer eine besondere Art von Fitnesstraining betrieb – ich kurbelte mir die Seele aus dem Leib.

»Vier Zentimeter vor – stopp!«, brüllte der Front-Cop.

»Drei Zentimeter zurück – stopp!«, schrie der Heck-Beamte.

»Zwei Zentimeter vor – halt!«, schallte es von vorne, und so weiter und so fort …

Geschlagene 19 Minuten später (noch mal in Worten: neunzehn Minuten!) war es geschafft und ich ebenso.

»So, jetzt haben wir es auch ohne Schlepper geschafft und wieder mal gezeigt, dass wir die Weltstadt mit Herz sind«, triumphierte der Scherzbold mit den Sternchen auf der Schulter und sah glücklicherweise nicht, welchen Finger ich ihm hinter meinem Rücken als Antwort auf seinen Ausruf zeigte. Mit ordentlicher Verspätung begann ich nunmehr meine Nachtfahrt, die im Wesentlichen auch ganz ruhig und stressfrei verlief. Dies lag zum einen an Sabrina, die sich meinen gestrigen Einlauf bezüglich der Anpassung der Geschwindigkeit an die eigenen persönlichen Fähigkeiten zu Herzen genommen hatte; zum anderen lag es wohl auch daran, dass ich aufgrund des größten Volksfestes der Welt meine sonst übliche Nachtfahrt-Route in der Form verändert hatte, dass wir einen großen Bogen um das ganze Wiesn-Areal und sämtliche Etablissements in der Umgebung machten, in die das Feiervolk nach dem Zeltbesuch noch pilgerte, wenn die Leber noch Aufnahmefähigkeit signalisierte. Aber, wie sagt der Volksmund so schön, unverhofft kommt oft. Bei meiner Fahrwegplanung hatte ich leider übersehen, dass eine der übelsten Spelunken dieser Stadt just an diesem Tag ihre Wiedereröffnung mit einer, laut Werbung in den Tageszeitungen, »Riesen-After-Wiesn-Party – Saufen bis das Dirndl jodelt!« feierte. Dass dieser Schuppen überhaupt noch mal öffnen durfte und nicht vom Ordnungsamt in die Luft gesprengt wurde, war und blieb für mich das größte Rätsel des Jahres. Ich selbst hatte mich einige Jahre zuvor mit zwei Freunden versehentlich in dieses Etablissement verirrt, da es der einzige Laden war, der zu so später Stunde noch mit einer »warmen Küche« warb. Wir drei hatten nach dem Genuss einiger Hopfenkaltschalen noch einen regelrechten Heißhunger bekommen und bewegten uns also schnurstracks in diese Lokalität. Die Speisekarte war speckig und spärlich – im Gegensatz zu der Getränkekarte, auf der man so ziemlich jede Biersorte und -marke des Globus finden konnte. Einige Stunden zuvor hätte uns dieses Gastronomiekonzept noch getaugt, aber nachdem wir schon ordentlich Gerstensaft getankt hatten, wäre uns eine größere lukullische Auswahl lieber gewesen. Aber sei's drum – wir bestellten bei der Bedienung mit geschätzten 400 Pfund Lebendgewicht und dem Charme einer Bahnhofstoilette drei Cheeseburger mit Pommes. Um es kurz zu machen: Nachdem wir uns mit einer bereits benutzten Serviette das Blut vom Kinn gewischt hatten, welches uns nach dem ersten Bissen in den Burger aus dem rohen Fleisch entgegengeschossen kam, und wir einen Schluck des pisswarmen australischen Biers getrunken hatten, verließen wir das Etablissement und schenkten dem Wurm, der sich in unseren Beilagensalat verirrt hatte, vor der Tür die Freiheit. Einige Wochen nach unserem Besuch verirrte sich auch ein Kontrolleur des Ordnungsamtes in den Schuppen und, oh Wunder, oh Wunder, schloss ihn noch am selben Tag. Und seitdem lag dieses gastronomische Idyll im Dornröschenschlaf – bis jetzt …

Nachdem nicht nur die Pächter und die Einrichtung, sondern auch das Konzept gewechselt hatte, war aus der üblen Spelunke offensichtlich ein regelrechter Publikumsmagnet für feierwütige Jugendliche geworden. Und so kam es, dass ich mich mit Sabrina schlagartig in einer Traube Menschen befand, welche die Straße von diesem Lokal zur Feierzone erklärt hatten. Nachdem sich die Horde trotz des deutlichen Nagelns meines Dieselmotors nicht bemüßigte, die Fahrbahn zu räumen, ließ ich Sabrina zuerst die Lichthupe und, mangels Erfolg, anschließend die akustische Hupe betätigen. Jetzt hatten wir die volle Aufmerksamkeit des Feiervolks: »Boah, pervers, Nachtfahrt zur Wiesn-Zeit – sind wohl beide Masochisten«, staunte ein blonder Hüne, während sich ein Kumpel von ihm direkt vor unserem Auto übergab.

»Hey, du geile Schnecke, hup uns doch mal das Lied vom *Anton aus Tirol* vor!«, forderte eine Gruppe Halbstarker meine Schülerin auf.

»Ich hab auch Hupen!«, kreischte eine offensichtlich massiv angetüdelte Brünette, um zwei Sekunden später ihre Bluse zu lupfen und unseren Scheinwerfern Konkurrenz zu machen.

Als ein weiterer Gast Sabrina seinen Schaltknüppel zeigen wollte, war es für mich an der Zeit, dieses Straßenfest zu beenden. Nachdem ich schlecht Anlauf nehmen konnte, um dann mit einem Affenzahn durch die Menschenherde zu pflügen, griff ich zu einer List. Ich öffnete mein Fenster und brüllte in der Lautstärke eines italienischen Tenors: »Schaut mal da vorne – die Katzenberger kotzt in den Gully!«

Meine Frau meint ja immer, dass ich einmal am Tag einen richtigen Geistesblitz hätte (aber wirklich nur einen einzigen) – und dieser Moment war wohl jetzt gekommen. Mit Ausrufen wie »Hilfe, Feuer!« oder »Achtung, die Chinesen marschieren ein!« wäre ich wohl bei dieser angeschickerten Meute nicht weitergekommen – aber die Aussicht, einem Promi beim Kotzen zuzusehen, sorgte nach nur einem Sekundenbruchteil für freie Fahrt. Dass es sich bei dem sich die Seele aus dem Leib kotzenden Blondchen nicht um ein Fernsehsternchen, sondern eine stadtbekannte Matratze (also Schlampe) handelte, kapierten die Suffköpfe erst, als Sabrina und ich außer Reichweite eines nach uns geworfenen Maßkruges waren.

Weiter ging es durch ein wesentlich gemäßigteres Viertel der Stadt, in dem sich nur Öko-Aktivisten und selbst ernannte Künstler

»Bei meiner Fahrwegplanung hatte ich leider übersehen, dass eine der übelsten Spelunken dieser Stadt just an diesem Tag ihre Wiedereröffnung mit einer, laut Werbung in den Tageszeitungen, ›Riesen-After-Wiesn-Party – Saufen bis das Dirndl jodelt!‹ feierte.«

in veganen Restaurants und alternativen Bars tummelten. Super Übung für Sabrina, nach all den unbeleuchteten Fahrradfahrern beim Abbiegen Ausschau zu halten und bei den haufenweise über die Fußgängerüberwege torkelnden Pete-Doherty-Verschnitten stets bremsbereit zu sein.

So, Aufgaben in der City erledigt, ab ging es auf die Landstraße. Dort sollten wir vor all dem Gesindel, was sich spätnachts noch auf der Straße befand, erst mal sicher sein. Wenn überhaupt würden uns vielleicht noch eine Krankenschwester auf ihrem Nachhauseweg und ein Taxifahrer auf dem Rückweg zur Wiesn begegnen, aber ansonsten könnten wir uns in aller Ruhe den sanft geschwungenen und unbeleuchteten Kurven der Landstraße hingeben, ein bisschen mit dem Fernlicht experimentieren und so aus Sabrina eine Heldin der Dunkelheit machen …

Aber um aus ihr eine Heldin zu machen, benötigte es keine dunkle, kurvige Landstraße, sondern nur ein Eichhörnchen. Ja, Sie haben richtig gelesen, ein Eichhörnchen. Und dieses Eichhörnchen war entweder das mutigste seiner Art oder hatte der Wiesn ebenfalls einen Besuch abgestattet und ein wenig an einer Bierpfütze genippt, denn dieses possierliche Tierchen hockte mit einer Seelenruhe mitten auf einer der Leitlinien.

»Uiii, süüüß, ein Eichhörnchen«, erkannte Sabrina treffenderweise.

»Ja, süß, ganz toll«, antwortete ich etwas müde und erschöpft, das in einer Dreiviertelstunde kommende Ende der Nachtfahrt, meine Couch, den Fernseher und eine Tafel Schokolade vor Augen.

»Hoffentlich passiert ihm nichts, wenn es so mitten auf der Straße sitzt …«, machte sich Sabrina ernsthafte Sorgen.

»Passiert schon nix, die Viecher haben ein gutes Reaktionsvermögen«, versuchte ich, sie zu beruhigen. Doch meine Worte zeigten wenig Wirkung.

»Ich hab ja echt Angst um das süße Ding – können wir mal kurz anhalten, damit ich es von der Straße geleiten kann?«

Noch bevor ich dieser Heldin ein entschiedenes »NEIN!« entgegenbrüllen konnte, hatte sie schon die Warnblinkanlage eingeschaltet und das Auto an den Fahrbahnrand bugsiert. Brav schnallte sie sich ab, vergewisserte sich vorschriftsgemäß, dass von hinten kein Fahrzeug angerauscht kam, stieg aus und trottete zu dem Eichhörnchen.

»Sag mal, spinnst du? Du kannst doch nicht mitten in der Nacht auf einer Landstraße Bodyguard für Eichhörnchen spielen! Komm sofort zurück!«, schrie ich ihr hinterher. Nachdem sie mich nicht mehr hören konnte oder wollte, raffte ich mich ebenfalls auf und lief ihr hinterher, um sie für den Fall, dass auf dieser menschenleeren Landstraße doch noch ein Fahrzeug käme, von der Fahrbahn schubsen zu können.

»Was hast du denn jetzt vor, wenn ich mal fragen darf?«, keuchte ich, als ich nach einem kurzen Sprint, bei dem ich nebenbei das Warndreieck aufgestellt und mir eine Warnweste übergezogen hatte, neben ihr und dem Nagetier stand, welches, von unserer Präsenz vollkommen unbeeindruckt, immer noch mit einer Seelenruhe auf der Leitlinie saß – entweder war es wirklich besoffen, oder es hatte heute die falschen Beeren zum Frühstück gehabt, denn von Scheu war nichts zu merken.

»Ich werde es jetzt in den Wald scheuchen, damit es dort Schutz suchen kann«, verriet mir Sabrina flüsternd ihren Plan.

»Wie willst du denn dieses Viech verscheuchen? Wir stehen 'nen halben Meter von ihm entfernt, und es rührt sich nicht vom Fleck! Jetzt komm schon, lass uns jetzt weiterfahren, wir sind hier bei einer Nachtfahrt und nicht bei einer Rettungsaktion!«, versuchte ich, sie zu überreden, was allerdings nicht von Erfolg gekrönt war. Mit einem liebevoll gehauchten »husch, husch« versuchte sie, das Tier in den Wald zu scheuchen.

Ich musste laut lachen. Ein Eichhörnchen, das sich von einem mit 100 Stundenkilometern herannahenden, eineinhalb Tonnen schweren Fahrschulauto nicht aus der Ruhe bringen ließ, wollte meine Schülerin jetzt mit einem zart dahingehauchten »husch, husch« in Sicherheit bringen. Um diesem Schauspiel ein Ende zu bereiten und endlich wieder weiterfahren zu können, ergriff ich die Initiative und verjagte das Viech mit einem donnernden »WUAHHH« in den Forst.

Sabrina, die Heldin aller Tierschützer, war überglücklich und stieg wieder ins Schulungsfahrzeug, während ich noch kopfschüttelnd in den Nachthimmel blickte. Nachdem ich mich etwas gesammelt hatte, ließ ich mich ebenfalls in den Sitz plumpsen und schnallte mich an.

»Gut, wenn es dann nicht noch ein paar Igel, Wildschweine oder Rehe zu retten gibt, fahren wir mal wieder weiter – Warnblinkanlage ausschalten, vor dem Losfahren in die Spiegel schauen …«

Ich hätte es nicht sagen sollen. Ich hätte sie, allen Regeln der Verkehrsbeobachtung zum Trotz, einfach losfahren lassen sollen. Denn was sah Sabrina, als sie in ihren Rückspiegel schaute? The Eichhörnchen was back! Dem kleinen Nager war das Leben im Wald wohl zu langweilig geworden, und deswegen huschte (»husch, husch«) das possierliche Tierchen wieder zurück auf die Fahrbahn. Ich sah Sabrinas Hand schon zum Türgriff wandern, um die Tür zu öffnen und den Nager nochmals zu retten – doch im letzten Moment zog sie die Hand wieder zurück und hielt sie entsetzt vor ihren Mund. Ich drehte meinen Kopf blitzartig nach hinten und sah, wie ein Brauerei-Lastwagen (aller Wahrscheinlichkeit nach mit leeren Bierfässern von der Wiesn an Bord) mit vollem Karacho von hinten angeschossen kam und volle Sahne auf das Eichhörnchen zuhielt. Dieses blieb erst mal cool sitzen, rettete sich dann aber in letzter Sekunde mit einem beherzten Sprung vor dem sicheren Tod durch das linke Vorderrad des Lkw – um eine Sekunde später von dem rechten Hinterrad zerquetscht zu werden.

»NEIN, OH NEIN, WO IST ES???«, kreischte Sabrina hysterisch.

»Im Profil vom Reifen«, antwortete ich trocken.

»OH GOTT, DAS ARME TIER!«, heulte sie jetzt wie ein Schlosshund, und ich war mal wieder froh, dass ich genügend Taschentücher im Handschuhfach hatte (die ansonsten eigentlich nur für verpatzte Prüfungen gedacht sind).

Nachdem sich Sabrina auch durch meine aufbauenden Worte nicht beruhigen ließ (»Es musste nicht leiden, und jetzt ist es an einem besseren Ort – im Tierhimmel, bei Bambi und Lassie«), fragte ich sie, ob sie denn überhaupt noch imstande sei, weiter Auto zu fahren. Was sie sagte, konnte ich leider nicht verstehen, aber ich deutete es mal als ein »doch nicht jetzt, du gefühlskalter Bastard«. Also beendete ich die Nachtfahrt nicht wie geplant nach 135, sondern bereits nach 90 Minuten. Wir tauschten die Sitzplätze und ich fuhr die noch immer schluchzende Tierschützerin zurück zur Fahrschule. Dort angekommen, hatte sich Sabrina schon wieder etwas beruhigt und fragte mich, wann wir die letzten 45 Minuten der Nachtfahrt nachholen würden.

»Wenn die Wiesn wieder vorbei ist«, seufzte ich und entließ Sabrina in die Nacht.

Zu Hause angekommen, griff ich nicht zur Schokolade, sondern nach einer Pulle Bier. In diesem Sinne: Prost – auf eine friedliche Wiesn!

24. KAPITEL

VRONI UND SEPP

DER SEXTE GANG

»Eines muss dir klar sein: Fahrlehrer zu sein ist für eine Beziehung ganz schön gefährlich!«

Diese Weisheit gab mir mein ehemaliger Fahrlehrer und künftiger Chef mit auf den Weg, kurz bevor ich meine Ausbildung zum Fahrlehrer in der Ausbildungsstätte begann. Ich hatte ihn nach den Vor- und Nachteilen des Berufes ausgefragt, um zu eruieren, ob dieser Job was für mich wäre. Was er damals so alles vor sich hin brabbelte, habe ich nicht mehr in Erinnerung, aber dieser Satz von Audi (so wurde er damals genannt, weil er zum vierten Mal verheiratet war – mittlerweile ziert der fünfte Ehering seine rechte Hand) blieb mir merkwürdigerweise in Erinnerung. Genauso wie die erste Reaktion eines guten Freundes, als ich ihm eröffnete, dass ich mich von meinem Beruf als Frachtbulle verabschieden würde, weil ich jungen Menschen das Autofahren beibringen wollte. »Boah, Alter, geile Sache: Fährst den ganzen Tag in der Gegend spazieren und hast immer die feschen Hasen neben dir sitzen!«, grinste er über beide Ohren und sabberte vor lauter versauten Gedanken fast sein T-Shirt voll.

Ich konnte ihm wegen dieses pubertären Gehabes nicht mal böse sein. Auch ich hatte (allerdings nicht im fortgeschrittenen Alter von 30 Lenzen, sondern 15 Jahre zuvor) bei einem Besuch des Berufsinformationszentrums, welches wir im Rahmen eines überflüssigen und dusseligen Klassenausfluges besuchten, als Berufswunsch

»Surf- oder Skilehrer – weil man da die meisten Mädels kennenlernt« auf so 'nen komischen Fragebogen gekritzelt, der eigentlich zum Ziel hatte, aufgrund meiner (nicht vorhandenen) Begabungen den richtigen Beruf für mich zu ermitteln.

Mag ja sein, dass man den ganzen Tag lang neben elfenhaften Geschöpfen oder vollbusigen Bald-Hardcore-Pornodarstellerinnen sitzt – aber soll ich Ihnen was sagen? Mir fehlt einfach das Auge dafür. Nicht, dass Sie jetzt an meiner Sehkraft zweifeln (obwohl meine Brillengläser annähernd die Dicke von Flaschenböden haben), aber einerseits habe ich meine Augen berufsbedingt immer auf der Straße, und wenn sie da mal nicht sind, dann ruhen sie entweder auf den Händen meiner Schüler, um zu kontrollieren, ob sie das Lenkrad korrekt festhalten und sich nicht verschalten, oder auf deren Füßen, um zu checken, wie lange sie auf der Kupplung bleiben oder wie stark sie abbremsen. Und andererseits muss ich einfach sagen, dass mir meine Frau schlichtweg keinerlei Gründe liefert, meine Augen auf ein anderes weibliches Geschöpf zu richten. Sollten Sie mir das nicht glauben, so können Sie zahllose ehemalige Fahrschülerinnen eines Besseren belehren.

Da mir meine Beobachtungsgabe bezüglich des Aussehens meiner Schülerinnen leider nicht immer treue Dienste erweist, bin ich diesbezüglich zu einer Art »Fettnäpfchen-König« mutiert. Dialoge wie: »Oh, hast du dir die Haare gefärbt?« – »Nö, ich war schon immer blond!«, »Oh, hast du neue Schuhe? Sehen schick aus!« – »Nee, die Treter hab ich seit vier Jahren«, oder: »Hey, der Urlaub hat dir gutgetan, hast ja richtig Farbe bekommen!« – »Mein Vater kommt aus dem Senegal, du Depp!« gehören leider zu meinem Leben wie die Sucht nach Junkfood. Oder dieses ellenlange Ausholen … gut, Schluss damit. Also: Haben Fahrlehrer nun Sex mit ihren Fahrschülerinnen oder nicht? Antwort: Manche nicht (zu denen ich gehöre, wie Sie nach dem obigen Epilog nun wissen), manche schon, lautet die wenig aufschlussreiche Antwort. Gelegenheiten gibt es jedoch zur Genüge: Ich hatte bisher nur zwei softe Erfahrungen:

Eine Fahrschülerin namens Bianca (die Leser des ersten Bandes werden sich noch erinnern) wollte mich mal so fotografieren, wie Gott mich schuf, was ich mit einem deutlichen Crescendo meiner Stimme ablehnte. Eine andere Schülerin wollte mich im Rahmen einer Überlandfahrt davon überzeugen, mit ihr in einem See zu baden. Auf meinen Hinweis, dass ich ja gar keine Badehose dabeihätte (ich versuchte auf diese Weise, die Kuh vom Eis zu kriegen), reagierte sie mit einem höchst erotisch gehauchten »Na und?«.

Krasser erwischte es dagegen Kollegen von mir: Einer befuhr während einer Autobahnfahrt einen Rastplatz, um seiner Schülerin und sich selbst eine kurze Pause von Tempo 220 zu gönnen. Eine wippende Karosse am Ende des Rastplatzes erregte beider Aufmerksamkeit, und während der Kollege die Szenerie noch mit den Worten »und das am helllichten Tag und mitten zwischen den notgeilen Fernfahrern« kommentierte und lauthals lachte, hatte seine Schülerin bereits ihren Rock nach oben geschoben und ihn kess angegrinst: »Und, haste auch Bock?« Hatte er nicht, dafür den Schock seines Lebens.

Ein anderer staatlich geprüfter Bremser (unschönes Pseudonym für Fahrlehrer) hatte eine Fahrschülerin neben sich sitzen, die schon in ihrer ersten Fahrstunde klarmachte, wie wichtig der Erwerb des Führerscheins für sie ist: »Damit eines klar ist – ich tue alles für den Lappen, außer einer Sache …«

Gut, dachte sich der Kollege, jetzt kriegt sie ja noch die Kurve. Wie er sich täuschen sollte.

»… alles, außer Analverkehr – das tut nämlich immer so weh …«

Bestanden hat die Dame ihre Prüfung, obwohl der Kollege das Angebot nicht annahm, genauso wenig wie der Prüfer, dem dieses Früchtchen dieselbe Offerte machte. Und das war auch gut so. Nicht, dass sie bestanden hatte, sondern dass die Kollegen standhaft (ein saublödes Wort in diesem Zusammenhang, ich weiß) geblieben sind. Was man(n) nach der Fahrausbildung mit seinen Schülerinnen macht, bleibt jedem sein Privatvergnügen – während der Fahrausbildung sollte das Schüler-Lehrer-Verhältnis jedoch von Professionalität geprägt sein, was bedeutet, dass sich beide um nichts anderes als den Straßenverkehr und seine Regeln zu kümmern haben.

Ein Beispiel, was passieren kann, wenn sich Fahrlehrer und Fahrschülerin nicht dran halten, soll nachfolgende Story zeigen. Ich selbst kenne diese Geschichte nur vom Hörensagen, jedoch ist die Quelle höchst glaubwürdig (was man nicht von jedem Fahrlehrer behaupten kann; wenn Sie wüssten, mit wie vielen Waschweibern, Dummschwätzern und Baronen von Münchhausen ich es schon zu tun hatte …). Lassen Sie uns also mit dieser Anekdote beginnen, und erfahren Sie, was es bei uns im Kollegenkreis mit dem geflügelten Wort »Sepperln« auf sich hat …

Es begann alles in einer beschaulichen bayerischen Gemeinde. Groß genug, dass man nicht jedem Gesicht einen Namen zuordnen konnte, aber klein genug, um jedes Gesicht schon mal gesehen zu haben. Die Gestaltung des Ortes war typisch bayrisch, um nicht zu sagen provinziell: Im Ortskern stand die, natürlich katholische, Kirche, es gab einen Metzger, einen Bäcker, einen Gemüsehändler, einen Bestatter, natürlich den Gasthof »Zur Post« (warum tragen eigentlich gefühlte 100 Prozent all dieser Schuppen diesen Namen?) und eine Fahrschule, betrieben vom 41-jährigen, leicht untersetzten Sepp. Das Ensemble wurde abgerundet durch einige »moderne« Einfamilienhäuser aus den 50er-Jahren und die mannigfach vorhandenen Bauernhäuser. Etwas außerhalb des Ortskerns befand sich der einzig verbliebene Bauernhof der Gemeinde – aber der hatte es in sich, im wahrsten Sinne des Wortes! »Großbetrieb« nennt man so einen Hof wohl, auf dem sich knapp 2.000 Schweine und ebenso viele Hühner und noch mal so viele Kühe tummeln, bis ihr kurzes Leben in der hauseigenen Schlachterei ein Ende findet und sie portionsgerecht geteilt ihre letzte Fahrt zu den Kühltheken der Nation antreten, wo sie als »Öko-Fleisch vom Hof der glücklichen Viecher« an die Endverbraucher verkauft werden. Man konnte den

Betrieb von Bauer Voigt also wirklich ein Mammut-Unternehmen schimpfen, und nicht umsonst war er in dieser Gemeinde einer der reichsten und angesehensten Männer. (Manche nannten ihn hinter vorgehaltener Hand ehrfürchtig »Bürgermeister«, obwohl er es nicht war. Einmal ließ er sich in Bierlaune zu dem Satz hinreißen: »Ist mir doch wurscht, wer unter mir Bürgermeister ist!« – das sagt eigentlich schon alles, oder?) So weit, so gut, so langweilig.

Bringen wir ein bisschen Pfeffer in die Geschichte, und zwar mit Vroni, der Tochter des Bauern Voigt. Eine typische Landpomeranze, aber, laut Augenzeugen, extrem hübsch anzusehen. Makelloses, symmetrisches Gesicht, mandelbraune Augen, brünettes Haar, das bis zum Steißbein reichte, viel Holz vor der Hütte, kein Gramm Fett zu viel auf den Hüften, schlanke Beine … jedes Männermagazin, welches Fotos von ihr abdrucken würde, müsste der Druckerei Sonderschichten aufbrummen, um der Nachfrage Herr zu werden. Dies war natürlich auch Bauer Voigt nicht entgangen. Und damit ihm das Kind keine Schande machen konnte, indem sie ihre Unschuld vor ihrer bereits mit dem Sohn eines Bauern aus dem Nachbarort arrangierten Hochzeit an irgendeinen dahergelaufenen Burschen verlieren konnte, steckte er sie mit Erreichen der Geschlechtsreife in eine Mädchenschule. Irgendwann stand der 17. Geburtstag des jungen Mädels und somit der Erwerb des Führerscheins an, und zwar im Rahmen des begleiteten Fahrens ab 17 Jahren (BF17 auf Amtsdeutsch). Bauer Voigt packte seine Tochter Vroni an der Hand und nahm sie mit zur Anmeldung in Sepps Fahrschule.

»Der Vroni brauchst du nimmer viel beibringen, die hat schon bei mir auf dem Hof genug geübt! Vielleicht zeigst ihr noch ein paar Schilder und lässt sie ein bisserl über die Autobahn fahren – mehr braucht's nicht!«, beschied er in dominantem Tonfall seinem Sandkastenfreund Sepp, welcher ihm jedoch gleich Kontra gab und sich jegliche Einmischung in Art und Umfang seiner Ausbildung verbat.

»Jaja, ist ja gut, mein Mädel soll es ja gut lernen, damit ihr auch nix passiert«, ruderte der Bauer zurück. »Aber sag mal: Kannst du die Vroni für die Fahrstunden bei uns am Hof oder bei der Schule abholen? Ich mag eigentlich nicht, dass sie alleine den Weg zur Fahrschule geht – die ganzen gamsigen Burschen im Dorf, nicht dass die einer anfasst, weißt schon … zur Theorie würd ich sie immer bringen, aber zu den Fahrstunden …«

»Kein Problem, ich hol sie ab – ist ja nicht weit«, erbarmte sich Sepp und hielt Vroni den Ausbildungsvertrag unter die Nase, den sie und ihr Vater zu unterschreiben hatten. Die Tinte war getrocknet, und das Unheil konnte seinen Lauf nehmen …

Vroni absolvierte alsbald ihre erste Fahrstunde bei Sepp, der feststellen musste, dass Bauer Voigt nicht zu viel versprochen hatte. Die Fahrübungen auf dem familieneigenen Hof hatten ihre Wirkung nicht verfehlt, das Mädel konnte echt gut fahren. Fahrzeugbedienung, Verkehrsbeobachtung – alles astrein! Und so wurde diese erste Fahrstunde für Sepp zu einer geradezu genussvollen Reise, als seine Schülerin auf einmal das Wort ergriff.

»Ich hab da mal 'ne Frage …«, zwitscherte Vroni. Sepp rollte mit den Augen in Erwartung dessen, was jetzt wohl kommen würde: Wann können wir die Sonderfahrten machen, wann lernen wir das Einparken, falle ich in der Prüfung durch, wenn ich nicht blinke, und so weiter und so fort – die klassischen Fragen eines Fahrschülers in der ersten Fahrstunde an seinen Fahrlehrer.

»Dann schieß mal los!«, forderte Sepp Vroni in einem leicht genervten Tonfall auf und legte sich in Gedanken schon die passenden Antworten auf oben erwähnte Fragen zurecht.

»Magst du mit mir vögeln?«, fragte sie ihn mit einem aufreizenden Augenaufschlag.

»WIE BITTE?«, war das Einzige, was Sepp noch hervorbrachte, bevor ihm die Stimme aufgrund eines Frosches im Hals versagte.

»Du hast mich schon verstanden – hast du Lust?«, hauchte sie ihm so ins Ohr, dass es im Auto auf einmal zwei Schaltknüppel gab.

»Wie bist du denn drauf?«, fragte Sepp, nachdem er wieder des Sprechens mächtig war.

»Mann, mein Vater hält mich im Käfig wie eines seiner Viecher! Ich geh auf 'ne Mädchenschule, darf nie alleine weg, und soziale Kontakte pflege ich nur beim Mai- oder Erntefest! Und dort auch nur mit Mädchen, weil mein Alter will, dass ich jungfräulich in die Ehe mit diesem Schlappschwanz aus dem Nachbarort gehe!«

»Und jetzt soll ich dich entjungfern, oder was?«, fragte Sepp ungläubig.

»Nee, das hat schon der Hausmeister unserer Schule erledigt; der besorgt es mir auch hin und wieder, aber langsam wird es langweilig mit ihm. Also, wollen wir?«

Sepp überlegte. Auf der einen Seite geziemte es sich eigentlich nicht, etwas mit einer Fahrschülerin anzufangen, andererseits war er in seinem Leben an einem Punkt angekommen, wo Sex zwar schön war, aber Weihnachten öfter stattfand. Keine Frau, keine Freundin, die nächsten Bordelle waren meilenweit entfernt …

»Was soll's«, entschied er. »Wo fahren wir hin?«

»Uns darf keiner sehen, sonst kriegt Vater einen Tobsuchtsanfall! Ich kenne da einen Feldweg in der Nähe unseres Hofes, da sind wir ungestört«, gab Vroni ihren Plan preis.

»Und wenn dein Vater dort mit dem Trecker langfährt?«

»Pah, bei diesem Feld fährt der nur einmal im Jahr lang, um nach dem Rechten zu sehen – da ist irgendwas mit der Erde, da wächst nichts. Also kann er da nicht säen und auch die Viecher nicht zum Grasen hinschicken – ist also totes Land!«

Und schon waren die beiden auf dem Weg zu diesem Ackerpfad, wo sich Vroni sofort drum kümmerte, dass auf diesem »toten Land« keine tote Hose mehr herrschte.

Von da an war es in den Fahrstunden so, dass Sepp mehr von Vroni lernte als umgekehrt.

Zu Beginn jeder Fahrstunde betrieb er ein wenig Feinschliff bei ihren Fahrkünsten, zum Ende hin zeigte ihm Vroni, wozu man so ein Auto noch benutzen konnte. Wie und wo man es da treiben kann – Sepp war begeistert! Fahrersitz, Beifahrersitz, Rückbank, Motorhaube … sensationell!

Dieses Spielchen ging einige Wochen lang, bis Vroni nach einem der vielen Akte mal treffend bemerkte, dass ihr Vater aufgrund der immensen Fahrstundenanzahl langsam misstrauisch werden würde.

»Sag deinem Paps einfach, dass du dich beim Einparken furchtbar blöd anstellst. Das glaubt er bestimmt. Er und seine Stammtischbrüder faseln ja die ganze Zeit, dass Frauen nicht einparken können – warum sollte es bei seiner Tochter anders sein?«, riet Sepp seiner Lustgespielin, welche diesen Tipp sogleich beherzigte und ihrem Vater gestand, dass sie auch so ein kleines Dummchen sei, das nicht parken könne. Bauer Voigt schluckte diese Kröte triumphierend (»Wusst ich's doch, dass nur Dreibeiner gescheit einparken können!«) und gab weitere Mittel, sprich Geld, für zusätzliche Fahrstunden frei.

Das lustvolle Treiben auf dem Feldweg konnte also weitergehen, und langsam aber sicher wurde Sepp süchtig danach. So sehr, dass in den jeweils 90-minütigen Fahrstunden eigentlich nur ein paar Minuten zum Feldweg und, nach getaner Erquickung, wieder zurück gefahren wurde.

»Nachdem wir ja kaum zum Fahren kommen«, stellte Vroni einmal schmunzelnd fest, »bezahl ich respektive mein Vater dich ja nur für den Sex. Du bist quasi eine männliche Hure!«

Sepp schmeichelte dieser Gedanke, und er konnte sich ein breites Grinsen nicht verkneifen. Aber dieses Grinsen sollte ihm bei der nächsten (und letzten) Fahrstunde mit Vroni vergehen …

Denn bei der nächsten Fahr-, äh, Sexstunde schlug Murphys Gesetz zu: »Alles, was schiefgehen kann, wird auch schiefgehen.« Man könnte auch sagen: Wer mit dem Feuer spielt, verbrennt sich. Bevor ich jetzt aber noch mehr Kalendersprüche zitiere, will ich Ihnen erzählen, was passierte: Vroni und Sepp waren auf dem Feldweg mal wieder heftigst und lautstark zugange, als Bauer Voigt mit seinem Trecker des Weges kam, um eine seiner Patrouillenfahrten zu machen. Er erblickte das Fahrschulauto, wunderte sich darüber, warum dieses hier stand, und stieg von seinem Trecker, um nach dem Rechten zu sehen.

Als er sich dem Fahrschulauto näherte, sah er als Erstes Sepps nackten Hintern und behaarten Rücken und dann seine darunter liegende Tochter. Wutentbrannt riss er die Tür auf und brüllte: »WAS GEHT DENN HIER VOR SICH?« Saudumme Frage in dieser mehr als eindeutigen Situation. Sepp und Vroni erschraken bis ins Mark, und Vroni so sehr, dass sie laut »HILFE!« rief.

So ein kreischender Hilferuf kann zweideutig interpretiert werden. Zum einen als ein »Hilfe, wir wurden erwischt«, zum anderen als »Hilfe, rette mich!«. Ersteres meinte Vroni, Letzteres verstand Bauer Voigt – und reagierte, wie wohl jeder Vater reagieren würde. Er zog Sepp von seiner Tochter runter, raus aus dem Auto und verpasste ihm unter lautem Wutgeschrei die Abreibung seines Lebens!

»DER SAUHUND VERGEWALTIGT MEINE TOCHTER! EINPARKEN KANN SIE NICHT, SAGT ER, UND DANN PARKT ER SEIN DING IN IHRER GARAGE! ICH BRING DICH UM, DU DRECKSAU!«

Es dauerte ein wenig, bis sich Vroni wieder bekleidet hatte und ihrer männlichen Hure zu Hilfe eilen konnte. Sie ging zwischen ihren Vater und den blutüberströmten und am Boden liegenden Sepp und rettete ihm damit wohl das Leben.

»Papa, lass den Sepp, wir wollten es beide«, flehte sie ihn an.

»Hat er dich mit Alkohol oder Drogen gefügig gemacht, ja?!«, keuchte Bauer Voigt ungläubig und erschöpft von der Prügelei.

»Nein, Papa, ich wollte es so!«

»Aha! Stockholm-Syndrom!«

»Nein, er hat mich doch nicht entführt, sondern nur gef…«

»SCHWEIG STILL, DU SCHLAMPE!«, hinderte der Bauer seine Tochter an der Preisgabe schmutziger Details und verpasste Sepp zum Abschied noch eine ordentliche Watschen, bevor er wieder auf seinen Trecker stieg und die Szenerie mit Vollgas verließ. Zurück blieben der wie eine abgestochene Sau blutende Sepp und seine in diesem Moment nicht mehr ganz so geile Fahrschülerin Vroni …

Was aus den Protagonisten wurde? Auch hier kann ich nur das wiedergeben, was mir vom Hörensagen bekannt ist: Vroni zog angeblich noch am selben Tag von zu Hause aus. Ob sie mit Schimpf und Schande vom Hof gejagt wurde oder ob sie einfach die Flucht aus ihrem Käfig antrat – keine Ahnung. Sie lebt jetzt angeblich in einer Großstadt, weit weg von ländlichen Moralvorstellungen.

Bauer Voigt beantwortet Fragen nach dem Verbleib seiner Tochter stets mit den Worten: »Ich habe keine Tochter mehr!«

Und Sepp, der Fahrlehrer? Dem geht's angeblich gut. Sehr gut sogar. Er muss eine wahre Anmeldeflut von Fahrschülerinnen aus der Mädchenschule bewerkstelligen und hat zu diesem Zwecke einen weiteren Fahrlehrer engagiert.

Auf welche Qualifikationen beim Einstellungsgespräch Wert gelegt wurde, darüber kann ich nur spekulieren.

25. KAPITEL

LATTE-MACCHIATO-FURIEN UND VOLLCHECKER

AUGENTINNITUS

Eine alte Weisheit besagt, dass man sich Neid hart erarbeiten muss, Mitleid dagegen geschenkt bekommt. Stimmt vollkommen. Wegen meines (ersten) Buches schlug mir wirklich eine gehörige Portion Neid entgegen (und mancher Kollege war dermaßen neidisch, dass er sich jetzt sogar als Trittbrettfahrer versucht). Und diesen Neid habe ich mir wirklich im Schweiße meines Angesichtes hart erarbeiten müssen (auch wenn einige Menschen glauben, dass das Schreiben gar nicht so schwer sei und das jeder könne – ja genau, pfff …). Wegen dem, worüber ich diese Bücher geschrieben habe, werde ich jedoch selten beneidet, sondern eher bemitleidet. »Ich könnte deinen Job nicht machen, ich würde ja wahnsinnig werden« ist ein Satz, den man öfter zu hören bekommt und der sich auf die Unfertigkeiten der Fahrschüler bezieht. Aber wissen Sie was? Es sind komischerweise nicht die Fahrschüler, die mir das Leben schwer machen, sondern diejenigen, die den Führerschein schon haben!

Und viele dieser angeblich so erfahrenen, versierten und coolen Verkehrsteilnehmer sind der Grund dafür, dass ich mit dem Start ins Fahrlehrerleben die Krankheit »Augentinnitus« bekam. Was Augentinnitus ist? Ganz einfach: Man sieht nur Pfeifen. Was ich damit meine, soll Ihnen ein klassischer Arbeitstag im Leben eines

Fahrlehrers verdeutlichen, an dem man viele Kilometer runterspult und dabei notgedrungen auf viele Pfeifen trifft.

Der Tag begann mit einer Mail. Ein Radfahrer beschwerte sich über den Fahr- und Ausbildungsstil unserer Fahrschule. Was war passiert, dass sich dieser Mann zu einer schriftlichen Beschwerde genötigt sah? Meine Fahrschülerin hatte es in ihrer zweiten (!) Fahrstunde doch tatsächlich gewagt, beim Verlassen einer abknickenden Vorfahrtsstraße nach rechts zu blinken, obwohl sie ja eigentlich geradeaus fuhr. Skandal! Dass das nicht korrekt war, ist unbestritten, wenn auch an dieser Stelle nicht schlimm, da es dort nur nach links oder eben geradeaus weitergeht. Mancher Autofahrer blinkt an dieser Stelle absichtlich nach rechts, obwohl er geradeaus fährt, da es für mehr Klarheit an diesem Unfallschwerpunkt sorgt, weil die meisten Leute dort gar nicht den Fahrtrichtungsanzeiger setzen. Und dieser Typ hat wirklich nichts anderes zu tun, als in der Nacht um 2.41 Uhr (!) eine Mail über den Lapsus eines Fahranfängers vom Vortag zu verfassen! Geht's noch?

Bilden sie Ihre Schüler gefälligst ordentlich aus, Sie Dilettant! Sorgen Sie für Zucht und Ordnung, Sie überbezahlter Spazierfahrer!, stand in seiner Mail, die ich so beantwortete, wie ich es für angemessen hielt – nämlich gar nicht. Sorry, das soll jetzt nicht arrogant oder selbstherrlich rüberkommen, aber ich lasse mich nicht von einem Außenstehenden, der von meinem Job nicht die geringste Ahnung hat und nicht weiß, was Stand der Dinge ist, kritisieren und mir vorschreiben, wie ich meinen Schüler anzuleiten habe. Das wäre in etwa so, wie wenn man einer Grundschullehrerin am zweiten Schultag in der ersten Klasse vorhalten würde, dass der Schüler noch keine Bruchrechnung beherrscht – lächerlich. Und das auch noch von einem Radfahrer, einer Spezies, die nun wahrlich nicht für die Einhaltung von Verkehrsregeln bekannt ist (denken wir nur mal an die sogenannten »Radlrambos«; klar, es sind nicht alle Radfahrer per se rücksichts- und gesetzlos, aber von einer Minderheit kann man leider auch nicht mehr sprechen).

Nach dem kurzen Besuch im Büro begann mein eigentlicher Arbeitstag mit Oskar, wobei das Highlight erst am Ende der Fahrstunde geschah. Ich ließ Oskar vor seiner Schule, wo ich ihn absetzen sollte, noch mal einparken. Alles wunderbar, so wie gelernt. Wie er aber da so am Lenkrad kurbelt, sehe ich im Rückspiegel eine Frau in ihrem höher gelegten Pampersbomber, sprich SUV, wie sie ungeduldig in ihrem Sitz hin und her rutscht. Oskar stellte nach der Prozedur das Auto noch parkfertig ab, doch als ich gerade mit meiner Manöverkritik beginnen wollte, klopfte es an unserer Scheibe. Die Dame aus dem SUV hatte sich nach draußen begeben und stand jetzt neben unserem Auto. Oskar ließ das Fenster runter, und schon brabbelte die Madam los. »Wie lange brauchen Sie denn hier noch?«, blaffte sie mich an.

»Na ja, so circa zwei Minuten«, antwortete ich so höflich wie möglich.

»Wenn Sie das Ganze mal etwas beschleunigen könnten, ich muss nämlich mein krankes Kind in den Kindergarten bringen!«, herrschte sie mich an. Ohne darauf einzugehen, warum man sein krankes Kind in den Kindergarten und nicht zum Arzt bringt (war wahrscheinlich sowieso nur eine Finte, um über die Mitleidsmasche eine sofortige Räumung des einzig verbliebenen Parkplatzes zu erwirken), antwortete ich immer noch höflich, aber etwas bestimmter, dass wir uns die Zeit nehmen würden, die wir jetzt noch bräuchten, um die Fahrstunde zu besprechen und einen neuen Termin auszumachen.

»Können Sie das nicht woanders machen?« Die Alte wurde leicht hysterisch und ging mir langsam auf den Sack.

»Hören Sie mal gut zu: Wenn Sie mich jetzt weiter nerven, dann beenden wir die Fahrstunde jetzt nicht, sondern ich bleib mit meinem Schüler noch schön hier sitzen und lass ihn alle Kontrolllampen benennen, okay? Ich kann hier so lange stehen bleiben, wie ich Bock habe, klar? Das ist ein öffentlicher Parkplatz …«

»… da bin ich mir nicht so sicher«, unterbrach sie mich. Okay, du Klugscheißerin, jetzt kriegst du dein Fett weg, dachte ich mir, holte Luft und plärrte sie an: »JETZT HÖR MIR MAL ZU, DU LATTE-MACCHIATO-VORSTADT-MUTTI, DA VORNE STEHT DAS ZEICHEN 314 MIT DEM ZUSATZZEICHEN 1040-32 – JA, SCHAU GENAU HIN: DAS BLAUE SCHILD MIT DEM WEISSEN ›P‹ UND DER BESCHRÄNKUNG VON ZWEI STUNDEN! ICH HAB MEINE PARKSCHEIBE VORSCHRIFTSGEMÄSS EINGESTELLT UND SICHTBAR AUFS ARMATURENBRETT GELEGT! ALSO QUATSCH JETZT NICHT RUM, KAPIERT? DU PINKELST HIER DEN FALSCHEN BAUM AN! UND WENN DU NICHT MEHR WEISST, WO MAN PARKEN DARF UND WO NICHT, DANN KANNSTE MAL NACHHILFE IN DER FAHRSCHULE NEHMEN!«

»ABER SICHER NICHT BEI DIR, DU ARSCHLOCH!«, brüllte sie dermaßen wutentbrannt zurück, dass sich der arme Oskar ihren Speichel aus dem Gesicht wischen musste.

»NA HOFFENTLICH – UND JETZT SCHWIRR AB!«, konterte ich, ließ Oskar wieder das Fenster schließen und begann mit der Nachbesprechung der Fahrstunde.

»Willst du mir meine Fehler nicht beim nächsten Mal sagen? Dann kann die Frau unseren Parkplatz haben«, gab sich Oskar höchst sozial – hatte dafür aber den falschen Fahrlehrer an seiner Seite …

»So weit kommt's noch, wir lassen uns doch nicht wie Autofahrer zweiter Klasse behandeln! Nix da, im Gegenteil: Jetzt nehm ich mir richtig viel Zeit. Also, beginnen wir bei Minute eins, als du den Motor abgewürgt hast …«

Als ich in meiner Litanei Minute sieben erreicht hatte und Oskar vorhielt, dass auch Radfahrer eine Existenzberechtigung hätten und man nicht einfach planlos über deren Schutzstreifen holzen dürfe, ohne auf sie zu achten, hatte die Vorstadt-Mutti das Warten satt und brauste an uns vorbei, um sich auf die Suche nach einem eventuell in der Zwischenzeit frei gewordenen Parkplatz zu machen. Grinsend beendete ich unser Nachgespräch, vereinbarte mit Oskar einen neuen Termin und entließ ihn in die Freiheit, beziehungsweise in den Schulunterricht. Gerade als ich aus der Parklücke rausfuhr, kam mir die Latte-macchiato-Furie mit ihrem ach so kranken, dafür umso mehr auf und ab hüpfenden und krakeelenden Balg (der Apfel fällt bekanntlich nicht weit vom Stamm) entgegen. Natürlich ließ ich es mir nicht nehmen, ihr zum Abschied freundlich (oder sollte ich sagen: hämisch) zuzuwinken, was sie mit einer Handbewegung goutierte, welche in Italien als recht unfein angesehen wird. Tja, Latte macchiato eben …

Am Nachmittag stand ich mit meinem Schüler Anton an einer Kreuzung und vor dem für uns geltenden Schild »Vorfahrt gewähren«. Wir wollten geradeaus weiterfahren, hatten aber von links und rechts Querverkehr, den wir natürlich durchlassen mussten. Plötzlich sehe ich, wie jenseits der Kreuzung ein Mann in seiner roten Rumpelkiste wild gestikuliert und die Lichthupe betätigt. Wie gesagt, wir wollten geradeaus und der Gentleman wollte links abbiegen, somit hatten wir Vorrang. Offenbar hatte er ein echtes Problem damit, dass wir nicht ohne Rücksicht auf Verluste über die Kreuzung preschten.

Mein Schüler wurde ganz nervös wegen des Onkels auf der anderen Kreuzungsseite und wollte ihm zuliebe schon losfahren, was eine Notbremsung des von links kommenden Linienbusses und des von rechts kommenden Kombis zur Folge gehabt hätte. Ich stieg in die Eisen und zeigte Anton mit meinem Zeigefinger, dass er abzuwarten hätte, bis alle Fahrzeuge von links und rechts weg wären, und er dann erst fahren könne.

»Du, der Freak da vorne hat dich gerade mit seinem Handy abgelichtet«, stupste mich Anton mit seinem Ellenbogen an. Und tatsächlich: Der Herr im Gegenverkehr schoss wie wild Fotos von mir. Zuerst dachte ich, dass ich es mit einem begeisterten Leser meines Buches zu tun bekommen hätte, der einen Schnappschuss vom Autor ergattern wollte, aber seinem Gesichtsausdruck nach musste ich mich täuschen. Meine Neugier war geweckt, und nachdem wir alle vorfahrtsberechtigten Fahrzeuge hatten passieren lassen, überquerten wir die Kreuzung und blieben auf mein Geheiß neben diesem Herrn stehen, der anatomisch verblüffende Ähnlichkeit mit der Schrottkiste aufwies, in der er saß.

»Darf ich Sie mal fragen, was und wen Sie so emsig fotografieren?«, rief ich durch Antons geöffnete Seitenscheibe zu ihm rüber.

»SIE KRIEGEN VON MIR EINE ANZEIGE WEGEN BELEIDIGUNG!«, schrie er hysterisch zurück.

Anton und ich sahen uns verblüfft an.

»Hä?«

»SIE HABEN MIR GERADE DEN SCHEIBENWISCHER GEZEIGT!«

»Hä?«

»DEN SCHEIBENWISCHER HABEN SIE MIR GEZEIGT! UND JETZT ZEIGE ICH SIE AN! EIN FAHRLEHRER, DER ANDERE AUTOFAHRER BELEIDIGT, MUSS ANGEZEIGT WERDEN!«

»Verstehst du, was der Gentleman für ein Problem hat?«, fragte ich Anton.

»Ich glaub, der hat nicht nur *ein* Problem«, erkannte er richtigerweise.

»ICH ZEIG SIE AN!«

»Komm, lass uns weiterfahren, das bringt hier nichts«, gab ich Anton das Kommando zur Flucht, denn dieser Freak drehte immer mehr und mehr ab.

Fünf Minuten später schlug sich Anton mit der flachen Hand auf die Stirn.

»Ich hab's!«

»Was denn?«

»Was der Herr für ein Problem hat!«

»Weiß ich auch. Nennt sich sexuelle Frustration.«

»Nee, jetzt im Ernst: Du hast mir doch vorhin mit deinem Zeigefinger gezeigt, dass ich auf den Bus von links und den Kombi von rechts warten muss …«

»Und?«, stand ich auf dem Schlauch.

»Der hat wahrscheinlich gemeint, dass du ihm damit den Scheibenwischer gezeigt hast!«

»Viele dieser angeblich so erfahrenen, versierten und coolen Verkehrsteilnehmer sind der Grund dafür, dass ich mit dem Start ins Fahrlehrerleben die Krankheit ›Augentinnitus‹ bekam. Was Augentinnitus ist? Ganz einfach: Man sieht nur Pfeifen.«

»Tja, gut möglich. Zeigt mal wieder, dass Einbildung auch 'ne Bildung ist«, lächelte ich.

Der Tag endete, wie er begonnen hatte – mit einer Mail. Und zwar von dem Herrn, der eigentlich zur Polizei gehen wollte, um mich wegen Beleidigung anzuzeigen.

Sehr geehrter Herr,
ich bin der Mann, mit dem es heute zu einem kleinen Disput kam. Ich habe in letzter Sekunde, bevor Sie davongebraust sind, Ihre E-Mail-Adresse vom Heck Ihres Fahrzeuges ablesen können und möchte mich auf diesem Wege bei Ihnen entschuldigen. Ich hatte eine brutal stressige Dienstreise hinter mir, welche ich notgedrungen mit dem Auto meiner älteren Tochter absolvieren musste, da mir letzte Woche eine Dame ins Heck meines Dienstwagens gefahren war, weil sie aufgrund des Schreibens einer SMS nicht auf das Verkehrsgeschehen achtete. Die anstrengende Dienstreise endete mit dem Anruf meiner völlig aufgelösten jüngeren Tochter, die soeben ihren Führerschein macht und von ihrem Fahrlehrer auf offener Straße aus dem Fahrschulauto geschmissen wurde, weil sie sich weigerte, mit ihm einen Kaffee trinken zu gehen und danach irgendwelche Ferkeleien über sich ergehen zu lassen. Ich denke, dass Sie sich gut vorstellen können, wie erbost ich über solch ein Gebaren war. Leider habe ich Sie, werter Herr, dafür in Sippenhaft genommen und meine Wut an Ihnen ausgelassen, anstatt dem Fahrlehrer meiner Tochter mit einer Axt einen neuen Scheitel zu ziehen.

Bitte entschuldigen Sie meine bewusst falsche Interpretation Ihrer Handbewegung, die wohl Ihrem Schüler und niemand anderem galt.
Hochachtungsvoll
Der, dem die Sicherung durchgebrannt ist

Auf diese Mail antwortete ich gerne:

Tag auch! Schwamm drüber, so was passiert mal. Zur Entspannung empfehle ich erstens die Anschaffung eines stressfreieren Fahrzeugs für die ältere Tochter, falls Ihr Dienstfahrzeug wieder mal Opfer einer kommunikationssüchtigen Hinterfrau wird, zweitens eine Anzeige bei der Fahrlehrerbehörde und drittens einen romantischen Abend mit Ihrer Frau; vielleicht kommt ja dabei ein drittes Kind raus, welches Sie dann guten Gewissens in meine Fahrschule schicken können ;-)))! Beste Grüße von jemandem, der sich manchmal auch nicht im Zaum halten kann, bei so vielen Pfeifen on the road …

Zugegeben, das waren jetzt recht krasse, aber eben doch alltägliche Vorkommnisse im Leben eines viel beschäftigten Fahrlehrers. Jetzt aber schon von Augentinnitus zu sprechen, wäre natürlich sehr übertrieben; nur, weil man sich ein- bis zweimal am Tag mit einer Pfeife konfrontiert sieht, kann man nicht von einer permanenten körperlich wie geistigen Beeinträchtigung sprechen. Letztlich sind solche Ereignisse auch nur die Spitze des Eisberges. Den Großteil des Krankheitsbildes von Augentinnitus machen die vermeintlich »kleinen Sünden« der Verkehrsteilnehmer aus. Das fängt schon mit den Blinkermuffeln an. Was um alles in der Welt ist so schwer daran, seinen Zeigefinger ein paar Zentimeter nach oben oder unten zu bewegen? Der Blinker ist eine der ganz wenigen Einrichtungen, die wir Kraftfahrzeugführer zur Kommunikation untereinander haben, und doch nutzen wir dieses Hilfsmittel, was Tausende Missverständnisse und damit verbundene Unfälle verhindern könnte, fast gar nicht.

Die nächste Spezies sind die besonders Gottesgläubigen, die sich mit einem Urvertrauen an Gott unangeschnallt durch den Straßenverkehr beamen. Häufige Ausrede: »Ich hab genügend Airbags an Bord, da muss ich mich nicht mehr anschnallen!« Jo, ihr Genies, und so ein Airbag ohne Gurt bringt genauso viel, wie nach ungeschütztem Sex vom Tisch zu springen, um eine Schwangerschaft zu verhindern – nämlich gar nichts.

Echte Helden sind auch die Liebestollen, die ihren Vordermann dermaßen lieben, dass sie mit ihrer Fahrzeugnase an seinem Hinterteil, äh, Heck schnüffeln und dabei außer Acht lassen, dass es jetzt schon genügt, wenn der Vordermann vom Gas geht und es dann zu einem kapitalen Auffahrunfall kommt.

Oder jene Vollchecker, für die Geschwindigkeitsbeschränkungen den Charakter eines Richtwertes haben und die allen Ernstes glauben, dass sie ihr Fahrzeug und plötzliche Überraschungsmomente (wie ein auf die Straße laufendes Kind) bei jeder Geschwindigkeit kontrollieren können. Meine Fresse, schon mal was vom Reaktionsweg gehört? Die Faustformel hierfür lautet: gefahrene Geschwindigkeit durch zehn mal drei. Das bedeutet, dass ich, wenn ich bei erlaubten 30 Stundenkilometern mit Tempo 40, also 10 km/h zu schnell, unterwegs bin, erst drei Meter später zu bremsen anfange! Ich möchte nicht in der Haut desjenigen stecken, der vor Gericht von einem Gutachter gesagt bekommt, dass der Tod eines Menschen hätte verhindert werden können, wenn man sich ans Tempolimit gehalten hätte …

»Kann dem doch egal sein, wie ich fahre – der soll sich um seine Fahrschüler kümmern und mich nicht mit dem erhobenen Zeigefinger belehren«, höre ich jetzt den einen oder anderen Leser schimpfen. Falsch! Es ist mir nicht egal! Und wissen Sie wieso nicht? Weil wir Fahrlehrer die armen Schweine sind, die den Fahrschülern von heute und selbstständigen Verkehrsteilnehmern von morgen verklickern müssen, dass das Verhalten der vor, hinter oder neben ihm fahrenden Leute eben nicht okay ist. Wissen Sie eigentlich, wie viele Fahrschüler die Strategie verfolgen, einfach genauso zu fahren wie ihr Umfeld, in der Hoffnung, dass diese fehlerfrei sei und eine gute Fahrweise an den Tag lege? Diese fixe Idee beende ich dann immer mit folgender Wette: Wenn es der Fahrschüler schafft, lediglich eine Minuten fehlerfrei zu fahren, indem er sich genauso verhält wie sein Vordermann, bekommt er von mir eine Fahrstunde geschenkt. Und wissen Sie, wie viele Fahrstunden ich schon spendieren musste? Keine einzige! Blinker nicht gesetzt, Tempolimit überschritten, Abstand unterschritten … wie gesagt, die Liste von Verfehlungen ist lang.

Deswegen mein Appell an alle unvernünftigen und unkorrekt fahrenden Verkehrsteilnehmer da draußen: Fahren Sie bitte sauber! Besinnen Sie sich wieder an die Tugenden, die Ihnen Ihr Fahrlehrer während der Ausbildung vermittelt hat! Seien Sie ein Vorbild, denn der Nachwuchs braucht einfach solche guten Vorbilder im Straßenverkehr! Flausen haben sie allesamt schon genug im Kopf, wie es Patrick so schön in der nächsten Story demonstriert …

26. KAPITEL

PATRICK

AM ENDE DES TAGES

Viele Fahrschüler wollen sich am Ende ihrer Ausbildung auf irgendeine Art und Weise bei ihrem Fahrlehrer erkenntlich zeigen und ihm mit einer Kleinigkeit eine Freude machen. Da werden Weinflaschen, Bierkästen, Kinogutscheine, Blumen oder gebastelte Sachen in der Fahrschule vorbeigebracht, oftmals mit einer Karte, in der Lobeshymnen auf den Fahrlehrer angestimmt werden … ich würde lügen, wenn ich sagen würde, dass mich so was nicht freut. Das größte Geschenk, das man einem Fahrlehrer jedoch machen kann, erhält dieser leider, wie man im letzten Kapitel schon ahnen konnte, viel zu selten – dass sich der Schüler nämlich weiterhin anständig im Straßenverkehr aufführt und sich an die Regeln hält. Denn kaum sitzt der ach so hochgelobte Fahrlehrer nicht mehr neben dem Schüler, hält der Schlendrian Einzug: Beim Stopp-Schild wird nicht mehr stillgestanden, sondern weitergerollt, bei erlaubtem Tempo 50 wird 60 gefahren, der in Metern einzuhaltende Abstand wird nur noch in Zentimetern eingehalten … wenn man mal einem seiner ehemaligen Sprösslinge in freier Wildbahn begegnet, kann man durchaus verzweifeln und sich denken, dass die ganze Arbeit für die Katz war, so wie bei Patrick, von dem diese Story handelt.

Und die beginnt beim schönsten Teil meines Arbeitstages: dem Feierabend! Die letzte Fahrstunde des Tages hatte meine Schülerin Stephanie gerade bei Noemi im Büro telefonisch abgesagt (»Tut mir echt leid, aber mein Hund kotzt wie ein besoffener Matrose, ich muss zum Tierarzt!«), und ich begab mich zu meinem Motorrad, um schnell nach Hause zu kommen. Ich hatte die Hälfte des Weges zu meiner Maschine bereits hinter mir, als mir mein ehemaliger Schüler Patrick über den Weg lief. Er hatte zwei Wochen zuvor nach einer recht zügigen Ausbildung (innerhalb von vier Wochen von der ersten Theoriestunde bis zur letzten Fahrstunde – ja, so was gibt's tatsächlich auch) seine Prüfung tadellos bestanden und war jetzt stolzer Besitzer eines Führerscheins.

Wir begrüßten uns herzlich und natürlich musste ich die für Fahrlehrer obligatorische Frage stellen: »Und, macht das Fahren ohne einen Sadisten an der Seite Spaß?«

»Volle Sahne, aber ich hab ein Riesenglück gehabt, dass mir die Bullen den Schein nicht gleich am selben Tag, an dem ich ihn bekommen hab, wieder gezwickt haben«, antwortete er.

»Wieso das denn?« Mein Interesse war geweckt.

»Hast du 'ne Minute? Dann erzähl ich's dir!«

Eigentlich wollte ich ja subito nach Hause, aber meine Neugier obsiegte. Ich malte mir in Gedanken schon heimlich aus, was ich gleich zu hören bekommen würde: zur Feier des Tages trotz 0,0-Promille-Grenze ein Bier getrunken und in der Polizeikontrolle durchgewunken worden, um 1 km/h am Fahrverbot vorbeigeschrammt, mit kaputtem Rücklicht unerkannt durch die Nacht gebrettert …

»Komm, erzähl!«, forderte ich Patrick auf.

»Also, nachdem ich mit meinem Führerschein in der Hand nach Hause gekommen bin, hat mir mein Vater zur Belohnung für den restlichen Tag sein Auto geliehen. Hab natürlich erst mal meinen besten Freund zu 'ner Spritztour abgeholt. Wir sind den ganzen Tag herumgefahren, haben dann 'ne kurze Pause im Biergarten gemacht …«

Meine erste Vermutung war wohl nicht falsch gewesen, und deswegen zog ich instinktiv skeptisch und mahnend die Augenbrauen nach oben.

»… nicht was du denkst, hatte nur zwei Apfelschorlen. Wir sitzen also im Biergarten und ratschen ein bisschen. Natürlich wollte er wissen, wie meine Prüfung war und wie der Prüfer so drauf war. Hab ihm dann erzählt, dass der Prüfer ganz locker drauf war, mich aber ganz schön ins Schwitzen gebracht hat, als er mich umkehren ließ ...«

»Moment mal, Freund der Sonne, den Schweißausbruch hast du nicht dem Prüfer, sondern dir selbst zuzuschreiben!«, unterbrach ich ihn, nicht ohne eine gewisse Erregung in meiner Stimme. Nur zu gut war mir sein Fahrmanöver zum Zwecke des Umkehrens noch in Erinnerung, welches er so durchgeführt hatte, wie wir es nie zuvor geübt hatten – nämlich vorwärts nach rechts in eine Grundstückseinfahrt, um dann rückwärts nach links wieder in die entgegengesetzte Richtung zu fahren, was ihm die leicht spöttische Frage des Prüfers einbrachte, ob er denn auch immer rückwärts aus der Haustür gehen würde.

»Ja, ich weiß, dass ich besser rückwärts nach rechts in die Einfahrt oder bei der nächsten Kreuzung rückwärts nach rechts um die Ecke gefahren wäre, aber auf die Idee bin ich halt in dem ganzen Prüfungsstress nicht gekommen«, fuhr er fort. »Auf jeden Fall hat mich mein Kumpel dann richtig derbleckt und gemeint, dass ich wohl zu blöd wäre, rückwärts um 'ne Ecke zu fahren. Hätte ihm am liebsten eine aufs Maul gegeben, aber ich hatte dann 'ne bessere Idee: Ich wollte ihm beweisen, dass ich das sogar mit Vollgas kann. Also: Gesagt, getan.

Auf dem Weg nach Hause hab ich mir 'ne passende Kreuzung ausgesucht. War schon weit nach Mitternacht, folglich war auch auf den Straßen nix los. Ich bieg also nach rechts ab, fahr die Straße, um ordentlich Anlauf zu nehmen, etwa 50 Meter entlang, bleib stehen, lege den Rückwärtsgang ein und zische los. Ich krieg voll den Speed drauf, reiß dann das Lenkrad nach rechts rum und pfeif um die Ecke herum. Während ich vor lauter Adrenalin gejohlt habe, schreit mein Kumpel plötzlich »Pass auf!«. Aber da war es schon zu spät, und dann hat es gekracht! Ich bin einem anderen Autofahrer mit vollem Karacho rückwärts an seine vordere Stoßstange gefahren. Ich war echt fertig, und der andere ist ausgestiegen und hat uns voll zur Sau gemacht, warum wir mit Vollgas rückwärts um die Ecke geschossen kommen. Aber damit nicht genug: Urplötzlich kamen die Cops des Weges, keine Ahnung, ob die jemand gerufen hat oder ob sie einfach nur Streife gefahren sind. Der eine Polizist ist gleich zu dem Typen gegangen, und der andere hat sich den Schaden angeschaut. Ich hab mir fast in die Hose gemacht, dass die mir jetzt gleich den Schein einkassieren, weil ich so 'nen Scheiß gebaut habe; aber dann ist der eine Polizist zu uns gekommen und hat gesagt, dass alles geklärt ist und wir gleich weiterfahren könnten.«

»Wieso alles geklärt – wollten euch die Cops gar nicht befragen?« Ich war etwas baff.

»Nee, gar nicht – der kam zu uns und hat gesagt: ›Jungs, der andere hat eine Fahne wie ein Klosterochse – der ist blau wie eine Haubitze! Der ist so dicht, dass er ernsthaft behauptet, ihr wärt rückwärts um die Ecke aus der Querstraße geschossen! Lustig, oder?‹«

1.000 Volt im Gasfuß, aber im Hirn brennt die Lampe nicht, war mein erster Gedanke nach dieser Story. Mein zweiter: Manche Menschen haben einfach mehr Glück als Verstand. Anders ist es wohl nicht zu erklären, dass einige Menschen ihr Leben lang Geschwindigkeitsbegrenzungen als unverbindliche Empfehlung ansehen und niemals geblitzt werden, wiederum andere zugedröhnt von Berlin nach Frankfurt tigern können, ohne nur in die Nähe einer Verkehrskontrolle zu geraten, oder, so wie Patrick, die Straße als Abenteuerspielplatz nutzen und nur ihrer gerechten Strafe entgehen, weil der Unfallgegner so volltrunken ist, dass die Polizeibeamten gar nicht ermitteln, ob in seiner Schilderung ein Körnchen Wahrheit steckt.

Pädagogische Maßnahmen meinerseits schienen angebracht, und ich setzte zu einem kurzen, aber intensiven Tadel an: »Ich hoffe, du hast aus dieser Erfahrung deine Lehren gezogen?«

»Ja«, antwortete Patrick, »dass ich so was nie wieder …«

»… mache!«, vollendete ich den Satz, nicht wissend, dass er etwas anderes sagen wollte:

»… so früh am Abend mache, wenn noch Autos unterwegs sind. Sag mal, um drei Uhr in der Nacht ist doch eigentlich noch weniger los, oder? Da könnt ich's doch noch mal probieren …«

Mein Gesichtsausdruck muss Bände gesprochen haben, denn er revidierte seine Meinung kleinlaut: »Aber vielleicht lass ich das auch erst mal …«

»Das will ich hoffen«, ermahnte ich ihn in einem Furcht einflößenden Tonfall, klopfte ihm zum Abschied auf die Schulter und marschierte von dannen. Endlich Feierabend. Schnell nach Hause, 'nen Happen essen, Kindern noch eine Gutenachtgeschichte vorlesen und dann selbst in die Kissen sinken. Muss morgen ausgeschlafen und entspannt sein – Herrn Werinher gelüstet nämlich nach der 144. Fahrstunde …

27. KAPITEL

THEORIE UND PRAXIS

DIE ZEHN GEBOTE

Ich weiß, der Titel ist ganz schön blasphemisch, aber ich gehe bei der Betrachtung all meiner Erlebnisse mit meinen Fahrschülern jetzt einfach mal davon aus, dass Gott einen sehr feinen Sinn für Humor hat und er mir diese Überschrift einfach mal augenzwinkernd vergibt. Und vielleicht vergibt er im selben Atemzug all denjenigen, die sich Jahr für Jahr in einem Anflug von Allmächtigkeit dazu verleiten lassen, Artikel in Zeitungen und Zeitschriften mit vermeintlich gut recherchierten Fakten und gut gemeinten Tipps abzudrucken. Da wird dann in sogenannten Fachzeitschriften (selbst vermeintliche Fachblätter neigen zu einem Tunnelblick, der wenig mit der Realität zu tun hat) oder Hauspostillen von Automobilklubs darüber schwadroniert, auf was man bei der Wahl seiner Fahrschule achten sollte und wie so eine Fahrausbildung abzulaufen hat. Beispielsweise wurde Fahranfängern in einem sehr denkwürdigen Artikel mal empfohlen, immer zur günstigsten Fahrschule zu gehen, weil man für so einen läppischen Führerschein ja wahrlich nicht zu viel Geld ausgeben sollte. Ein paar Zeilen weiter stellte man jedoch fest, dass in den Bundesländern, wo der Führerschein am billigsten zu erwerben war, die Durchfallquote am höchsten war (oh Wunder, oh Wunder – Sarkasmus, Ende). Also, Schuster bleib bei deinen Leisten: Messt weiterhin bei euren Autotests die Beschleunigung von 0 auf 100 und die Volumen von Kofferräumen oder leistet weiterhin gute Arbeit als Pannendienst auf den Straßen dieses Landes – aber überlasst die Entwicklung, Beratung und Durchführung der Fahrausbildung in Deutschland denjenigen, die etwas davon verstehen, nämlich den (meisten) Fahrschulen und Fahrlehrern, den Fahrlehrer-Verbänden, den Prüforganisationen und den zuständigen Ministerien! Für die meisten Fahranfänger sollten jedoch meine nachfolgenden Tipps ausreichen, die ich Ihnen zum Schluss präsentieren möchte, und deswegen kommen wir jetzt also ohne größere Umschweife zu den zehn Geboten, die nach meiner persönlichen Meinung und Erfahrung (ohne mich zum Godfather of Besserwisserei aufschwingen zu wollen) dazu führen sollten, dass das Projekt Führerschein am Ende von Erfolg gekrönt sein wird. Los geht's:

1. So blöd es auch klingen mag: Fragen Sie sich, ob Sie den Führerschein auch wirklich machen wollen und können! Für das Projekt Führerschein benötigt man einfach Zeit: So müssen beim Autoführerschein 14 Lektionen im Theorieunterricht behandelt und, je nach Talent, eine gewisse Anzahl von Fahrstunden genommen werden. Die zwölf Sonderfahrten, bestehend aus fünf Überland-, vier Autobahn- und drei Nachtfahrten, sind Pflicht, haben aber mit den normalen Übungsstunden, die Sie nehmen, nichts zu tun. Eine durchaus zeit- und, unter Umständen, kostenintensive Geschichte. So nebenbei ist der Führerschein nicht zu stemmen, und ihn über einen Zeitraum von zwei Jahren machen zu wollen, kostet viel mehr, als ihn an einem Stück durchzuziehen!

2. Wählen Sie die Fahrschule nicht nach dem Preis aus: Wer billig schult, schult billig! Gute Fahrlehrer kosten gutes Geld. Und Billig-Fahrschulen, die dubiose Rabatt- oder Gutscheinaktionen durchführen, holen sich das Geld, das sie nicht mit den Fahrstunden oder dem Grundbetrag verdienen, schlichtweg über die Anstellung billiger und wenig guter Fahrlehrer, eine überhöhte Stundenanzahl, verkürztes Unterrichten oder die Prüfungsgebühren für Theorie und Praxis wieder zurück!

3. Wenn Sie sich für die Fahrschule Ihres Vertrauens entschieden und dort einen Ausbildungsvertrag unterschrieben haben, geben

»Gut ausgebildet, konzentriert und gelassen ist eine Prüfung nichts anderes als eine 45-minütige Spazierfahrt!«

Sie Ihre Papiere ab! Oftmals scheitert eine schnelle Ausbildung daran, dass der Erste-Hilfe-Kurs nicht besucht wurde, ein biometrisches Passfoto nicht abgegeben wurde oder man den Weg zum Sehtest nicht gefunden hat! Die Bearbeitung Ihres Antrages wird einige Wochen in Anspruch nehmen, also sputen Sie sich!

4. Bevor es mit den Fahrstunden losgeht: Lernen Sie erst mal die in der Fahrschule arbeitenden Fahrlehrer kennen, zum Beispiel durch einen Besuch im Theorieunterricht – es macht keinen Sinn, den erstbesten Fahrlehrer zu nehmen, um dann in der Fahrstunde zu merken, dass die Chemie einfach nicht stimmt.

5. Wenn Sie Punkt vier nicht beachtet haben und an den für Sie falschen Fahrlehrer geraten sind: Ein Fahrlehrerwechsel ist jederzeit möglich, genauso wie ein Fahrschulwechsel!

6. Hören Sie im Theorieunterricht aufmerksam zu. Was Sie dort an Wissen ergattern, muss Ihnen der Fahrlehrer später nicht mehr in der Praxis erklären – das spart Zeit und Geld! Also: Handy aus, Gequatsche einstellen und Konzentration!

7. Folgen Sie den Anweisungen des Fahrlehrers. Dazu sind Sie nicht nur gesetzlich verpflichtet, sondern auch moralisch – der Fahrlehrer ist kein Klugscheißer, sondern weiß es wirklich besser! Nur weil man jahrelang als Beifahrer unterwegs war, hat man noch lange nicht die Deutungshoheit über den Straßenverkehr. Wie sagte es mal ein Kollege so schön: Dem Fahrlehrer einmal zu widersprechen ist Dummheit – ihm ein zweites Mal zu widersprechen ist Größenwahn.

8. Machen Sie Ihre Prüfungen, gleich ob theoretisch oder praktisch, nach eigenem Gefühl und in Absprache mit Ihrem Fahrlehrer. Wenn einer von beiden sich bei dem Gedanken an die Prüfung nicht wohlfühlt, ist ein Scheitern meistens vorprogrammiert.

9. Behalten Sie es für sich, wann Sie Ihre theoretische und praktische Prüfung machen. Diese Termine via SMS, Twitter oder Facebook in die Welt hinauszuposaunen, erhöht den Druck auf Sie ungemein – erst recht, wenn die Prüfungen nicht so gelaufen sind wie gewünscht.

10. Glauben Sie den Horrormärchen über Prüfungen nicht, die man Ihnen im Vorfeld unter Umständen erzählt! Gut ausgebildet, konzentriert und gelassen ist eine Prüfung nichts anderes als eine 45-minütige Spazierfahrt! Der Prüfer wird nicht von Ihnen verlangen, dass Sie während der Prüfungsfahrt Shakespeare zitieren oder eine Arie anstimmen – Sie sollen schlichtweg zeigen, was Sie in der Fahrschule gelernt haben und wie Sie gedenken, künftig Auto zu fahren! Lassen Sie nichts weg, erfinden Sie nichts dazu – dann klappt es auch!

DANKSAGUNG

Tja, mit Danksagungen ist das immer so ’ne Sache. Kennt man ja von Preisverleihungen, wo das Orchester mit einem unüberhörbaren Tusch den Danksagungs-Marathon von irgendwelchen Promis beenden muss. Gleichwohl möchte man ja auch niemanden vergessen, der einen auf dem langen Weg bis zur Erscheinung eines Buches begleitet hat. Ich versuch’s jetzt einfach mal:

Vorab darf ich mich bei all den Leserinnen und Lesern meines ersten Werkes bedanken. Ohne den enormen Zuspruch und das positive Feedback hätte es diesen zweiten Teil gar nicht gegeben. Und noch eine kleine Anmerkung: Für jemanden wie mich, der im zarten Grundschulalter seine ersten Schreibversuche mit Geschichten und dann mit einer eigenen Sportzeitung (Auflage: ein Stück – für Mama und Papa) unternommen hat, ist es ein überwältigendes Gefühl, für sein Erstlingswerk so viel Lob und Anerkennung zu erhalten. Ich danke Ihnen von Herzen!

Ich danke meinen Eltern für ihre Weitsicht. Schon sehr früh habt ihr mich in meinen schriftstellerischen Bemühungen bestärkt und meine total kranke Motorenbesessenheit ertragen. Und auch, wenn ihr meinem Wirken als Autor nicht mehr hier auf Erden beiwohnen könnt, so weiß ich, dass ihr das Ganze von eurer Wolke herab verfolgt. Danke für alles!

Danke an meine wunderbaren Kollegen in der Fahrschule – ihr seid nicht nur die besten Kollegen, die man sich vorstellen kann, sondern auch wahre Freunde. Es ist mir eine Ehre, mit euch arbeiten zu dürfen.

Danke natürlich auch an meine Fahrschülerinnen und Fahrschüler, ohne die es dieses Buch ja gar nicht geben würde. Auch wenn ihr es mir nicht immer einfach macht, so habe ich euch doch alle in mein Herz (ja, entgegen anders lautender Gerüchte habe ich wirklich eines) geschlossen.

Ich danke meinem fantastischen Verleger für seinen großen Mut, sein feines Gespür und seine enorme Begeisterung, meiner Superpresseleiterin für ihr übermenschliches Engagement und ihre sagenhafte Betreuung und meiner tollen Lektorin, deren Arbeit ich wie folgt beschreiben kann: Wenn sie damals in ihren Fahrstunden genauso gewissenhaft und geschmeidig gefahren ist, wie sie dieses Lektorat gemacht hat, dann waren die Fahrstunden für den Kollegen bezahlter Urlaub! Bedanken möchte ich mich auch bei meiner Illustratorin für ihre grandiosen Werke, ebenso wie bei der Herstellung, Gestaltung und dem Vertrieb für ihre Leidenschaft und Power, sowie bei allen anderen großartigen Mitarbeitern des Schwarzkopf & Schwarzkopf Verlags – bei euch bin i dahoam!

Ein weiteres Dankeschön geht an meinen gesamten Freundeskreis und meine Verwandtschaft. Ich kann jetzt nicht alle aufzählen, aber ihr wisst, dass ihr gemeint seid. Danke für eure mentale Unterstützung, euren Zuspruch und eure Begeisterung.

Und zu guter Letzt geht der allergrößte Dank an meine Kinder und meine Frau.

Meinen beiden Söhnen danke ich dafür, dass sie mir so viel Verständnis für die teils perversen Arbeitszeiten entgegenbringen, die mit meinem Beruf verbunden sind, obwohl sie an der einen oder anderen Stelle ihren Papa gerne um sich hätten. Und dass sie mir zugestehen, in meiner knapp bemessenen Freizeit auch noch Bücher zu schreiben, nötigt mir höchste Dankbarkeit ab.

Und meiner Frau kann ich an dieser Stelle eigentlich gar nicht genug danken, denn wenn ich es tun würde, würde sich die Seitenanzahl dieses Buches schlagartig verdoppeln. Deswegen in aller Kürze: Mein Herz, ich danke dir für deine Größe, Güte, Stärke, dein Verständnis – und deine Liebe, die so groß ist, dass ich sie nie begreifen kann.

Ihr lieben drei, ihr seid meine größten Fans, meine größten Kritiker, meine größten Unterstützer – und meine allergrößte Liebe. Grazie tanto!

NÜTZLICHE LINKS

www.bmvi.de (Bundesministerium für Verkehr und digitale Infrastruktur), www.dekra.de, www.dvr.de (Deutscher Verkehrssicherheitsrat), www.fahrschul.tv, www.kues.de, www.tuev.de

---

ANDREAS HOEGLAUER ist seit 2008 als Fahrlehrer tätig. Wenn er nicht gerade mit seinen Fahrschülern das Einparken oder Anfahren übt, trifft man den leidenschaftlichen Sportler und Musiker auf europäischen Landstraßen mit seinem Motorrad oder findet ihn im Kreise seiner Familie, mit der er in einem Vorort von München lebt. Bei Schwarzkopf & Schwarzkopf ist bereits sein Buch SCHATTENPARKER, BORDSTEINRAMMER UND ANDERE FAHRSCHÜLER erschienen.

Andreas Hoeglauer
VORSICHT, FAHRSCHÜLER!
Unglaubliches aus der Fahrschule

ISBN 978-3-86265-388-1
 | Lektorat: Madeleine Lampe | Coverfotos: © RusN/thinkstock.de, © Sean Nel/thinkstock.de | Illustrationen: © Jana Moskito | Autorenfoto: © Moritz Thau

KATALOG
Wir senden Ihnen gern kostenlos unseren Katalog.
Schwarzkopf & Schwarzkopf Verlag GmbH
Kastanienallee 32, 10435 Berlin
Telefon: 030 – 44 33 63 00
Fax: 030 – 44 33 63 044

INTERNET | E-MAIL
www.schwarzkopf-schwarzkopf.de
info@schwarzkopf-schwarzkopf.de